核电厂仪表与控制基础

主　编　陈树明

原子能出版社

图书在版编目(CIP)数据

核电厂仪表与控制基础/陈树明主编. —北京:原子能出版社,2010.7

(核电厂新员工入厂培训系列教材)

ISBN 978-7-5022-4989-2

Ⅰ.①核… Ⅱ.①陈… Ⅲ.①核电厂—仪表—技术培训—教材 ②核电厂—控制系统—技术培训—教材 Ⅳ.①TM623

中国版本图书馆 CIP 数据核字(2010)第 134251 号

内 容 简 介

本书主要介绍了核电厂监测仪表和控制系统的基础知识及其安全分级和术语。全书内容包括监测仪表基础知识、类型、测量方法、测量原理,自动控制基础、核电厂控制保护系统功能与组成等。

本书是中国核工业集团公司《核电厂新员工入厂培训系列教材》之一,也可供从事核电工程的相关人员参考。

核电厂仪表与控制基础

出版发行 原子能出版社(北京市海淀区阜成路 43 号 100048)

责任编辑 肖 萍

技术编辑 丁怀兰 王亚翠

责任印制 潘玉玲

印 刷 保定市中画美凯印刷有限公司

经 销 全国新华书店

开 本 787 mm×1092 mm 1/16

印 张 14 **字 数** 341 千字

版 次 2010 年 9 月第 1 版 2010 年 9 月第 1 次印刷

书 号 ISBN 978-7-5022-4989-2 **定 价** **68.00 元**

网址:http://www.aep.com.cn **E-mail:atomep123@126.com**

发行电话:010-68452845

中国核工业集团公司
核电培训教材编审委员会

核电厂新员工基础理论培训教材
编　辑　部

总　序

核工业作为国家高科技战略性产业，是国家安全的重要基石、重要的清洁能源供应，以及综合国力和大国地位的重要标志。

1978 年以来，我国核工业第二次创业。中国核工业集团公司走出了一条以我为主发展民族核电的成功道路。在长期的核电设计、建造、运行和管理过程中，积累了丰富的实践和理论经验，在与国际同行合作过程中，实现了技术和管理与国际先进水平相接轨，取得了骄人的业绩。

中国核工业集团公司在三十多年的核电建设中，经历了起步、小批量建设、快速发展三个阶段。我国先后建成了秦山、大亚湾、田湾三大核电基地，实现了我国大陆核电“零”的突破、国产化的重大跨越、核电管理与国际接轨，走出了一条以我为主，发展民族核电的成功之路。在最近几年中，发展尤为迅猛。截至 2008 年底，核电运行机组 11 台，装机容量 907.82 万千瓦，全部稳定运行，态势良好。

进入 21 世纪，党中央、国务院和中央军委对核工业发展高度重视、极为关怀，对核工业做出了新的战略决策。胡锦涛总书记指出：“无论从促进经济社会发展看，还是从保障国家安全看，我们都必须切实把我国核事业发展好。”发展核电是优化能源结构、保障能源安全、满足经济社会发展需求的重要途径。2007 年 10 月，国务院正式颁布了《核电中长期发展规划(2005—2020 年)》。核电进入了快速、规模化、跨越式发展的新阶段。

在中国核电大发展之际，中国核工业集团公司继续以“核安全是核工业的生命线”的核安全文化理念和“透明、坦诚和开放”的企业管理心态，以推动核电又好又快又安全发展为己任，为加速培养核电发展所需的各类人才，组织核电领域专家，全面系统地对核电设计、工程建造、电站调试、生产准备和生产运营等各阶段的知识进行了梳理，构造了有逻辑性、系统性的核电知识体系，形成了覆盖核电各阶段的核电工程培训系列教材。

这套教材作为培养核电人才的重要工具，是国内目前第一套专业化、体系化、公开出版的核电人才培养系列教材，有助于开展培训工作，提高培训质量、节约培训成本，夯实核电发展基础。它集中了全集团的优势，突出高起点、实用性强，是集团化、专业化运作的又一次实践。是中国核工业50余年知识管理的积淀，是中国核工业10万人多年总结和实践经验的结晶。

21世纪是“以人为本”的知识经济时代，拥有足够的优秀人才是企业持续发展的重要基础。中国核工业集团公司愿以这套教材为核电发展开路，为业界理论探讨、实践交流提供参考。

我们要继续以科学发展观为指导，认真贯彻落实党中央、国务院的指示精神，积极推进核电产业发展。特别是要把总结核电建设经验作为一项长期的工作来抓，不断更新和完善人才教育培训体系。

核电培训系列教材可广泛用于核电厂人员培训，也可用于核电管理者的学习工具书，对于有针对性地解决核电厂生产实践和管理问题具有重要的参考价值。

中国核工业集团公司总经理 孙勤

2009年9月9日

前　言

《核电厂仪表与控制基础》是根据核电厂新员工(非操纵人员)基础理论培训的基本要求,在编写大纲、广泛听取核电厂意见的基础上编写而成的,是中国核工业集团公司核电培训教材编制规划中《核电厂新员工入厂培训系列教材》之一。

核电厂仪表控制(简称 I&C)在核电厂的作用,可以比作大脑和神经网络相对于人体的作用,如果核电厂没有 I&C 系统,则如同人体没有大脑和神经网络一样无法正常运行而“瘫痪”,更别说能保证安全运行。所以,作为核电厂员工,有必要对核电厂 I&C 系统知识有一个基本了解。

本书指导思想是基于对入厂新员工的基础知识的素质培养。考虑新员工学历、专业差别很大,本书以“系统、全面、基础”为原则,结合编者多年从事核电工程设计、运行经验,从实际应用出发,力图在集中大规模入厂培训情况下短时间内把 I&C 基本概念、基本知识介绍新员工,使学员经过培训后,能够了解核电厂 I&C 基础知识、基本概念和基本原理;能够了解核电厂仪表控制系统的分类、分级和监测控制的基本方法,了解 I&C 在保证反应堆安全可靠运行的重要作用;并能掌握核电厂监测仪表与控制系统所涉及的专业名词和专业术语。

全书共分 8 章,参考教学学时为 30～40 学时。本书具有以下几个方面的特点:

1) 不同于仪表和控制方面的书籍,一般情况,仪表和控制是分开编写的,本书结合核电厂 I&C 应用情况,综合起来编写,并仅介绍实用的基础知识,故取名“核电厂仪表与控制基础”;

2) 选材注意基础理论联系实际,从核电工程实际出发,只说明基本术语概念和基本原理;

3) 内容由总体介绍到详细说明,由浅到深,由仪表到系统控制,并简要介绍 I&C 技术发展趋势,重点介绍基本知识,使学员既了解基本知识,又了解 I&C 发展方向,培养学员对 I&C 的兴趣。

本书在编写和出版过程中，得到了中国核工业集团公司领导的关心支持，核工业研究生部组织策划了本书的编写和初审工作，核动力运行研究所、中核集团相关核电厂、原子能出版社等单位也给予了大力帮助；在本书大纲的审查、内容的研讨和审稿过程中，各方专家提出了宝贵的意见，在此一并表示诚挚的感谢！

由于编者水平有限，书中出现某些问题在所难免，敬请批评指正。

主编

2009 年 12 月

目　录

第一章　核电厂仪表控制系统综述

第二章　测量误差和不确定性

第三章 核电厂过程参数的检测

第四章　核电厂中子注量率的监测

第五章　控制系统的基本知识

第六章 核电厂控制保护

第七章 核电厂控制调节

第八章 核电厂仪表控制系统数字化介绍

第一章　核电厂仪表控制系统综述

1.1　核电厂概貌

1.1.1　什么是核电厂

核电厂(Nuclear Power Plant),是用铀、钚等作核燃料,并将它在裂变反应中产生的能量转变为电能的发电厂。简而言之,核电厂是以核反应堆来代替常规火电厂的锅炉,以核燃料在核反应堆中发生中子核裂变形式的“燃烧”产生热量,来加热水使之变成蒸汽,蒸汽通过管路进入汽轮机,推动汽轮发电机发电。为区别于常规火电厂,核电厂产生的蒸汽常被称为核蒸汽。一般来说,核电厂的汽轮发电机及电气设备与普通火电站大同小异,不同的是释放热能的“燃烧炉”不同。常规火电厂烧的是可燃物质,利用其化学能。而核电厂烧的是可裂变原子核,利用其核能。它们的主要不同在于蒸汽的产生。火电厂依靠燃烧化石燃料(煤、石油或天然气)释放的化学能在锅炉制造蒸汽,核电厂则依靠核燃料的核裂变反应释放的核能,通过一回路传输热能到蒸汽发生器来产生蒸汽。

核能就是原子核的核反应引起质量亏损而释放出来的能量。由于原子核的核子半径只有 10^{-13} cm 的数量级,与核子之间相比具有很强的亲和力(从能源角度为结合能),这个亲和力使核子保持在 10^{-13} cm 线度内组成一个稳定体系,原子核内的核子便不会自动分解开来。因此这个稳定体系破坏后,其所释放(吸收)的能量就远大于分子间的化学反应能量。因此,核燃料所含的能值比较高,1 kg 铀全部裂变所释放的裂变能,大约相当于 2 500 t 标准煤或 2 000 t 石油燃烧时所释放的能量[1.23 $g^{235}U/(MW \cdot d)$]。

产生核裂变反应的设备叫做(核)反应堆。反应堆是利用易裂变物质使之发生可控自持链式裂变反应的一种装置(现在聚变反应器还处在研究阶段),是核电厂的核心设备。它的作用是维持和控制链式裂变反应而产生核能,并将核能转换成可供使用的热能。

核电厂主要以反应堆的种类相区别,有压水堆核电厂、沸水堆核电厂、重水堆核电厂、石墨水冷堆核电厂、石墨气冷堆核电厂、高温气冷堆核电厂和快中子增殖堆核电厂等。核电厂由核岛(主要是核蒸汽供应系统,主要设备即为反应堆)、常规岛(主要是汽轮发电机组)和电厂配套设施(即 BOP)三大部分组成。核电厂所有带强放射性的关键设备都安装在反应堆安全壳厂房内,以便在失水事故或其他严重事故下限制放射性物质外逸。为了保证堆芯核燃料在任何情况下得到冷却而免于烧毁熔化,核电厂设置有多项安全系统。

1.1.2　核电厂基本设备组成

核蒸汽供应系统是核电厂中利用核能产生蒸汽的系统,核汽轮发电机系统示意图见图1-1-1。它的作用相当于火电厂中的锅炉蒸汽系统,但它比锅炉蒸汽系统复杂得多。压水堆核蒸汽供应系统由核反应堆、蒸汽发生器、主循环泵、稳压器及相应的连接管道组成。管道中的冷却剂(一回路水)在主循环泵的驱动下流过反应堆,吸收由链式裂变反应产生的热量,然后进入蒸汽发生器,把热量传给在管外流过的二回路水,使其变成蒸汽,利用蒸汽推动汽轮发电机发电。

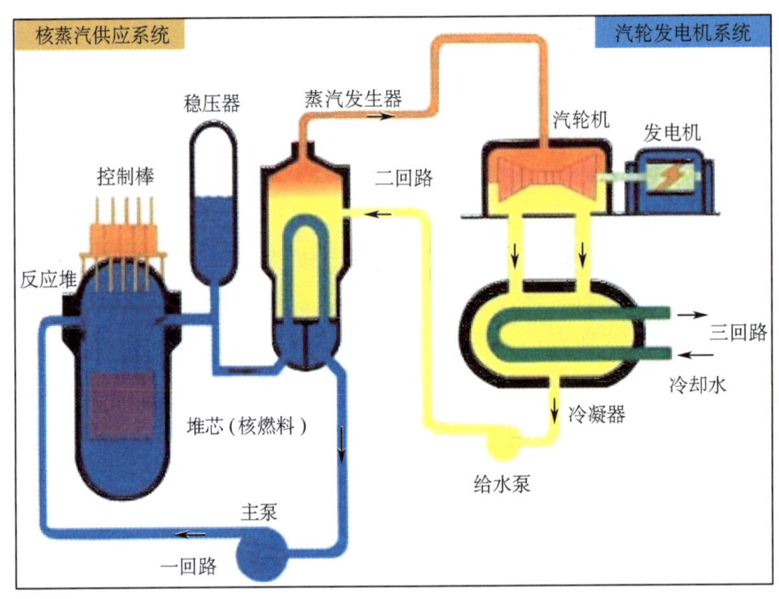

图 1-1-1　核蒸汽供应系统核汽轮发电机系统示意图

核电厂除了关键设备——核反应堆外,还有许多与之配合的重要设备。以压水堆核电厂为例,它们是主泵、稳压器、蒸汽发生器、安全壳、汽轮发电机和应急冷却系统等。它们在核电厂中有各自的特殊功能。

主泵:如果把反应堆中的冷却剂比作人体血液的话,那主泵则是心脏。其作用就是把冷却剂送进堆内,以保证裂变反应产生的热量及时传递出来。

稳压器:是用来控制反应堆系统压力变化的设备,以防止一回路压力超过限值而破坏一回路压力边界,同时,也防止压力降得太低,防止堆内冷却剂汽化导致堆芯过热。在正常运行时,起保持压力的作用;在发生事故时,提供超压保护。稳压器里设有加热器和喷淋系统,当反应堆里压力过高时,喷洒冷水降压;当堆内压力太低时,加热器自动通电加热使水蒸发以增加压力。

蒸汽发生器:它的作用是把通过反应堆的冷却剂的热量传给二回路水,并使之变成蒸汽,再通入汽轮发电机的汽缸做功。同时,它还起隔离一、二回路的作用,防止一回路放射性物质污染二回路设备,尤其是汽轮机,以便于二回路设备的维护保养。

安全壳:用来控制和限制放射性物质从反应堆扩散出去,以保护公众免遭放射性物质的伤害。万一发生罕见的反应堆一回路冷却剂泄漏的失水事故时,安全壳是防止裂变产物释放到周围的最后一道屏障。安全壳一般是内衬钢板的预应力混凝土厚壁容器。

汽轮发电机：核电厂用的汽轮发电机在构造上与常规火电站用的大同小异，所不同的是由于蒸汽压力低，汽轮发电机体积比常规火电站的大，对于压水堆核电厂来讲，大部分汽轮机属于饱和蒸汽汽轮机。

应急冷却系统：为了应付核电厂一回路主管道破裂的极端失水事故的发生，近代核电厂都设有应急冷却系统。它是由高、低压安全注入系统和安全壳喷淋系统组成。一旦接到极端失水事故的信号后，安全注入系统向反应堆内注入高、低压含硼水，喷淋系统向安全壳喷水和化学药剂。以此来冷却堆芯，缓解事故后果，限制事故蔓延。

1.2　核电厂仪表控制总体简介

核电厂仪表控制系统，工程上常简称仪控系统，其实际上需实现三个程度不同的基本功能，即要实现对核电厂的监测、控制和保护。监测是核电厂控制保护的前提，只有对核电厂各工艺系统和过程进行有效监测，才能为控制与保护提供反映核电厂运行状态及其变化的感知。而控制功能则是通过监测信息，利用既定的控制逻辑算法，对核电厂的生产过程进行控制，以保证其按既定的目标完成生产任务，而不会出现异常或意外失去对生产过程的有效控制；而保护功能，则是通过感知核电厂运行状态不安全变化，利用既定的控制逻辑算法，触发相应的保护动作，避免核电厂出现不安全瞬态发生，避免发生事故，或者限制、缓解事故发生的后果。

而核电厂工艺系统繁多，各工艺系统功能、结构差别很大，对仪表控制系统的要求差别也很大，需求不同，因此仪表控制系统也很多。

(1) 核电厂仪控系统的特点

核电厂仪控系统的监测与控制特点是由工艺过程的特点决定的，其基本特点可以归纳如下：

1) 控制对象的工艺管线复杂，各种过程参数之间存在着紧密的联系；

2) 在反应堆装置工作时以及停了一段时间后，对大部分设备来说，人员是不能接近的；

3) 对可靠性的要求高，以及由核电厂对安全高要求所决定的自动化装置高的运行质量；

4) 监测与控制链式裂变反应的必要性；

5) 监测堆芯状态的必要性；

6) 监测参数的数量大；

7) 大量核物理、热工、水力及其他直接测量无法得到的参数必须计算。

所有这些特性使核电厂控制对象变得十分复杂，要求高度自动化和集中控制，应用可靠和有效的自动化装置和计算技术。

控制系统保证信息的自动采集和处理的人机控制接口，这些信息使工艺对象实现最佳控制符合所采用的准则是必要的。

工艺过程自动化控制系统靠技术设备在正常工况和事故工况下实现基本工艺过程的自动控制，而工作人员只是做些监测技术设备及其备品的功能、非自动化工序的控制和处理事先没有估计到的情况，也就是说由人本身来承担安全、可靠、机组经济运行的责任。

(2) 核电厂仪控系统的基本组成

根据核电厂仪表控制系统功能和系统特性，通常核电厂可以把仪表控制系统分为以下几个组成部分：

1）核电厂堆外检测系统；

2）核电厂堆内检测系统；

3）核电厂反应堆控制调节系统；

4）核电厂保护系统；

5）核电厂辐射防护监测系统，其目的是为了保证工作人员、环境和公众的辐射安全，需要监测各种辐射场辐射水平，以保护和评价辐射安全；

6）核电厂辐射工艺监测系统，其目的是通过测量具有放射性的工艺系统运行状态的变化，来控制工艺生产过程；

7）核电厂汽轮机调节保护系统。

1.2.1 核电厂堆外检测系统

核电厂堆外检测系统包括堆外核测量系统和热工参数测量系统。

（1）堆外核测量系统

其主要功能是：

1）连续监测反应堆功率（功率变化及功率分布），对测得的各种模拟信号进行显示记录，在反应堆装料、启动、停堆及功率运行时给操纵员提供反应堆内中子注量率的信息；

2）监测反应堆径向功率倾斜和轴向功率偏差；

3）向反应堆功率调节系统、保护系统提供中子功率信号，当中子注量率高、中子注量率变化率高时，给出报警，甚至触发反应堆紧急停堆保护动作。

由于反应堆启动时，中子注量率的变化范围很大，可达到 6～12 个数量级。因此，如果只用一个或一种探测器来覆盖所需要的整个测量范围，这几乎是不可能的。因此，通常是把所需测量范围分成几个测量段，每段又分档测量。目前，核电厂通常分成 3 个彼此有 1～2 个数量级重叠搭接的测量段，从小到大分别称为源量程、中间量程和功率量程。

（2）堆外热工参数测量系统

堆外热工参数测量系统用于监测、指示并记录核电厂启动、运行和停闭等核电厂各种运行过程中必须监督的温度、压力、流量和液位等热工参数。热工参数测量仪表，在 20 世纪以常规仪表为主，从 21 世纪开始，随着数字技术发展，核电厂数字仪表也逐步得到广泛应用。但不管采用何种仪表，通常都需有成熟的应用经验。而且在测点布置上采用调节保护和监测显示系统相互独立的原则，对于重要参数单独配有指示表、记录功能；次要参数利用切换开关合用一个表计；一般参数采用计算机巡检显示等处理方法，达到多测点、少常规表计、运行中便于监视的要求。

1.2.2 核电厂堆内检测系统

核电厂堆内检测系统由堆内中子注量率测量系统、堆内温度测量系统和堆内液位测量系统组成，有些情况下还有堆内流量分配测量系统等。

堆内中子注量率测量系统一般用以测量堆芯注量率分布，累积燃耗数据，以制定最佳换料方案和监测可能发生的功率分布振荡，或者反应堆物理启动时测量堆内中子注量率。

堆内温度测量系统的任务是测量有代表性燃料组件出口处的冷却剂温度，及时了解堆内是否发生超温或体积沸腾的情况，为计算烧毁比提供数据；同时，根据所测定的活性区中子注量率分布及出口温度分布；校核堆芯热功率不均匀系数及热管因子。

堆内液位测量系统用以事故中和事故后向操纵员提供明确和可靠的数据，监测反应堆容器内液位和压差，以减少操纵员误判断的可能性。

1.2.3　核电厂反应堆控制调节系统

以典型压水堆为例，核电厂反应堆控制调节系统主要包括：反应堆功率调节系统、冷却剂平均温度调节系统、稳压器压力调节系统、稳压器水位控制系统、蒸汽发生器水位控制系统和蒸汽排放控制系统等。

这些控制调节系统的作用是在压水堆稳定运行时，维持核电厂的重要参数尽可能接近由设计所确定的最大值，使核电厂输出功率维持在所规定的范围内，并尽可能提高负荷因子以使生产效率最优化。在核电厂正常运行瞬态工况，如发生$\pm 10\% P_n$的阶跃负荷变化或以每分钟5%额度功率线性功率变化时，应不引起反应堆停堆、稳压器卸压或蒸汽排放。并且，根据电网的要求和运行上的需要，能保证操作的灵活性，除了10%额度功率以下、控制棒处于手动操作外，在任何功率负荷水平下，压水堆控制调节系统都能投入自动运行或切换至手动。

1.2.4　核电厂反应堆保护系统

核电厂启动和运行过程中，保护系统的目的是保证反应堆的三道屏障完好，限制反应堆在允许范围内运行或是缓解事故后果，保护反应堆、环境、人员的安全。

所以，反应堆保护系统的设计和组成是以反应堆事故分析为依据。在反应堆运行过程中，由于设备故障或运行人员误操作，引起反应堆的功率、温度、压力等重要参数发生异常变化时，反应堆保护系统能根据对异常状态的监测和异常变化的危害程度，执行保护动作，防止损坏压力边界等设备，在任何情况下能确保堆芯不致烧毁，保证核电厂的安全。

当反应堆运行参数出现异常，但还不至于危及反应堆安全时，为使核电厂继续运行，反应堆保护系统可发出报警信号或提供必要的校正措施，如控制棒组件的停棒（启动时），反插降功率运行，使反应堆恢复正常运行状态，当保护参数超过了设计极限时，能自动快速停堆；当出现某些可能危及反应堆安全的状态时，反应堆保护系统能给出联锁保护，防止系统误动作；当出现超出停堆保护能力的事故时，能启动相应的专设安全设施如安全注入系统、安全壳喷淋系统等的驱动系统，以限制事故的发展、减少设备的损坏和防止对环境的放射性污染。

为此，核电厂保护系统一般具备停堆保护功能、专设安全设施启动控制功能、旁通和允许控制联锁功能等基本功能。

1.2.5　核电厂汽轮机调节保护系统

核电厂汽轮机调节保护系统的任务是在安全运行的前提下，能按用户的需要保质保量地提供足够的电力。为此，在汽轮机辅助系统中设有性能良好的调节系统、保护系统，以及润滑、顶轴和盘车系统等。

汽轮机调节系统是根据汽轮机机组负荷的变化，调节进入汽轮机蒸汽量，在稳定工况下，保证转速不变而且为规定值（全速发电机为3 000 r/min，半速发电机为1 500 r/min）；当负荷变化时，保证转速的偏差不超过所规定的范围。机组转速一般只允许在很小范围内的变化，以保证供电质量和运行安全。并确保汽轮机设备免受热力和机械损伤，使它们处于安全状态。

汽轮机保护系统在汽轮发电机组发生故障或事故，以及调节系统失灵时，提供安全地停运汽轮发电机组的手段，防止事故发生造成设备损坏，限制事故扩大，缓解事故后果。汽轮发电机组脱扣信号能传送给反应堆保护系统，使反应堆紧急停堆保护。

1.3 核电厂仪表控制系统功能

包括核电厂在内的工业生产中，为了有效地控制生产过程、保证生产安全、保证产品质量和提高生产效率，就必须及时检测并控制生产过程中的相关参数，例如温度、压力、流量等。

用来检测生产过程中相关参数的技术工具称为检测仪表（简称仪表），其中包括测量并直接指示的测量仪表、测量并将这些参数转换成规定的标准信号输出的变送器。生产过程中使用的仪表一般安装在设备上长期工作，在线实时测量，以此来了解、掌握生产过程各种情况，这有别于实验室里使用的测量仪表，所以，也常称这些仪表为过程检测仪表。

核电厂约由几百个系统、上万个大小设备组成，每个系统、设备需完成一个或几个功能。而要求设备执行何种功能取决于核电厂的运行工况，如冷启动工况、热启动工况、满功率运行工况、冷热停堆工况等。反过来，电厂运行工况的实施有赖于相关系统及设备实施的是何种功能。可见，核电厂也是一个相对较复杂的发电生产过程，也同样需要有大量的仪表和控制系统来确保核电厂生产过程得到有效控制，保证核电厂的安全。尤其是核电厂高可靠性和高安全性的要求，为了减轻工作强度，为了减少人因故障扩大异常事件或事故后果，需要提高自动化控制、保护水平，需有大量仪表监测和相应的控制保护系统，包括核电厂的核岛、常规岛和 BOP 等各部分系统的仪控系统，来实现提供各类控制、保护的手段及监视信息等监控目的，以保证核电厂能安全、可靠和经济地运行。

仪表系统就如人体感觉器官，存在于核电厂所有系统所需要的各个角落，用来把系统或设备的物理参数（如温度、压力、流量、电压、电流等模拟量）或状态参数（开、关等）检测出来，并向运行人员指示信息，向控制系统提供监测信息以便控制系统分析处理。仪表系统通常包括传感器、变送器、指示器、记录仪、限位开关、状态指示灯、继电设备等，对于数字化仪表，还包括计算机显示终端等。相关仪表内容将在第三章细述。

但是，如果只有仪表而没有生产过程相应的控制系统，仪表也只能给提供监测信息显示，无法自动控制、保护生产过程，以保证生产过程满足人们的需求。这就如同人只有眼睛、耳朵等感觉器官而没有大脑思维和肌肉执行器官一样，也无法控制手脚等器官完成各种动作。所以，在实际生产过程中，仪表系统和控制系统是一个难以分开的一个整体，常被称为仪表控制系统，简称 I&C 系统。

控制调节系统则通过对仪表系统监测信息的分析、处理和判断生产过程中发生的工作变化情况，并根据核电厂运行功能所要求的预先设定的控制要求，发出相应的控制指令通过执行机构来改变系统和设备运行状态，是用来改变或维持系统和设备运行状态以执行核电厂所要求的运行状态，它既可以改变系统和设备的状态，也可以维持系统和设备的运行参数在某一指定范围之内。它通常由控制按钮、选择开关、继电设备、接触器或断路器、定值器、放大器、驱动器、控制台(屏)等设备组成。控制调节系统将在第七章细述。

另外，不能保证核电厂成千上万设备均能长期安全可靠无故障地运行。当某一设备运行不正常时，则需要相应的仪表监测信息来判断并根据需要使用保护系统来保护该设备本身，以及与其相关的设备或系统。对核电厂尤为重要的是，如果设备或系统异常时，引起核电厂运行参数超过安全限值时，则保护系统必须在一定时间内动作，使反应堆安全停堆，并使反应堆受控地排出余热，保证核电厂的核安全。控制保护系统将在第六章细述。

总之，核电厂的I&C系统是为核电厂包括核岛、常规岛和BOP在内的全厂各系统、设备提供各种控制、保护手段及监视信息的系统，以保证核电厂能安全、可靠和经济地运行。根据核电厂I&C系统的用途，可以归纳其主要功能有三种：信息功能、控制功能和保护功能，并统称为监控三大功能。图1-3-1表示核电厂以反应堆装置为控制对象的仪控系统中仪表的作用，从图中可知，I&C系统其实起了人机接口的功能。

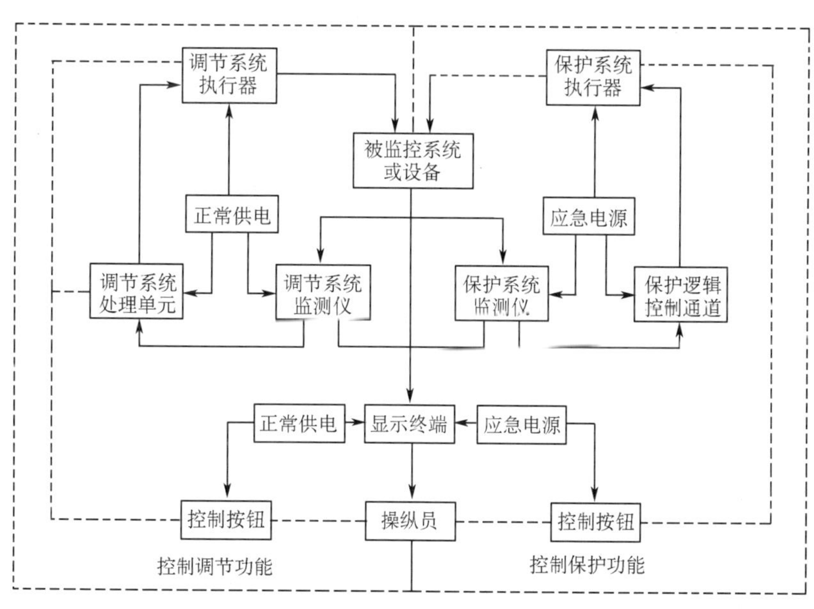

图1-3-1　反应堆控制和保护系统中仪表控制系统中仪表的作用

1.4　核电厂仪表控制系统安全分级

核电厂的安全性，应能可靠地保障核电厂工作人员和核电厂周围的居民的安全。为确保核电厂的安全性，当前所有核电厂在核电厂选址、设计、制造、建造、调试、运行和应急准备与处理等各个环节都始终贯彻了纵深防御的安全原则。

那么，对于承担核电厂监控功能的仪控系统，不仅要承担正常运行时的监控，以确保核电厂正常运行的可用性，维持核电厂正常发电运行，而且，也将承担异常事件或事故监控保护的安全功能，以确保核电厂的核安全。可见，核电厂仪控系统所承担的功能区别很大，对其可靠性、安全性、功能隔离等设计要求也不相同。为此，为了确保核安全功能的执行，希望所有仪控系统设计成满足高标准的系统。但这是不符合需要考虑建设和运营成本的核电厂工程建设的要求，所以，势必需要对仪控系统在核电厂承担功能的不同来区别对待，承担重要的监控功能用较高的标准来设计，承担一般的监控功能则可相应降低设计标准。为此，就有必要对仪控系统进行安全分级，以便于设计和运行管理，也体现了层层设防、多级防御的设计理念。

1.4.1 核电厂仪表和控制系统及其供电设备的安全分级

仪表和控制系统设备按其所在系统功能对电厂安全的重要性分为三级：安全级设备、安全有关的设备和非安全重要设备。它们的供电设备按其所在系统功能对电厂安全的重要性分为两级：安全级设备和非安全重要设备。

(1) 安全级(1E)设备

安全级(简称 1E 级)的仪表和控制系统、设备及其供电设备，是完成反应堆安全停堆，安全壳隔离、堆芯冷却以及从安全壳和反应堆排出热量所必需的，或者是防止放射性物质向环境过量排放所必需的，即需承担一定的核安全功能。

安全级仪表及其供电设备的功能是预防假设始发事件或缓解假设始发事件的后果。因此要限制其功能范围和复杂程度，以保证其高度的可用性和可靠性。

(2) 安全有关的(SR)设备

安全有关的(SR)设备，在实现或保持核电厂安全方面起补充、支持或间接的作用。这些作用包括有可能避免触发安全级系统和设备，也可能避免或缓解事故的后果，或者改善安全级设备功能的效果。安全有关仪表的供电设备可以是 1E 级的，也可以是非安全重要的，根据此类仪表对供电的要求决定。

(3) 非安全重要(NS)设备

非安全重要(NS)仪表及其供电设备，在实现或保持核电厂安全方面无明显作用。

1.4.2 对 1E 级设备的基本要求

不同安全级别的 I&C 系统和设备，在设计、加工、安装及运行过程中，其要求是不一样的，所遵循的设计准则也不同。这些要求主要包括功能、可靠性、性能、耐环境能力的保证要求和质量保证及质量控制等方面。在核电厂的 I&C 系统的设计和设备的加工制造过程中，要特别关注对 1E 级设备的基本要求。下面我们重点介绍一下对 1E 级设备的基本要求。

(1) 功能保证要求

须制定符合技术要求的技术规格书，在设计、制造、安装和运行的全过程中都根据此规格书检查 I&C 系统设备及其供电设备，它也是在役更改时必要的参考文件。

设计须符合国家相关法规、导则及标准的要求，并应采用成熟技术，力求简单可靠，以实现高度的可用性。但为了提高可靠性，增加一些功能是必要的，如冗余功能，故障诊断功能等。

(2) 可靠性保证要求

设计时必须规定对安全级仪表有其供电设备的可靠性要求，除另有规定之外，安全级系统必须满足单一故障准则和故障安全原则，因此必须采用冗余、实体分隔和电气隔离，并应能定期试验。

应根据相关标准对安全级仪表及其供电设备进行可靠性分析。必须考虑共因故障，当分析表明冗余系统和设备的可靠性不能满足要求时，就应考虑多样性。

(3) 性能保证要求

对安全级 I&C 系统设备及其供电设备性能保证主要考虑由对部件、系统和设备的制造与安装的技术要求，质量控制程序，预运行和在役定期试验等几个方面，其基本要求包括：

1) 必须规定性能要求；

2) 必须按 HAF 003 的要求制定质量保证(QA)大纲；

3) 必须按 QA 计划进行部件、组件、子系统和系统试验；

4) 必须考虑在运行期间的定期检验。

(4) 耐环境能力保证要求

耐环境能力按设备质量鉴定大纲鉴定。设备质量鉴定大纲应保证设备在老化影响下和必须运行时所处的环境条件下，该设备的可靠性不低于设计要求值。

(5) 质量保证(QA)和质量控制(QC)要求

从核电厂概念设计开始，在设计、制造、试验、安装、试运行和交付运行的每个阶段，都必须考虑对仪表及其供电设备的功能、可靠性、性能和耐环境能力的保证要求，这是通过在适用的 QA 和 QC 大纲管理下完成每个阶段的工作来保证的。

1.5 核电厂仪表特点

(1) 核电厂仪表高安全性要求

核电厂生产过程具有以下特点：

1) 用以发电的热能来自于核裂变产生的核能，其能值远高于常规火电厂的化学能，所以核反应堆的能量密度很大，其结构因冷却要求高和高放射性物质存在等原因而复杂；

2) 特有的强中子场、γ 场等辐射场存在，对设备、人员和环境都有影响，一旦辐射场强度高于一定程度，会对设备、人员和环境造成伤害；

3) 高温高压介质条件，伴随 LOCA 事故产生的高温高湿、强放射性和化学腐蚀环境。

由此可见，核电厂一旦发生事故，其后果通常要远大于常规火电厂，这是核电厂在设计建造时就必须考虑对这些后果的防御。为了确保核电厂安全而又高效率地生产发电，核电厂设计时一般都要考虑安全性和可用性两个方面的要求，并在满足国家相关核安全法规标准的安全性要求的前提下，尽可能地以较低成本达到安全性要求，以提高核电厂经济效益。核电生产对其控制仪表系统的高可靠性和可用性的要求，构成了核电厂监控仪表的特点。

(2) 分类

根据核电厂监控仪表所测量物理量的不同，一般分为三大类：核测量仪表、辐射监测仪表和过程检测仪表。

1) 核测量仪表：用以核反应堆中子注量率的测量。单位时间单位面积注入核测量仪表探头里的中子总数，在核测量领域里称之为中子注量率。

由于核反应堆热功率与核功率有一定的线性比例关系，而核功率的大小与核反应堆内核裂变率成比例。在给定的核反应堆里，可认为核反应堆内裂变率与其堆内中子注量率成正比，而堆内中子注量率的大小基本上与核测量仪表的注量率成正比。所以，在某一个特定核反应堆和给定的核测量仪表，其所测量的注量率信号可以通过一定的函数关系给出核反应堆功率大小。

由于核反应堆功率范围从0～100%对应的中子注量率范围通常为(0～10^{15}) n/(cm^2 · s)，有些研究堆甚至高达10^{16} n/(cm^2 · s)，而现代压水堆通常为10^{11} n/(cm^2 · s)。由此可见，核测量仪表所要求测量的范围很大，其核功率的动态变化达10个数量级以上，而一种探测器及其电子学测量处理通道要完成如此大动态范围的测量和监视，无疑是很困难而不可取的。因此，通常采用三种具有重叠的不同量程来分段测量实现，即源量程、中间量程以及功率量程。它们各自配备性能各异和测量范围不同的探测器，而每个量程还根据设计需要再细分各档量程，而各个量程则必须有一定的重叠要求，以满足量程平稳切换。

2）辐射监测仪表：核电生产过程中，除了发电，还有相比常规发电厂特有的强中子、β射线和γ射线等产生，具有强放射性环境。这些射线具有无色无味、不为人们感觉器官直接感知的特性。但长期或过量接受这些射线的照射则会对设备、人体和环境造成伤害，在这些射线的辐射场里，一旦人体感觉到射线的存在，就必然已经造成比较严重的伤害。所以，为了避免这些射线对设备、人体和环境造成伤害，必须有相应的监测仪表来探明这些射线的存在和辐射场的情况，以便于人们采取措施避免设备、人体和环境受到伤害。这些仪表则称为辐射监测仪表，一般分为辐射工艺监测仪表和辐射防护监测仪表，前者用以工艺控制保护所需要的监测仪表，或者则主要用以对环境、工作人员和环境的保护所需的监测仪表。辐射监测仪表属于辐射防护领域，本课程对此不再展开。

3）过程检测仪表：核电厂也如同常规火电厂一样通过热能转换成电能来完成发电功能，同样也需要大量的过程检测仪表，这些仪表主要有以下几类。

① 电气方面检测仪表，如电压、电流、电功率、电频率等参数，主要用以监测发电机、核电厂全厂供配电系统和主要用电用户(主要是各种动机设备的电动机)所需监测的电参数。

② 压力检测仪表，属于热工检测仪表，压力是工质热力状态的主要参数之一，在核电厂运行期间，必须监视和控制压力，以防止压力边界受损坏，如稳压器压力、蒸汽压力、泵出口压力等。

③ 流量检测仪表，属于热工检测仪表，在核电厂中，流体(如给水、蒸汽及冷却剂等)的流量直接反映了设备的效率、负荷高低等运行工况。核电厂主要流量参数具体有一回路冷却剂流量、给水流量、蒸汽流量及各种工艺系统回路流体流量。

④ 液位检测仪表，属于热工检测仪表，液位高低直接反映了核电厂其所监测液体量是否足够，或各种工况下所需要的水平，由此直接反映了反应堆的运行工况。核电厂主要液位参数具体有稳压器水位、蒸汽发生器水位、安注箱水位等。

⑤ 温度检测仪表，属于热工检测仪表，温度对提高产品质量、确保安全生产以及实现自动控制等都具有重要意义。核电厂主要温度参数具体有堆芯进出口温度、给水温度、蒸汽温度等。

⑥ 转速检测仪表，转速表征旋转设备单位时间旋转的角度(或弧度)，工业上常用每分钟几转，即r/min来表示。核电厂有许多动机设备用来输送流体或吊运设备等，这些动机设备往往需要检测转速，以确保旋转设备的安全并提供足够的流体流量，转速可以作为流量的

辅助测量参数。核电厂主要转速参数具体有一回路主冷却剂泵转速、给水泵转速、汽轮机转速等。

⑦ 其他检测仪表，除了以上主要检测仪表，并不能涵盖核电厂所有需要监测的参数，还有些其他参数需要检测，如动机设备有防止振动破坏需要检测振动参数，如冷却剂、溶液等化学组分参数、浓度参数等。

复习思考题

1. 什么是核电厂，与常规火电厂相比有何特点？
2. 核电厂基本设备有哪些？
3. 核电厂仪表控制系统主要由哪些系统组成？
4. 核电厂仪表控制系统的功能主要是什么？
5. 核电厂仪表控制系统安全级分为哪些安全级别？
6. 核电厂主要物理量有哪些？

第二章　测量误差和不确定性

2.1　测量定义

（1）测量的定义

测量就是用实验的方法，借助专门仪器或设备把被测量物理量（被测量）与同性质的单位标准量（测量单位）进行比较，得到被测量相对于标准量的倍数，从而确定被测量数值大小的过程。

（2）被测物理量

简称被测量，必须是能表征物质（或物体）和现象的一种既可定性区别又可定量确定的属性。如质量、密度、温度、压力、电阻等均属于“量”。而不能定量的物质和现象则是无法测量的。如人的思想、信心、良心，只能用好坏、有无等定性来描述或表达。

测量过程也称检测过程，是获取参数量值的过程，就是将被测物理量与相应的测量单位进行比较而获取测量结果的过程。实际上测量结果所得到的量值即为纯数值与单位的乘积，因此也可以说“测量”即含有量纲的数值。用数学公式表示如下：

$$X = X_m U_x$$

式中：X——被测量；

U_x——测量单位；

X_m——倍数值，即纯数值。

（3）测量结果

测量值，包括被测量的大小 X_m、符号（正或负）及测量单位，也就是测量单位与倍数值的乘积。

（4）真值

表征被测对象物质属性客观存在的真实量值称为真值。从理论和技术上讲，任何被测量 X 都不可能等于真值，而只可能逼近真值。这就是下文讲述的测量误差与精度问题。

纯数 X_m 是被测量 X 与测量单位 U_x 的比值，由于单位的不同，X_m 可以取不同的值。在测量过程中，无论被测量 X 还是纯数值 X_m 均系测量信息，而信息在时空上的传递需要载体，这载体即实物（仪器）上被调制后的参数。选择不同的参数作为仪器的工作参数就确定了仪器的不同工作原理。被调制后的参数承载了被测对象的信息，即测量信号。例如，采用电阻应变片测量应变时，电阻值的变化即承载着应变的信息，也就是说这时电阻值的变化代表着应变的信号。

总之，任何测量只有确定单位、选择测量器具、研究测量方法、设计测量系统和进行正确的操作，才能确定测量结果的可靠程度。测量过程都是将被测参数与其相应的测量单位进行比较的过程。测量过程实质上就是将被测量与体现测量单位的标准量比较，对被测参数信号形式转换的过程，而检测仪表就是实现这种比较的工具。

2.2 测量误差

从测量显示元件上得到的被测量的数值称为测定值,测量的目的是希望能正确地反映被测参数的真实值,即希望测定值非常接近真实值。但在测量过程中,由于测量方法的局限性、检测仪表本身的质量缺陷、测量环境的干扰和测量者主观因素的影响,都不可能使测量结果绝对准确,而只能尽量接近真值。真值是一个理想的概念,因为测量值不能绝对准确地反映被测参数的真值,真值是无法得到的理论值,是不可知的。也就是说,测量结果必然存在误差,即测量值与真值之间始终存在着一定差值,这一差值就是测量误差。

实际测量过程中,一般是用以下方式确定用以计算时的替代真值。

(1) 约定真值

约定真值是把国际公认的某些基准量(如长度、质量、时间等)作为真实值。例如规定在一个物理大气压下,水在气、液共存的汽液平衡点的温度为 100 ℃,所指的就是约定真值。

(2) 相对真值

利用准确度较高的标准仪表的指示值作为被测参数的真值,差值通常就是检测仪表的指示值与标准仪表的指示值之差。

(3) 理论真值

理论设计和理论公式的表达值,如平面圆周角的角度恒为 360°。

2.2.1 测量误差的形式

在各种测量过程中,只有当测量结果的误差已经知道或者能够指出误差的可能范围,此时测量所提供的数据才有意义。所谓误差,就是某一被测量的测量值与客观真实值之差。测量误差通常用绝对误差、相对误差和引用误差表示。

(1) 绝对误差

测量值 X 减被测量真值 X_t 的差值称为绝对误差 Δ。用数学表达式可表示为:

$$\Delta = X - X_t$$

绝对误差有符号和单位,它的单位与被测量相同。由于真值是无法得到的理论值,所以,在实际计算时,常用相对真值来替代,即用精确度较高的标准仪表所测得的标准值 X_0 来代替,则绝对误差 Δ 用数学表达式可表示为:

$$\Delta = X - X_0$$

另外,在测量误差分析时,由于没有用较高精确度仪表得到标准值 X_0,而常常用同等条件下多次测量得到的平均值 $\overline{X}$ 来代替真值,可表示为:

$$\Delta = X - \overline{X}$$

引入绝对误差后,测量结果可以修正为:

$$\overline{X} = X + C$$

式中,$C=-\Delta$,称为修正值。即实际值等于测量值加上修正值,修正值与绝对误差大小相等、符号相反。在计量工作中,对于某一测量仪表经上级计量部门检定而获得一个修正值,然后,在实际测量过程中通常采用加修正值的方法保证测量值准确可靠,以便在测量过程中消除仪表本身的测量误差。

绝对误差的大小可以反映仪表指示值接近真实值的程度，但不能反映不同测量值的可信程度。例如，测量载重货车时用 100 t 的地磅秤，若绝对误差为 100 kg，可以认为已经很准确了，是可以接受的；而 100 kg 的体重计，若绝对误差为 10 kg 时，虽然绝对误差比地磅秤小一个量级，但对人体重来讲，此 10 kg 绝对误差就显得很大了，是不被接受的。所以仅凭绝对误差的大小无法判断测量结果的准确程度和可信度。例如上述测量结果中，前者的绝对误差虽然比后者大，但它相对于被测量却显得较小，为此引入了相对误差的概念。

(2) 相对误差

相对误差是检测仪表的绝对误差和“真实值”之比，常用百分数表示，即：

$$\delta = \frac{\Delta}{X_t} \times 100\%$$

式中：X_t——真值。

相对误差 δ 越小，说明测量结果的准确度、可信度越高。相对误差就是用来判断测量准确度，即测量精度。

上例中，地磅秤的相对误差为 0.1%，而体重计则为 10%，很显然，前一个测量的结果更准确可信。

(3) 引用误差

引用误差是一种简化的实用且方便的相对误差。在多档位和连续刻度的仪器仪表中广泛应用。这类仪器仪表可测范围不是一个点而是一个量程，各刻度点的示值和其对应的真值都不一样。因此，计算相对误差时所用的分母也不一样，所以计算很麻烦。为了计算和划分准确度等级的方便，规定一律取该仪器仪表的绝对误差 Δ 与其特定值之百分比定义为引用误差，特定值也称为引用值，通常是仪器仪表量程中的满刻度值(最大刻度值)或标称范围的上下限。由此引用误差 γ 可用下式表示：

$$\gamma = \frac{\Delta}{\text{测量范围上限} - \text{测量范围下限}} \times 100\%$$

显然，具有相同绝对误差的两台仪表，量程大的仪表的引用误差要小于量程小的仪表。引用误差可以表示检测仪表的准确程度，引用误差小，表明仪表产生的测量误差相对的小，测量结果相对可信度高。在实际应用时，仪表精度等级是根据引用误差来确定的，通常采用最大引用误差来描述仪表的性能，称为仪表的满量程误差，一般在误差值后标注字母 F.S 表示满量程。一般来说，如果仪表为 S 级，则仅说明合格仪表的最大引用误差不会超过的 $S\%$，而不能认为它在各刻度点上的示值误差都具有 $S\%$的准确度。

设仪表的满刻度值为 X_n，测量点为 X，则该仪表在 X 点邻近处的真值误差应为：

1) 绝对误差$\leqslant X_n \times S\%$；

2) 相对误差$\leqslant \frac{X_n}{X} \times S\%$。

一般情况下，X 并不等于 X_n，因此，X 越接近于 X_n，其测量准确度越高，相反则其测量精确度越低。所以，在选择仪器仪表测量时，应尽可能在仪器仪表满刻度值的三分之二以上量程内测量。

2.2.2 测量误差分类

除了按测量误差的形式分为绝对误差、相对误差和引用误差外，按误差的测量条件可分为基本误差和附加误差，按误差的变化速度分为静态误差和动态误差。在测量过程中，测量误差按其产生的原因不同而使测量数据中的误差呈现不同的规律，可以分为以下三类，即系统误差、随机误差和粗大误差。这种分类方法便于测量数据处理。

(1) 基本误差

基本误差是指仪表在规定的标准条件下所具有的误差，其最大值不超过允许最大绝对误差。例如，仪表是在供电电压、电网频率、环境温湿度等的仪表规定使用条件下标定的。如果这台仪表在这个规定使用条件下进行测量，则此时仪表测量时所具有的误差为基本误差。测量仪表的精度等级就是由基本误差决定的。

(2) 附加误差

附加误差是指当仪表的使用条件偏离规定使用条件下而出现新的误差。例如，因温度超过规定使用范围而额外引入比基本误差更大的误差即为温度附加误差。

仪表所产生的总误差为基本误差与附加误差之和。

(3) 系统误差

在相同测量条件下，多次重复测量同一个被测量时，保持固定不变的误差(误差大小与符号均保持不变)，或者按某一确定规律变化的误差分量叫系统误差。系统误差具有这样一种特性：单纯增加测量的次数，仍无法减少系统误差的影响，它在一定的反复测量情况下常保持同一数值和同一符号(同是引入正的或负的误差)。

系统误差决定测量结果的准确度，它通常产生于测量仪器仪表的不准确性、测定方法不完善或仪器仪表使用不当，以及许多外界的原因。按产生原因，可把系统误差再分成三类：内在原因引起的、外在原因引起的和个人引起的。

内在原因引起的系统误差又叫仪器误差，例如仪表指针零位没有校准。而存在于仪器本身的缺陷更是系统误差的主要来源，这种误差可以通过制造或选择精密的仪器，合理地安装仪器，测定前采取详细地检查和校准仪器等一系列措施予以消除。

外在原因引起的系统误差又叫外界系统误差，例如温度、湿度、气压、地磁场和杂散磁场等。温度变化影响物体的长度、导线的电阻；气压会对表压读数有影响。这可以在找出误差产生的原因之后，通过理论分析同样予以消除。例如，压力表因气压比标准大气压升高 Δp 使表压读数降低，那么可以加上 Δp 来加以修正，使表压读数能统一在标准大气压下的读数。

个人引起的系统误差又叫个人误差或简称人差。它的产生是由于测量人员的不良习惯，感觉器官不完善，或者存在着某种生理上的缺陷，如斜视等。毫无疑问，这种误差可以通过合理组织和配合来加以消除。

另外，系统误差按其呈现的特征还可以分为常值系统误差和变值系统误差；而变值系统误差又可分为累积的、周期的和按复杂规律变化的系统误差。

在分析和研究测量误差时，必须把系统误差排除才能按随机误差理论对测量误差进行处理。

(4) 随机误差

随机误差是在相同测量条件下，对某被测量进行等精度多次重复测量，只要测量仪表灵敏度足够高，则一定会发现这些测量结果有一定的分散性，其测量结果的误差大小和正负符号以不可预计的方式变化的误差，这种误差是随机造成的。

产生随机误差的原因很复杂，包括了所有因测量人员感官缺点、外界条件的变动、测量仪器构造的不完善、测量对象本身状态发生变化以及测量人员的技能不熟练等一系列原因。随机误差一般是由许多微小变化的复杂因素共同作用的结果。对单次测量来说，随机误差是没有任何规律的，既不可预测，也无法控制。但对于一系列重复测量结果来说，在剔除粗大误差和修正了系统误差之后，随机误差的大小反映对同一测量值多次重复测量结果的离散程度。各次测量结果的随机误差一般是服从正态分布的统计规律。通过应用统计学方法处理随机误差，可以估计测量结果的可信程度，并通过统计处理，减少其影响。一般情况下，产生正负误差的概率通常相等。因此，可以采取多次测量求平均值的方法减小随机误差，取多次测量结果的算术平均值作为最终的测量结果。即以测量结果的算术平均值作为被测实际值的最佳估计值，以算术平均值均方根偏差的 2～3 倍作为随机误差的置信区间，相应的概率作为置信概率，可以提高测量精度。随机误差决定测量结果的精密度。

必须指出，随机误差与系统误差既有区别又有联系，两者之间并无绝对的界限，在一定的条件下可以互相转化。也就是说，对某一具体的测量误差，在某一条件下为随机误差，而在另一条件下又可为系统误差，反之亦然。过去认为随机误差的，随着对误差的认识水平的提高，有可能被分离出来作为系统误差来处理；而有一些变化规律复杂、难以消除，同时又没有必要花费大量的代价去消除的系统误差。往往也可以当作随机误差来处理。

(5) 粗大误差

粗大误差是测量结果显著偏离被测量的实际值所对应的误差，称为粗大误差。由于这种误差严重歪曲测量结果，故应通过理论分析或统计学方法发现并舍弃不用。粗大误差，没有任何规律可循。产生粗大误差的主要原因是测量方法不当、工作条件显著偏离测量要求等，但更多的是人为因素造成的，如工作人员在读取或记录测量数据时疏忽大意。带有这类误差的测量结果毫无意义，应予以剔除。

2.3 测量不确定性

通常一个参数的真值是未知的，需要去测定它。但由于测量方法、测量仪器、人的观察能力等都不能做到完美无缺，测量都具有误差，故真实值是无法得到的。也就是说，测量结果都存在能否代表真值的不确定性问题。反过来说，测量结果存在可信度问题。那如何评价测量可信度或不确定性，就引入测量的不确定度概念及不确定度评价方法。

测量的不确定度即表示由于测量值中含有误差，而对采用测量值代表被测量真值时的不能肯定的程度，也就是对被测量的真值以多大可能性处于由测定值所决定的某个量值范围之内的一种估计。不确定度小的测量结果表明精确度高。

不确定度表征合理地赋予被测量之值的分散性，是与测量结果相联系的参数。测量不确定度以测量结果为中心，来评估测量结果与被测量真值相符合的程度。

测量不确定度与测量误差紧密相关，但却有区别：

1) 测量误差定义为测量结果与其真值之差，这是一个理想化的概念，真值常常不能确切知道。如若知道其近似值，则可以通过修正值，使其更接近真值；

2) 测量不确定度是对影响产生误差的分散性的估计，是描述未定误差特征的量值，是可以估计求出的。“不确定度”一词本身就隐含着为一种可估计的值。不确定度不是指具体的、确切的误差值,虽可估计出,但却不能用以修正量值。

评定测量结果的不确定度时,应先对粗大误差引起的坏值进行剔除,并对测量结果进行尽可能的修正,然后再对不确定度进行分析评价。

2.4 测量质量与计量检定基础知识

2.4.1 测量质量及其影响因素

质量是产品或服务的总体特征和一组固有特性,基于此能力来满足明确或隐含的需要,也可以看做是产品或服务满足顾客要求的能力。这是质量的一般概念,对测量的质量,可以定义为对于特定测量过程得到的测量结果与真值的误差满足对此测量的技术要求的能力。在方法学中,质量的标准与执行过程或改变执行过程的任何事情相关联。测量质量的主要衡量指标如下:

1) 工作的范围或测量范围;

2) 灵敏度;

3) 精确度。

至于一个测量过程包括几个相关联的阶段,在这些阶段中,计量工作者通常直接地或间接地利用一些特殊的设备。每一个测量相关阶段都需得到有效质量控制,才能确保测量质量标准。所以,计量质量保证是必须遵守,它是提高测量灵敏度、测量精确度,加快测量速度的可靠性保证。

影响测量质量随一定数目的干扰因素的变化而变化。这些干扰因素因周围环境或者测量通道中的元器件之一或几个共同引起,并因此引起测量质量的变化。这些主要影响因素常见的有温度、湿度、振动、位置和电磁干扰等。

(1) 温度

温度是衡量物体微观粒子的运动速度,因此,温度变化都会引起测量仪表本身材料的变化,也会引起被测量物体的变化,从而影响测量质量。如影响测量装置的机械元件,影响被测量的现象本身(如位移、长度、热电阻等的测量);对某些仪表中使用的液体的特性(如润滑剂的黏度)产生影响;对一些电子线路(如绝缘、半导体漏电流等)产生影响等。描述这些量作为温度的函数而变化的规律通常是已知的;如果不知,或如果所知不甚精确,则这些关系就需要通过预备性试验或检定决定。

(2) 湿度

湿度限定了电气和电子测量仪器的测量范围(绝缘性能降低、短路、噪音等),也可能改变测量通道中的元件和被测物体本身的化学特征,还可能造成记录仪表的指示错误(例如在一个气动系统中出现凝结现象时)。湿度对测量的影响无法用精确的规律描述,解决该问题的最好方法是使仪器免受湿度的影响。

(3) 振动

振动的影响以两种相反的形式出现:

1) 有益的方面:当振动的幅度较低时,振动可改善变送机构的运动(如克服摩擦阻力);

2）有害的方面：当振动达到引起机械连接（例如，轴、印刷线路板上的接点等）损坏的程度时。

（4）位置

位置可能有一个非常大的影响。在管道上的压差测量装置的定位误差可导致所记录的测量数据完全错误。一般来讲，这些错误的定位由设计或安装失误造成。因此，安装完工后必须要进行检查。

由位置引起的另一个影响因素来自于测量通道的周围环境的变化，诸如电场、磁场，它们能对仪器产生干扰。

（5）电磁干扰

测量仪表如果被测量本身是电磁信号或测量时转换为电磁信号，那么，就可能受到周围环境中其他用电设备产生的电磁干扰，从而影响测量质量。一般情况下，随机电磁干扰间接或直接作用于测量电子线路，其规律是随机性的，难以确定和去除。一般情况只能加强电磁屏蔽设计和抗干扰滤波设计来减少电磁干扰。

上述所给出的五个影响因素是主要的，但并非是详尽无遗的。对测量工作者而言，这些将是推理的基础，而且只有他的经验才能使他能识别哪一种因素影响最大以及如何在其结论中考虑这些影响。各影响因素也可能互相影响，因此无法充分地相互独立地考虑它们，但是应该同时对它们进行分析。

2.4.2 物理量基本知识

（1）物理与物理量

物理概念是反映物理现象、物理过程本质属性的一种抽象，是在大量观察、实验的基础上，运用逻辑思维的方法，把一些事物本质的、共同的特征集中起来加以概括而形成的。

物理概念大体分为两类：一是定性反映客观事物本质属性的概念，如机械运动、分子运动、热平衡、磁场、交流电等；二是定量反映客观事物本质属性的概念，这种概念就是物理量，如长度、速度、热量、功、电流强度等。一些物理量之间关系就是物理规律，例如：电路中某段导体的电阻 R，通过该导体的电流强度 I，加在导体两端的电压 U，它们关系式 $I=U/R$，即为欧姆定律。

在物理学中，为了区别物理量和单位的符号，物理量符号，除标准大气压 atm 为正体外，其他为斜体，而单位符号则一律为正体。

物理是一种抽象概念，而物理量是定量概念，是物理之中能测量的量，例如质量、体积，或者是测量和通常以数和物理单位的积来表达的结果。

（2）物理量单位

各种物理量都有它们相应的量度单位。根据使用方便、尽可能符合近代物理观念、并且有制成物质范型及复制的可能性原则制定出的基本物理量的单位，叫做基本单位。通过与基本物理量之间的关系来确定的其他物理量的计量单位，叫做导出单位。由基本单位和导出单位所表达物理量单位标准体系构成单位制。而不同量制，其基本物理量和导出物理量可能有区别，或者其基本物理量的单位定义标准不同，就形成不同单位制。以下介绍单位制其他相关术语。

1）相关单位体系：当某单位体系中的单位间的等式有一个数字因数 1 时，则该单位体系为相关单位体系。例如面积单位，既可以采用单位正方形面积单位作为一个面积单位，即：$S_1=\alpha_1 \cdot C^2$；也可以采用单位圆的面积作为一个面积单位，即：$S_2=\alpha_2 \cdot R^2$。

如果长度单位已经被定义，当采用单位正方形面积作为面积单位，那么上两式中 $\alpha_1=1$，$\alpha_2=\pi$，这是比较实用的单位体系；如果采用单位圆的面积作为面积单位，则上两式中 $\alpha_2=1$，$\alpha_1=\frac{1}{\pi}$，但这是非实用的单位体系。

这就是存在不同单位体系的原因，取决于所应用的领域和在该领域中量之间的哪种关系更实用。

2）辅助单位：一个单位体系中的辅助单位是指那些起补充作用的无量纲的导出单位。

3）专有名称：专有名称是指特定的导出单位的法定名称。例如：帕斯卡（Pa）是 N/m^2 的专有名称。

4）法定单位：法定测量单位是指那些以法律条文规定下来的单位。

5）体系外的单位：当一个测量结果不属于一个给出的相关单位体系，特别是不属于国际单位制时，我们称之为体系外的单位。然而，它们的使用可由法规规定。例如：min、h、km/h 等。

6）单位符号：为了使量或单位表述简单化，常使用规定的一个字母、两个或三个字母组合的字母标注。

单位的符号仅用于表达式中的数字之后，不用斜体书写，复数不加“s”，不用句号，写在整个数值之后，在数字和符号之间留 1/4 空格。单位符号通常用小写字母表示，但由人名变来的单位第一个字母要大写。

在表示两个单位比值的复合单位时，表示除号的斜线只能使用一次。在多个除号的情况下，须使用括号，以避免意义不清。

7）单位制间的换算：如果以相同的基本量组成两个体系，而其所相应的单位是不同的。当已知某个量在一个体系的测量结果，通过计算换成另一体系中的测量结果，这种换算称为单位制间的换算，简称单位换算。

8）标准衡器：在度量衡制中，必须能够依靠一定的装置来检查某个测量仪器所给出的结果的精确度。精确度是指在一定的可接受不确定性前提下测量值与真值的一致性情况。这些装置即称之为标准衡器。

（3）国际单位制（SI）

在国际单位制（SI）中，在 1971 年第十四届国际度量衡大会（General Conference of Weights & Measures）中，又增加了物质的量为基本物理量，选择了 7 个物理量作为基本量的国际单位系统，其法文名称“Le Systeme International d′ unites”，缩写为“SI”。7 个基本物理量长度、质量、时间、电流、热力学温度、物质的量、发光强度，其基本单位是：

1）米（长度单位）；

2）千克（质量单位）；

3）秒（时间单位）；

4）安［培］（电流单位）；

5）开［尔文］（热力学温度单位）；

6）摩［尔］（物质的量单位）；

7）坎[德拉]（发光强度单位）。

上述 7 个基本量的量纲分别用 L、M、T、I、Θ、N 和 J 表示。SI 同时也选定两个无量纲的辅助单位，其基本物理量及辅助单位名称、符号及定义详见表 2-4-1 和表 2-4-2。导出单位则依据给出导出物理量定义的基本物理量的单位组合而成的，如导出物理量速度的导出单位很容易通过其长度比时间为速度的定义得出，即：米/秒（m/s），在此本文不再细述。

表 2-4-1　国际单位基本物理量表

物理量	名　称	符　号	定　义
长度	米	m	光在真空中，1/299 792 458 s 之时间间隔所经过的路径长
质量	千克	kg	以铂铱合金制成、底面直径为 39 mm、高为 39 mm 的国际千克原器（圆柱体）的质量定义为 1 kg。这是由 1889 年国际计量大会认可的，目前它保存在法国巴黎的国际计量局
时间	秒	s	铯-133 原子基态的一特定辐射光波（即两个超精细能级之间跃迁所对应的辐射）振动 9 192 631 770 次所需要的时间
电流	安[培]	A	在真空中截面积可忽略的两根相距 1 m 的无限长的、直的平行圆导线内通过等量恒定电流时，若导线间相互作用力在每米长度上为 2×10^{-7} N，则每根导线中的电流为 1 A
热力学温度	开[尔文]	K	水三相点热力学温度的 1/273.16
发光强度	坎[德拉]	cd	光源发出频率为 540×10^{12} Hz 的单色辐射，在某给定方向上的发光强度，而此方向上每一个球面的辐射强度为 1/683 W
物质的量	摩[尔]	mol	某系统的物质的量，该系统中所包含的基本单元数与 0.012 kg 碳-12 的原子数目相等，使用摩尔时，基本单元应予指明，可以是原子、分子、离子、电子及其他粒子，或者是这些粒子的特定组合

表 2-4-2　国际单位辅助单位表

物理量	名　称	符　号	定　义
平面角	弧度	rad	以两射线交点为圆心的圆被射线所截的弧长与半径之比
立体角	球面度	sr	其顶点位于球心，而它在球面上所截取的面积等于以球半径为边长的正方形的面积

（4）我国法定计量单位

我国的法定计量单位是以 SI 单位为基础，保留了少数其他计量单位组合而成的。它包括了 SI 的基本单位、辅助单位、导出单位和词头，同时选用了一些非国际单位制单位，如表 2-4-3 所示。

表 2-4-3 国家选定的非 SI 单位制单位

量名称	单位名称	单位符号	换算关系说明
时间	分	min	1 min=60 s
	[小]时	h	1 h=60 min=3 600 s
	日(天)	d	1 d=24 h=8 640 s
平面角	[角]秒	″	1″=(π/64 800) rad(π 为圆周率)
	[角]分	′	1′=60″=(π/10 800) rad
	度	°	1°=60′=(π/180) rad
旋转速度	转每分	r/min	1 (r/min)=(1/60) s^{-1}(目前常用 rpm 表示)
长度	海里	n mile	1 n mile=1 852 m(只用于航程)
速度	节	kn	1 kn=1 n mile/h=(1 852/3 600) m/s(只用于航行)
质量	吨	t	1 t=1 000 kg
	原子质量单位	u	1 u≈1.660 540 2×10^{-27} kg
体积	升	L,(l)	1 L=1 dm^3=10^{-3} m^3(标准为 l,但因容易混淆,常用 L 表示)
能	电子伏	eV	1 eV≈1.602 177 33×10^{-19} J
级差	分贝	dB	
线密度	特[克斯]	tex	1 tex=1 g/km

2.4.3 计量检定基础

(1) 量值传递的概念

将国家计量基准所复现的计量单位量值,通过检定(或其他传递方式)传递给下一等级的计量标准,并依次逐级传递到工作计量器具,以保证被计量的对象的量值准确一致,称为量值传递。

同一量值,用不同的计量器具进行计量,若其计量结果在要求的准确度范围内达到统一,称为量值准确一致。

量值准确一致的前提是,计量结果必须具有"溯源性",即被计量量必须具有能与国家计量基准或国际计量基准相联系的特性。要获得这种特性,就要求用以计量的计量器具必须经过具有适当准确度的计量标准的检定,而该计量标准,受到上一等级计量标准的检定,逐级往上追溯,直至国家计量基准或国际计量基准。由此可见溯源性的概念是量值传递概念的逆过程。

(2) 检定测试

计量检定是指为评定计量器具的计量性能,确定其是否合格所进行的全部工作。所有的正式检定都必须严格按照有关的计量核定规程进行。

计量检定规程,是为检定计量器具而制定的技术法规。其中对规程的适用范围、计量器具的名称、计量性能、检定项目、检定方法、检定条件、检定数据的处理以及检定周期等。皆有明确的规定,也就是说,在计量检定规程中,对检定的具体步骤和条件等都作了很具体的规定,实际工作中必须遵循。计量检定规程常常是针对某一类计量器具而制定的,只是在很特别的情况下才是针对一种计量器具的。

计量检定规程由国务院计量行政部门统一组织制定和颁布。随着科技的发展和计量水平的不断提高，计量检定规程每隔一段时间便要重新审订和修改一次，这也是为了适应所针对的计量器具型号的改进和技术性能的进步。

检定即是对测量器具的计量性能进行评定或评价，并与规定的指标进行比较以确定该测量器具是否符合质量标准的一项工作。具体的检定方法较多，但基本上可以归纳为两类：示值比较法与标准物质法。

所谓示值比较法即将被检测量器具与标准测量器具同时去测量同一被测量器具，以标准测量器具的示值当作实际值(即约定真值)，比较两者显示的示值来确定被检测量器具的误差等性能质量指标。

在这过程中，必须正确考虑标准测量器具的误差，并要保持检定环境的高度稳定，以使被检测量器具与标准测量器具所测的是同一量值。同时，在确定检定点与检测方法上都要采用尽量能使误差减到最低程度的方法。

标准物质是一种能提供某种量的标准量值的物质。标准物质法是以标准物质提供的标准量作为约定真值，被检测量器具直接测量标准物质并与之进行比较。

复习思考题

1. 什么是测量和被测量？
2. 何谓真值？能否通过测量得到真值？为什么？
3. 在实际计算处理过程中，采用什么值作为替代真值？
4. 何谓误差？如何表示？
5. 测量误差如何分类？各由什么原因引起的？
6. 测量不确定度有什么含义？它与误差有什么区别？
7. 国际单位制基本物理量和导出量是什么？我国法定计量单位有哪些？单位书写需注意哪些问题？
8. 为何要进行计量检定？检定的主要方法有哪些？

第三章　核电厂过程参数的检测

核电厂的 I&C 系统监测核电厂各系统和设备需要监测的相关参数，并实时地把有关参数提供给相应运行人员，以便运行人员全面了解其负责运行的核电厂的相关系统和设备的运行状态，更好地控制核电厂的运行，同时对数据进行处理和存贮，支持核电厂的最佳运行。核电厂运行监测一般包括功率(中子注量率)监测、辐射监测和热工参数监测三部分，但核电厂 I&C 系统要完成的信息功能不限于这三部分，应包括：

1) 核参数监测，即核仪表系统，主要监测反应堆的中子注量率水平、中子注量率变化率及功率分布情况；

2) 辐射水平检测，即核电厂辐射监测系统，监测核电厂的辐射防护辐射水平和辐射工艺辐射水平及环境辐射水平监测，还有元件包壳的破损监测等；

3) 堆芯热工参数监测，即监测核电厂的工艺过程参数，其中主要是堆芯热工参数监测系统，包括监测堆芯温度、流量参数及其发布情况，还包括压力、水位等热工参数；

4) 热工参数监测，即热工测量监测系统，监测核电厂的工艺过程参数，包括核岛、常规岛和 BOP 的各工艺系统回路和设备的温度、压力、流量、液位等参数；

5) 火灾参数监测与报警；

6) 电气参数监测与报警；

7) 监测反应堆及设备的事故状态(如冷却剂的泄漏、燃料元件包壳的破损等)；

8) 设备潜在故障的诊断及报警；

9) 其他特种参数监测：主要包括监测设备的状态、位置、运动速度及冷却剂化学成分参数的监测等，如控制棒驱动机构、主泵、汽轮机的状态、位置、转速，冷却剂的纯度，硼酸浓度等；

10) 监测信号异常、故障或事故的判断及声光报警；

11) 系统间的监测信息传输；

12) 监测参数信息处理及存贮。

上述核参数的检测将在第 4 章说明，辐射水平检测和火灾参数监测，其系统和学科相对比较独立，有专门的教材，本教材不再涉及。而其余过程参数检测，则在本章详述其测量原理、组成，以及仪表分类和相关性能指标等。

3.1　检测仪表的组成

3.1.1　检测仪表的基本组成

核电厂生产过程被测变量的数量和类型有许多，各种参数的检测仪表所依据的测量原理不同，结构也不尽相同，种类繁多。但从检测仪表的基本组成环节来看，还是有许多共同之处。基本上是由检测部分、转换传送部分和显示部分(俗称指示表)组成，分别完成信息的检测获取、转换、处理和显示等功能。各部分之间用电信号、气信号或机械位移形式等可转换传送的各种信号中的一种或几种信号联系起来，从而组成一套完整的仪器仪表。

检测、转换传送和显本部分可以是三个独立的部分，也可以有机地结合成一体。

(1) 检测部分

可直接感受被测变量，并将其转换为便于测量传送的位移、电信号或其他形式的信号。习惯上，将检测部分与被测介质直接接触并进行参数形式转换的元件称为检测敏感元件，俗称探头。

检测敏感元件是任何检测仪表的始发构造和首端，是对被测物理量作出响应的基本元件，如热电偶的双金属接触点、热电阻温度计中的热电阻等，分别以自身热电动势变化和电阻值的变化等不同热变化原理反映温度的高低。各种敏感元件均以其自身的敏感参数对被测物理量作出响应。

在实际应用中，一般要求敏感元件的输出信号与被测参数之间的转换关系成单值、线性关系，并尽量不受周围环境因素和其他参数的影响，否则必须进行针对性的补偿和矫正；同时也要求敏感元件的输出信号便于转换部分的信号处理，如机械位移、电信号等。这样才能有利于测量信号的处理和传送，方便显示和计算，才能保证测量准确。

(2) 转换传送部分

对测量信号进行转换、放大或其他处理(如温度补偿、压力补偿、线性校正)，及参数计算等处理。通常，把输出远传信号的检测部分与转换传送部分合称为传感器；将输出标准信号的传感器称为变送器。

传感器将检测敏感元件输出的电信号、机械位移或其他信号，转换成便于处理和传送的信号，如电信号、气信号、光信号等。因此传感器是由敏感元件和转换放大部分组成的。一般情况下，传感器将被测物理量转换为电压、电流、电阻、频率等电参数，这是因为电信号易于传送和处理。现代电子技术的迅猛发展和计算机技术的广泛应用，为电信号的处理和转换打下了很好的基础。

所谓变送器就是输出信号符合标准化要求的传感器。由于传感器输出的信号形式很多，而且信号往往很微弱，一般都需要转换传送环节的进一步处理，把传感器的输出信号转换成符合标准规定要求的信号制式(即标准信号)的这种检测仪表就称为变送器。目前标准信号主要有 4～20 mA DC、1～5 V DC，负载电阻为 250～750 Ω。

变送器以输出标准信号远传为主，有时也可以就地指示。输出信号送到控制室的显示仪表或计算机监控系统，以指针、数字、曲线等形式显示被测参数，或者送到控制器对其实现控制。

变送器和传感器输出信号形式的区别，对于过程自动化仪表有重要意义。因为在单元组合仪表组成的自动化系统中，使用标准统一的信号容易把检测变送单元和控制调节单元之间相联系起来。

(3) 显示部分

将测量结果用指针、记录笔、计数器、数码管、阴极射线管及液晶屏等，以模拟、数字、曲线、图形等方式显示、记录下来。显示部分可以和检测部分、转换传送部分共同构成一个整体，成为就地指示检测仪表；也可以独立地工作，成为专门的显示仪表，与各类传感器、变送器等配合使用，构成检测系统，如电子电位差计、数字显示仪、无纸记录仪等。有的显示仪表还可以附加控制单元，具备控制、通信等复杂功能，使显示仪表成为综合性多功能仪表。随着数字化技术的应用和发展，仪表显示逐步淘汰记录笔、指针式等模拟表，数字显示逐步增多，仪表逐步向智能化发展。

3.1.2　检测仪表的结构形式

根据检测仪表的结构形式，一般可分为开环式结构和反馈型闭环式结构两种类型。

（1）开环式结构

如图 3-1-1 所示，开环式仪表结构是一个环节接着下一个环节，每个环节的输出是后一环节的输入。如果仪表的输入、输出参数分别为 x、y，各环节的传递放大系数分别为 K_1、K_2、K_3，则对整个仪表而言，有 $y=K_1K_2K_3x$ 的关系。

图 3-1-1　开环式检测仪表结构框图

由于开环式仪表结构各个环节传递放大系数的变化均会引起整个仪表传递放大系数的变化，各环节一旦受干扰都能影响仪表输出结果 y，所以各环节的性能变化均会引起整个仪表的性能变化。开环式仪表要获得较高的测量精度，需要各环节均要有较好的稳定性和抗干扰能力，但这很困难，所以，它一般用以测量精度要求不高的测点，但因没有反馈环节，结构相对简单，造价低。

（2）反馈型闭环式结构

如图 3-1-2 所示的闭环式结构，是一种具有反馈作用的结构形式。反馈环节的传递放大系数为 K_f，则整个仪表输出与输入的关系为：

$$y = \frac{K_1K_2K_3x}{1+K_2K_3K_f}$$

一般情况下，仪表主回路放大系数 K_2、K_3 很大，$K_2K_3K_f \gg 1$，所以上式可近似为：

$$y \approx \frac{K_1x}{K_f}$$

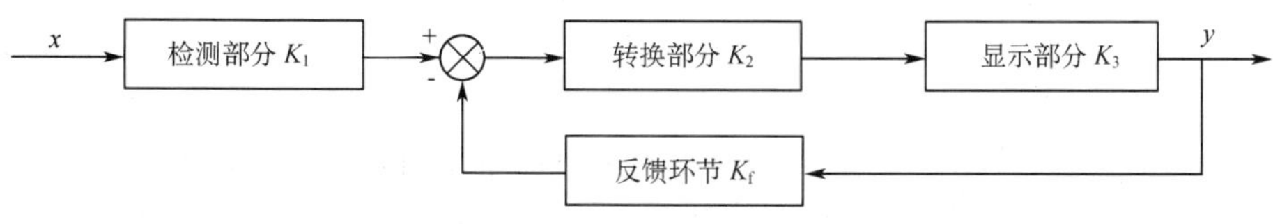

图 3-1-2　闭环式检测仪表结构框图

由此可见，对于闭环式结构的仪表，只要主回路放大系数足够大，则整个仪表的特性仅取决于反馈环节及检测元件的传递系数，而与其他环节的特性无关，消除了转换传递环节和显示环节干扰的影响。由此闭环式结构的检测仪表的性能、测量精度等都能得到较大的提高。所以，闭环式结构仪表，一般用以测量精度要求较高的测点，但因有反馈环节，结构相对复杂，造价高。

3.2 检测仪表的性能指标

检测仪表的性能指标是评价仪表性能和质量的主要依据，也是正确选择、应用仪表所必须具备的知识。检测仪表的性能指标很多，概括起来不外乎涉及技术、经济及使用三个方面。仪表技术指标一般有精确度、灵敏度、分辨率、线性度、变差、反应时间、电磁兼容性和稳定性等；仪表的经济指标有价格、使用寿命、功耗等；仪表的使用指标有可靠性、抗干扰能力、重量、体积、安装尺寸及其要求等。以下简要说明仪表的一些基本技术性能指标。

3.2.1 精确度

(1) 精密度、准确度与精确度

在测量技术中，常用精密度、准确度与精确度来表示测量结果与被测真值的接近程度，但这三个概念既有区别又有联系，容易混淆。

1) 精密度：对同一被测量在相同条件下进行多次测量时，各次测定值之间彼此相符合的程度，称为测量的精密度(Precision)。精密度反映随机误差影响的大小，随机误差愈小，精密度愈高。也就是说，精密度是衡量测量离散程度，但不能反映测量结果接近真值的程度。

2) 准确度：对同一被测量在相同条件下进行多次测量，多次测量结果的平均值与被测量真值的接近程度，称为测量的准确度(Correctness)。准确度反映系统误差的大小，系统误差愈小、准确度愈高。也就是说，准确度是衡量测量结果接近真值的程度，但不能反映测量离散程度。

3) 精确度：能反映测量结果的一致性及与真值的接近程度称为精确度(简称精度，Accuracy)，它是精密度与准确度的综合指标，既反映了测量结果接近真值的程度，又反映了测量离散程度。

精密度指在测量中所测数值重复性的大小；准确度指所测数值与真值符合的程度，在一组测量中，一般来说，尽管精密度很高，但准确度不一定很好；反之，准确度高的测量其精密度也未必高。但是，精确度高的测量其精密度与准确度都高。

精密度、准确度和精确度这三种定义的关系可用下述打靶例子的“靶图”来说明(见图3-2-1)。图中1～3表示三个射击手的射击成绩，网纹处表示靶心，是每个射击者的射击目标。在科学测量中，真值就如同打靶的靶心，进行测量时，就是想测得真值这个靶心。那么，图中靶心可认为被测量真值或多次测量所得测定值的平均值，小黑点则代表每次测量的值命中靶心的偏离程度。由图可见，图中1射击偏离一边，表示精密度很好，但准确度不高；图中2则各点分散，表示准确度高但精密度不好；图中3表示精密度与准确度都很好。

(2) 仪表精度

仪表精度表达形式常用最大绝对误差与量程的百分比去掉百分号后的A_c来表示，可用下式描述：

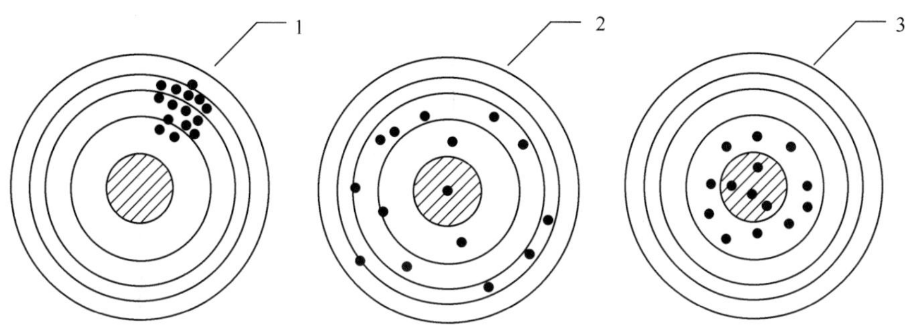

图 3-2-1　精密度、准确度与精确度的关系靶图

1—精密度；2—准确度；3—精确度

$$A_c = \frac{e_{max}}{S_p} \times 100$$

式中：A_c——精度；

e_{max}——允许最大绝对误差；

S_p——测量量程范围。

允许最大绝对误差是在规定的工作条件下，仪表测量范围内各点测量误差的允许最大值，为仪表的“基本误差”。仪表精度高低由系统误差和随机误差综合决定。

仪表的精度是用引用误差表示的，是衡量仪表质量优劣的重要指标之一，反映某一精度等级仪表在正常情况下所允许具有的最大引用误差。精度高，表明仪表的系统误差和随机误差都小，所指示的测量值越接近于参数的真值，测量结果越准确。

(3) 仪表精度等级标准规定

为了方便仪表的生产及应用，国家用精度等级来划分仪表精度的高低。精度等级是国家统一按精度大小规定的一组数值系。根据国家标准 GB/T 13283—91 由引用误差表示精度的仪表，其精度级应符合以下一组规定值：0.01；0.02；(0.03)；0.05；0.1；0.2；(0.25)；(0.3)；(0.4)；0.5；1.0；1.5；(2.0)；2.5；4.0；5.0。其中括号内的等级在必要时才采用，0.4 级只适用于压力表。

仪表的精度等级一般用圈内数字等形式标注在仪表面板或铭牌上，如(1.0)、(0.5)等。

不适宜用引用误差表示精度的仪表(如热电偶、热电阻等)，可以用拉丁字母或序数数字的先后次序表示精确度等级，如 A 级、B 级、C 级；1 级、2 级、3 级等。

如上所述，仪表的精度是用引用误差表示的，如精度等级为 0.5 级的仪表，在测量范围内各处的引用误差均不超过±0.5%时为合格，否则为不合格。

必须指出：在工业应用时，对检测仪表精度的要求，应根据实际生产和参数对工艺过程的影响所给出的允许误差来确定，这样才能保证生产的经济性和合理性。

3.2.2　线性度

由于线性仪表的刻度及信号处理都比较方便，符合使用习惯，所以通常希望仪表具有线性特性。线性度就是仪表特性曲线逼近直线特性的程度，反映仪表分度的均匀程度。仪表的非线性特性如图 3-2-2 所示。线性度用非线性误差来表示，即：

$$E_{\mathrm{Lmax}}=\frac{e_{\mathrm{Lmax}}}{S_{\mathrm{p}}}\times 100\%$$

式中：E_{Lmax}——线性度；

e_{Lmax}——仪表特性曲线与理想直线特性间的最大偏差；

S_{p}——测量量程范围。

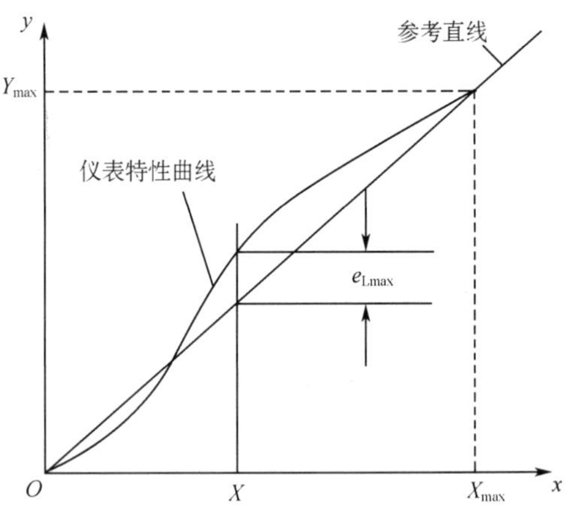

图 3-2-2 仪表的非线性特性图

3.2.3 灵敏度及分辨率

(1) 灵敏度

灵敏度反映了静态状况下仪表示值对被测量变化的幅值敏感程度。灵敏度一般用以模拟量仪表，规定用仪表的输出变化量与引起此变化的被测参数改变量之比来表示，即：

$$S=\frac{\Delta_{\mathrm{out}}}{\Delta_{\mathrm{in}}}$$

式中：S——仪表的灵敏度；

Δ_{in}——被测参数改变量；

Δ_{out}——仪表输出变化量。

灵敏度 S 是有单位的，其单位为输出、输入参数单位之比。当输入、输出信号的单位相同时，灵敏度 S 称为“放大倍数”或“传送比”。通常，灵敏度 S 是 Δ_{out} 和 Δ_{in} 的连续变化函数。线性特性的仪表，灵敏度在仪表测量范围内均相同，而对于非线性特性的仪表，灵敏度各处不同。

对于由多个仪表组成的检测系统，总的灵敏度等于各个仪表灵敏度的乘积。

检测仪表的灵敏度可以用增大仪表转换环节放大倍数的方法来提高。仪表灵敏度高，仪表示值的读数就会比较精细。但是必须指出，仪表的性能主要取决于仪表的基本误差，如果想单纯地通过提高灵敏度来达到更准确的测量是无法实现的。单纯增加灵敏度，反而会出现虚假的高精度现象。因此，通常规定仪表标尺刻度上的最小分格值不能小于仪表允许的最大绝对误差值。

(2) 分辨率

在模拟仪表中，分辨率是指仪表能够检测出被测量最小变化的能力。如果被测量从某一值开始缓慢增加，直到输出产生变化为止，此时的被测量变化量即是分辨率。在检测仪表的刻度始点处的分辨率称为灵敏限。

仪表的灵敏度越高，分辨率越好。一般模拟仪表的分辨率规定为最小刻度分格值的一半。

在数字仪表中，往往用分辨率来表示仪表灵敏度的大小。数字仪表的分辨率是指仪表在最低量程上最末一位数字改变一个字所表示的物理量。例如，七位数字电压表，如在最低量程时满度值为 1 V，则该数字电压表的分辨率为 0.1 μV。数字仪表能稳定显示的位数越多，则分辨率就越高。

数字仪表的分辨率一般是指显示的最小数值与最大数值之比。如测量范围 0～999.9 ℃的数字温度显示仪表，最小显示 0.1 ℃（末位跳变 1 个字），最大显示为 999.9 ℃，则分辨率为 0.01%。

3.2.4　变差与死区

（1）变差（回差）

在外界条件不变的情况下，使用同一仪表对同一变量进行上、下行程（被测参数由小到大和由大到小）测量时，仪表指示值之间的差值，称为变差（又常称为回差）。被测参数由小到大称为上行程，反之称为下行程。检测仪表的回差示意图如图3-2-3所示。

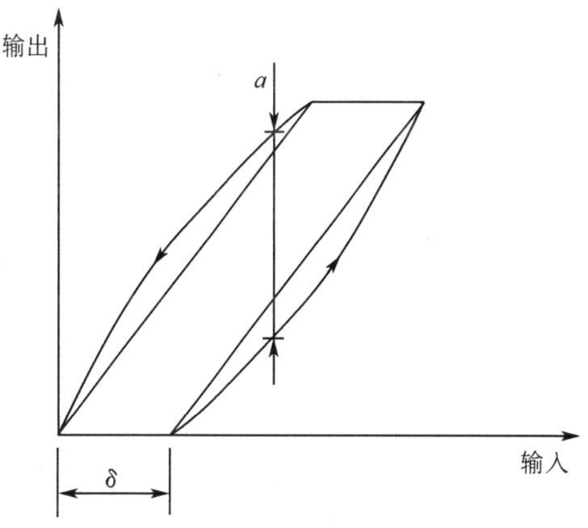

图 3-2-3　检测仪表回差示意图

a——回差；δ——死区

从图 3-2-3 可见，不同的测量点，回差的大小也会不同。为了便于与仪表的精度比较，回差的大小，一般采用最大引用误差形式表示，即：

$$E_a = \frac{a}{S_p} \times 100\%$$

式中：E_a——最大回差；

a——仪表的上、下行程指示值最大偏差值；

S_p——测量量程范围。

造成回差的原因有很多，例如传动机构的间隙、运动部件的摩擦、弹性元件的弹性滞后的影响等。回差的大小反映了仪表的稳定性，要求仪表的回差不能超过精度等级所限定的允许误差。

（2）无反应误差（死区）

不引起可检出的输出变化的最大输入变化，称为死区，即无反应误差。

该误差起因于仪表不能在一个完全正比于被测量变化的方式下反应，即在仪表反应前变量必须达到一定的阈值 δ。如果输出用纵坐标表示，输入用横坐标表示，则无反应误差 δ（死区）如图 3-2-3 所示。

3.2.5　仪表使用的可靠性

随着生产自动化程度日益提高，检测仪表的任务不仅要提供检测数据，而且要以此为依据，直接参与生产过程的控制，一旦其出现故障往往会导致严重的事故。因此，仪表的可靠性也越来越受到重视，可靠性也是仪表质量的重要指标。衡量仪表可靠性的综合指标是可用度 p，其定义为：

$$p = \frac{t_u}{t_u + t_f}$$

式中：p——可用度；

t_u——平均无故障工作时间；

t_f——平均修复时间。

对使用者来说，当然希望平均无故障工作时间尽可能长，平均修复时间尽可能短，即可用度的数值越接近于1，仪表工作越可靠。

3.2.6 动态特性

上述几个仪表的性能指标都是仪表的静态特性的指标，是当仪表处于稳定平衡状态时，仪表的状态和参数处于相对静止的情况下得到的性能参数，并不能衡量仪表的动态特性。仪表的动态特性是指被测量变化时，仪表指示值跟随被测量随时间变化的特性。仪表的动态特性反映了仪表对测量值的速度敏感性能。其动态性能指标，一般用被测量初始值为零，并做满量程阶跃变化时仪表指示值的时间反应参数来描述。

被测量做满量程阶跃变化时，仪表的动态特性如图3-2-4所示。图中(a)所示的情况，仪表指示值在稳定值上下振荡波动，称为欠阻尼特性，图中(b)所示的情况，仪表指示值慢慢增加，逐渐达到稳定值，称为过阻尼特性。

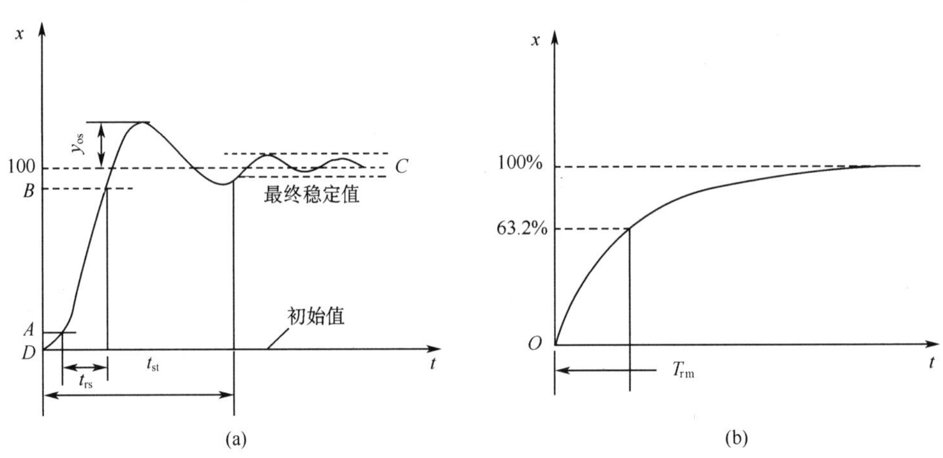

图3-2-4 仪表的动态特性

(a) 仪表的欠阻尼特性；(b) 仪表的过阻尼特性

对于欠阻尼特性，仪表的动态特性用上升时间 t_{rs}、稳定时间 t_{st} 及过冲量 y_{os} 表示。图中，A 一般为5%或10%，B 一般为90%或95%，C 一般为2%～5%。在这3个给定参数条件下，上升时间 t_{rs}、稳定时间 t_{st} 及过冲量 y_{os} 越小越好。

对于过阻尼特性，仪表的动态特性用时间常数 T_{rm} 表示，它等于被测量做满量程阶跃变化时，仪表指示值达到满量程的63.2%时所需时间。

3.3 电气测量

测量电气量的主要仪表有电流表、电压表、功率表和无功表，它们有指示表、记录仪或计数器(累加器)等形式。

3.3.1　电气测量仪表分类

电气测量仪表的主要类型分为模拟仪表和数字式仪表，模拟式仪表所给出的值在理论上完全正比于被测量的量，但其指示是以带有指针或移动指示标尺的模拟表盘给出读数；而数字式仪表则通过电信号的比较以数字形式（数字显示）直接给出所测量的量的值。

两种类型的电气测量仪表的原理差别很大，由于数字化技术基于电子技术的发展，电气信号可以通过电信号的比例等变换，进而采用数字化模数转换（A/D）的数据采集而直接给出读数。关于数据采集，将在第八章说明介绍。但数字化监测设备，一般是低压设备，所以一般情况下都需要有电气测量变送器。电气测量变送器是一种将被测量参数（如电流、电压、功率、频率因数等信号）转换或隔离的直流电流、直流电压式数字信号的装置，其产品要求需符合国际 GB/T 13850—1998 规定。一般有以下几种类型：单相电流单相电压变送器、功率因数变送器、三相电流电压变送器、功率变送器等。

而模拟仪表则需要通过电磁、电热等能量形式的变换，最后转换成可观察的指针表或标尺移动来给出读数。带有指针的测量仪表能够按照它们工作的物理现象的自然属性分类：

1）磁电式仪表：一个永久磁铁的磁场作用于一个通有电流的移动线圈，也称为动圈仪表；

2）铁磁式仪表：固定线圈通电产生电磁力作用于一个软铁芯并使其运动，也称为动铁仪表；

3）电动式仪表：一个固定线圈产生的磁场作用于一个移动线圈所产生的磁场；

4）电感应式仪表：一个交变电场作用于一个运动结构；

5）热仪表：在一个通过电流的导体中由于焦耳效应而产生的膨胀，或双金属片变形或热电偶现象的应用。

3.3.2　电气测量的主要内容及方法

（1）电流测量

电流表用于测量通过一个被测量的工作电路的电流强度，它需采用串联方式接入电路中。由于串联接入被测电路的仪表具有一定阻抗，必然会影响被测电流强度，为了减少这种影响，要求电流表的内部阻抗必须很小。

因电流表作为灵敏仪表，其内部阻抗必须很小，必须仅与弱电流回路接触。若所测电流比较大，则需采用变换电流电路构成量程变换来进行测量。如图 3-3-1 所示，变换测量方法主要有：

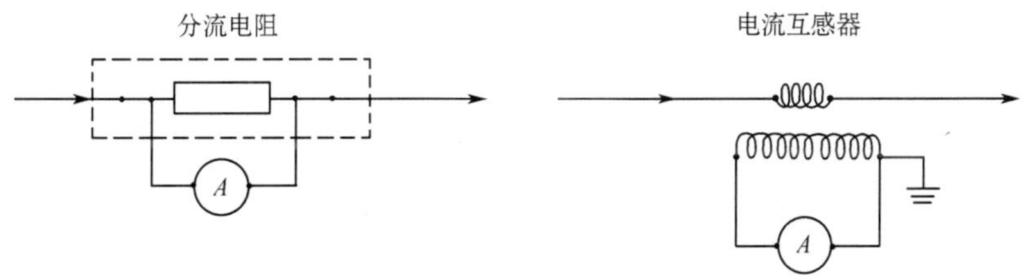

图 3-3-1　电流变换测量方法

1）并联一个分流电阻，其电阻很小，小于仪表内部阻抗，并按比例分流绝大部分的电流，较小的电流通过测量仪表测量；由于仪表内部阻抗大小与电流频率有关，比较难以确定比例关系，所以这种方法常用于直流电流的测量；

2）利用一个电流互感器，按一定比例把大电流变换成小电流后再通过电流表测量；由于电流互感器是利用变压器的原理来变换电流的，可见这种方法只能用于交流电流的测量。

直流电流测量时，需注意电流的测量方向，并注意其量程的切换，防止电流表直接通过太大电流而损坏测量仪表。而交流电流的测量，同样需注意量程切换，但从测量原理看没有方向性要求，但为了防止触电危险，保护设备和人身安全，接线时分为电源线和中性线，中性线必须可靠接地，并且测量仪表不允许开路，以防止高压电击发生。

（2）电压测量

电压表用于测量加在一个被测量的工作电路的两端间电位差或电压，它需采用并联方式接入电路中。如图 3-3-2 所示，如果把一个已知阻值的电阻 R 并联于 A、B 两点间，测量通过该电阻的电流为 i，那么测得电流 i 就能计算出 V 的值，即电压正比于电流，这样电压测量就简化为电流测量。由于并联接入被测电路的仪表具有一定分流作用，必然会影响被测电流强度，为了减少这种影响，要求并联电阻 R 要很大，如果此电阻安装在表内作为电压表的内部阻抗，则此值必须远大于被测量回路的电阻，以减少分流作用，并替代电流表 A 承受大部分电压，所以此并联电阻 R，为区别于电流测量线路而称为分压电阻。

被测电压大小不同，一般需采用变换电流电路构成量程变换来进行测量。变换方法主要有：

如图 3-3-2 所示，并联各种不同分压电阻来承担分压，保证测量表承受较小的电压，以较小的电流通过测量仪表测量；同直流电流测量一样，也由于仪表内部阻抗大小与电流频率有关，比较难以确定比例关系，所以这种方法常用于直流电压的测量。

如图 3-3-3 所示，利用一个电压互感器，按一定比例把大电压变换成小电压后再通过电压表测量；由于电压互感器是利用变压器的原理来变换电压的，可见这种方法只用于交流电压的测量。

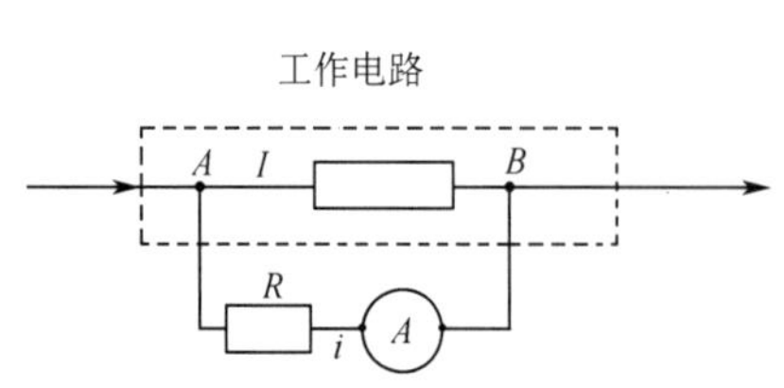

图 3-3-2　电压测量原理示意图

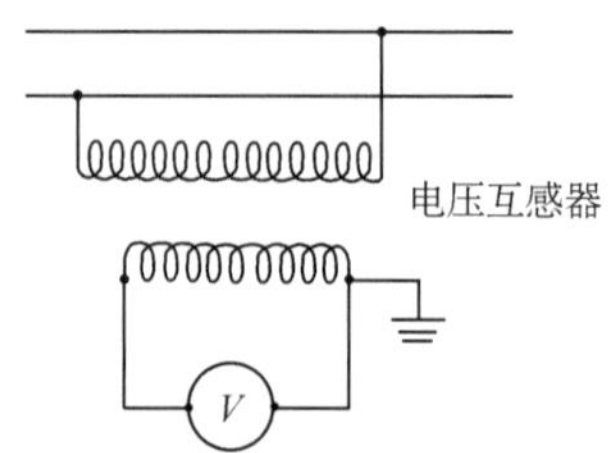

图 3-3-3　电压互感器测量原理示意图

直流电压测量时，也需注意电压的正负极，并注意其量程的切换，防止电压表直接测量大电压，使其通过太大电流损坏测量仪表。而交流电的测量，同样需注意量程切换，但从测量原理看没有正负极的要求，但为了防止触电危险，保护设备和人身安全，接线时分为电源线和中性线，中性线必须可靠接地，并且测量仪表不允许短路，以防止大电流电击的发生。

(3) 功率测量

电功率分为直流电功率和交流电功率，电功率计算公式分别为：

1) 直流电功率：$P=UI$；

2) 交流有功功率：$P=UI\cos\varphi$；

3) 交流无功功率：$Q=UI\sin\varphi$。

因此，根据电功率计算公式来测量，具体测量方法如下所述。

1) 直流电功率测量：测量方式如图 3-3-4(a)所示，利用电压表和电流表分别用于测量出电压 U 和电流 I，然后再通过计算乘积得出。该种方法仅能用于直流，而不能用于交流，因为交流电压和电流存在的相位差 φ 是未知的。

2) 交流有功功率测量：测量方式如图 3-3-4 中(b)所示，将交流有功功率瓦特表的电流回路是串联在电路中的，而电压回路是并联在电路中，这样即可直接测出交流有功功率 P。

3) 无功功率的测量：测量方式类似交流有功功率测量，只是把有功功率瓦特表换成无功功率表，如图 3-3-4(c)所示，可直接测出交流无功功率 Q。

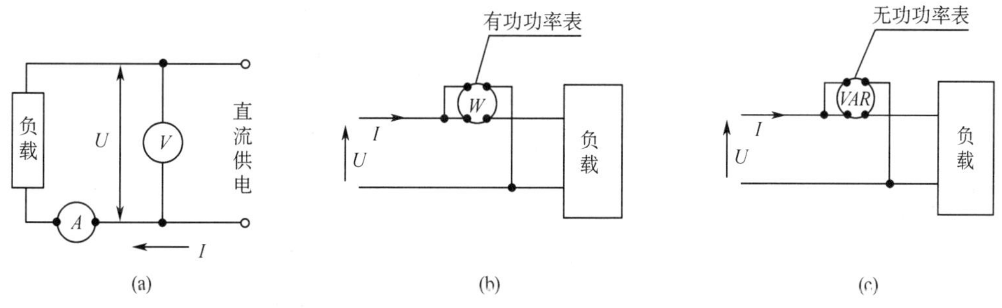

图 3-3-4　电力功率测量示意图

(a) 直流电功率测量；(b) 交流有功功率测量；(c) 交流无功功率测量

4) 三相电路的功率测量：在三相电路中的功率测量如下：

① 当中性线可连接或找到一个人为中性点时用 3 块瓦特表；

② 或用连接在任选两相之间的所谓"双瓦特表"方法，这种方法甚至可以用于非平衡的三相电路，这里对中性线无要求；

③ 或仅用一个瓦特表测量单相功率，然后将显示值乘以 3，这要求电路完全平衡并有中性线。当三相间的功率相同时，电路是平衡的。

(4) 电阻测量

1) 欧姆表直接测量：为了调试设备，有时要检查在回路中无断路或电阻值，检查导线或电机的绝缘也是测量电阻的例子。这些测量一般直接采用相应的仪表以方便测量，如：

① 模拟式或数字万用表，用其"欧姆表"功能，万用表测量中等电阻值(几欧到几兆欧)；

② 兆欧表：用于测量电气绝缘，俗称摇表，从几兆欧到几千兆欧的范围，而且，需要根据电气绝缘测量要求，要用相应的电压等级来测量，如 100 V、500 V、1 000 V 等。

2) 测量电压和电流的方法：对于一些 $1\sim10^6\ \Omega$ 的所谓"中等的"电阻，不能直接利用欧姆表测量的，可以利用欧姆定律，通过测量被测对象两端直流电流和电压值进行计算得出电阻值。

3）惠斯顿电桥：如果需对中等电阻精确测量，一般采用惠斯顿电桥，这能快速、简单而且准确地测量其电阻值，并且也可用工业用电桥测量小的或大的电阻。如图 3-3-5 所示，电桥由四个电阻和一个非常灵敏的带有中心零刻度的检流计组成，它由一直流电源供电。当电路处于特定的平衡状态时，检流计指示为零，由此，可用下式计算出被测量电阻 R_X 的值。

$$R_X = \frac{R_1}{R_2} \cdot R$$

目前，工业电桥一般可在保证高精度的前提下测量 0.001～10 MΩ 的电阻。

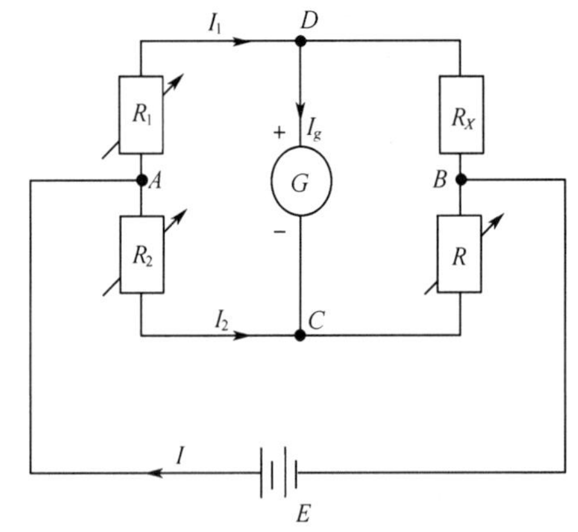

图 3-3-5　惠斯顿电桥测量原理图

3.4　压力测量

压力是核电厂生产中非常重要的工艺参数。在核电厂生产中，尤其是在压水堆核电厂，许多工艺过程都在一定的压力条件下进行，都存在承压设备，如反应堆压力壳、蒸汽发生器等。但所有工艺设备的承压能力都是有限的，超过设备的额定压力容易造成设备的损坏，甚至造成爆炸事故。压力的检测和控制是保证生产过程经济性和安全性的重要环节。可见，压力的测量与控制在生产过程中是十分重要的。压力测量仪表还广泛应用于流量和液位的测量。

3.4.1　压力单位与表示方法

（1）压力单位

在国际单位制中，定义 1 牛顿力垂直均匀地作用在 1 平方米面积上所形成的压力为 1“帕斯卡”，简称“帕”，符号为 Pa。我国规定帕斯卡为压力的法定单位。因帕斯卡的单位太小，工程上常用千帕（kPa）、兆帕（MPa）等单位。

根据流体静力学原理，对于密度为 ρ、高度为 H 的流体由于其自身重力在底部所产生的压力为 $p=\rho g H$，式中 g 为重力加速度。所以，对于密度一定的液体，可以用液柱高度表示压力的大小。所以，在工程上也常用 mmH_2O、mmHg 表示压力，同时，目前工程上还使用的压力单位还有工程大气压（kgf/cm^2）、物理（标准）大气压（atm）、巴（bar）等。这些单位之间的换算关系详见附录，但从工程实用角度出发，在要求不高时，可以近似为 1 atm＝760 mmHg≈10 mmH_2O ≈1 kgf/cm^2≈10^5 bar≈0.1 MPa，但正确使用还是要采用严格的换算关系，并采用法定标准单位。

（2）压力表示方法

如图 3-4-1 所示，压力测量中常有大气压力、表压力、绝对压力和真空度（即负压力）之分。

1）绝对压力 p：以绝对真空为零点计算的压力，为介质的真实压力。

2）表压力 p：表压力相对于大气压的压力，其值为绝对压力与当地大气压力之差，即超出大气压力的那部分压力。表压力 p、绝对压力 p 和大气压力 p_a 之间的关系，可表示为：$p=P-p_a$。

3）真空度 p'：由上式可见，当绝对压力低于当地大气压力时，表压将出现负值，此时表压力为负压力，称为真空，在数值上等于表压力的绝对值，表示为：$p'=p_a-P$。

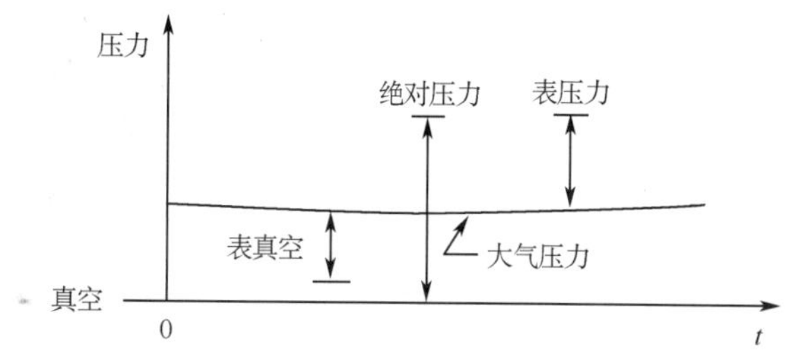

图 3-4-1　相对大气压的各种压力关系图

因为各种工艺设备和测量仪表都处于大气之中，为便于调零，压力仪表指示的压力均为表压力或真空，所以工程上都用表压力或真空表示压力的大小。如不特别说明，一般提到的压力均为表压力。需测量绝对压力时，可以将压力计表壳或差压变送器的低压室抽成真空来实现。

4）差压：两个压力之差，用 Δp 表示。差压计和差压变送器广泛应用于节流式流量计和静压式液位计中。

从图 3-4-1 也可看出，即使其他条件不变，也会因大气压随时间而发生变化，使表压、真空度等测量值读数产生波动。所以，在工程上实际测量过程中需要考虑这种现象的存在。

3.4.2　压力测量仪表的分类

（1）压力范围的划分

为了测量方便，习惯上会根据所测压力的高低不同，把压力划分成不同的区间。在不同的压力区间，压力的测量方法有所不同，下面所列压力范围的划分不是绝对的。

① 微压 0～0.1 MPa；

② 低压 0.1～1.6 MPa；

③ 中压 1.6～10 MPa；

④ 高压 10～32 MPa；

⑤ 超高压＞32 MPa。

（2）压力仪表的分类

按测量原理的不同，可以将压力仪表分为以下四类：

1）液柱式压力计：根据流体静力学原理，将被测压力转换成液柱高度进行测量。液柱式压力计有 U 型管压力计、单管压力计和斜管压力计三种。这类压力计结构简单，使用方便，测量范围较窄，一般用来测量较低压力、真空或压力差。

2）弹性式压力计：利用弹性元件受到压力作用时产生的弹性变形的大小，间接测量被测压力。弹性元件有多种类型，覆盖了很宽的压力范围，所以此类压力计在压力测量中的应用非常普遍。

3）活塞式压力计：根据流体静力学原理，将被测压力转换成活塞上所加平衡砝码的质量进行测量。活塞式压力计的测量精度很高，可以达到 0.05～0.02 级，但其结构复杂，价格较贵，一般作为标准仪表，校验其他压力计。

4）电测式压力计：通过机械和电气元件将被测压力转换成电压、电流、频率等电量进行测量，实现压力信号的远传。电测式压力计一般由压力敏感元件、转换元件、测量电路等组成。压力敏感元件一般是弹性元件，被测压力通过压力敏感元件转换成一个与压力有确定关系的非电量(如弹性变形、应变力或机械位移等)，通过转换元件的某种物理效应将这一非电量转换成电阻、电感、电容、电势等电量。测量电路则将转换元件输出的电量进行放大与转换，变成易于传送的电压、电流或频率信号输出。

根据转换元件所基于的物理效应不同，电测式压力计又分为电阻式、电感式、电容式、霍尔式、应变式、压电式、压磁式压力计等多种。

应当指出，有的电测式压力计的压力敏感元件和转换元件是同一个元件；有的则仅包含压力敏感元件和转换元件，而测量电路置于显示、控制仪表中。

另外，根据测量方式，压力测量仪表分为直接测量仪表和间接测量仪表。直接测量仪表直接与被对象接触并直接能给出测量数据。间接测量仪表基于与被测对象接触的测量敏感元件(即测试体)的弹性变形、敏感机构的变形或其他有规律变形，将压力转换成一个正比于被测压力的标准信号并传送到指示仪表，这就是压力变送器(如图 3-4-2 所示)。

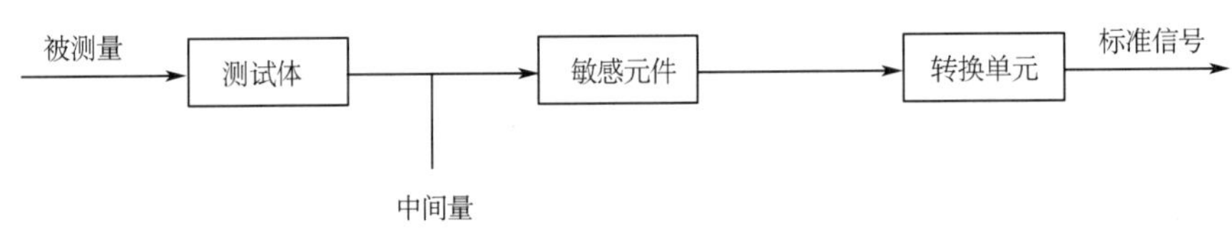

图 3-4-2　压力变送器框图

3.4.3　压力测量原理

(1) 直接测量仪表

直接测量仪表是利用液柱、砝码或弹簧等方法来平衡被测压力，并由此测出压力值。这种方法应用了流体静力学原理，即 $p=\frac{F}{S}$ 和 $p=\rho g H$，主要有 U 型管压力计、带容器 U 型管压力计、带倾斜管的压力计、带汞柱 U 型管的绝对压力计和活塞式压力计或平衡式压力计等。

这些直接测量仪表可用于测量静止液体、稳态液体或状态变化非常慢的流体的压力测量。

例如，带有液柱的测量管，如图 3-4-3 所示，其所测压力值与液位关系如下式：

$$p=(\rho-\rho')gh$$

式中：p——被测压力；

ρ——压力计液体密度；

ρ'——压力计内被测介质的密度；

g——重力加速度；

h——液柱高度差。

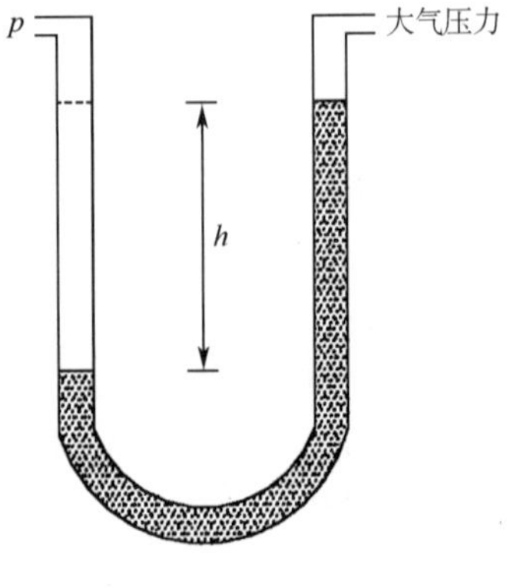

图 3-4-3　U 型管压力计

带液柱测量管是专门用来测量低压，测量的精度依据对液位差的测量精度和温度的影响。液位差会因温度引起了管内的液体密度的改变而变化，所以需考虑温度的修正。在另一方面，若使用者知道所有的注意事项，则这些仪表可保持 10^{-4} 的精度（对于双液体压力计）到 10^{-3}（对于基本型号）。

这些仪器主要有 U 型管压力计、带容器 U 型管压力计、带倾斜管的压力计、带汞柱 U 型管等类型，管子通常用玻璃制成，是易碎的。它们经得住超压而不损坏，因为在仪器的一端是通大气的，可以溢流，但也因此会引起被测系统失去密封，而仪表仅需再重新充入介质即可重新使用。

（2）间接测量仪表

间接测量仪表基于测量测试体的弹性变形、敏感机构的变形或其他有规律变形。如图 3-4-4 所示用专门的装置将压力转换成一个正比于被测压力的标准信号并传送到指示仪表，这个装置则称为压力变送器。

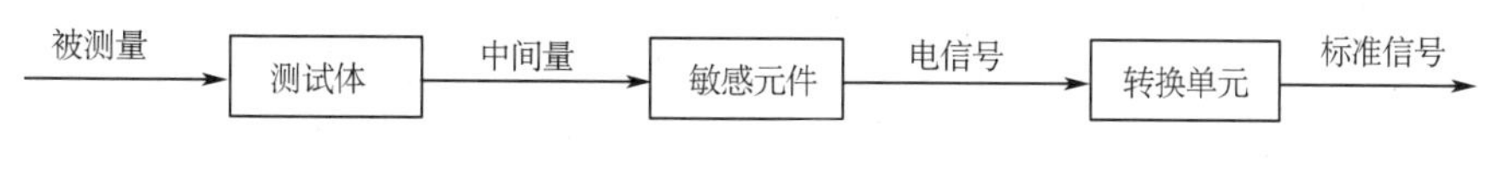

图 3-4-4　压力变送器框图

1）测试体：测试体是用以将压力转化为一个中间物理量，如位移等，常用测试体主要有如下几个。

① 膜盒：用带有波纹和负压的金属膜盒来感受其外部压力，通过变形来产生中间物理量；

② 波纹管：由膜盒转化而来，形状为周围有折皱的圆柱形薄壁桶，用金属材料按压或叠焊制成，形成缸体的形式，其内部通常装有附加弹簧，自由端封闭，另一端通入压力，其长度变化正比于压力；波纹管的变形主要是各层波纹的弯曲产生，其特点是刚度小，位移量大，压力灵敏度高，可以用来测量较低的压力；

③ 弹簧管：由法国工程师波登发明，所以又称为波登管，它是一个圆弧状的扁圆截面的金属管，固定端开口，自由端封闭，压力输入端固定，在压力的作用下金属管产生伸直变形而使自由端移动，在自由端上连有表针或电位器接点；

④ 膜片：一个周边固定于传感器内的弹性膜片在承受压力时产生变形。

这些用以压力传感器的测试体的工作原理如图 3-4-5 所示。

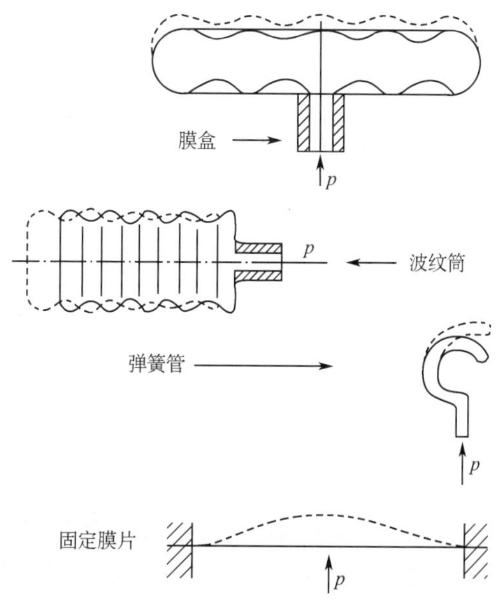

图 3-4-5　用于压力传感器的测试体工作原理图

2）敏感元件：敏感元件安装于测试体

上，敏感元件将测试体的变化转化为一个电信号；其输出的电信号由转换单元转换成标准信号，传送给显示仪表给出读数。敏感元件的常用类型主要有应变计、电容传感器和电感传感器等。

① 应变计：这种探头包括一个惠斯顿电桥，而随测试体一起变化的一个电阻作为其一个桥臂。测试体的变形引起探头的伸长或收缩，电桥失衡而产生一个输出信号。

② 电容传感器：这种探头应用可变电容器原理，在探头中，可变电容器的一个极板固定另一个极板可移动（或两个极板固定，中间置有一可移动膜片），可移动的极板（或膜片）与测试体相连，测试体随压力变形引起可移动极板的移动，这样，电容器的电容随压力而变化。

如图 3-4-6 所示是 1151 系列电容式压力变送器，它就利用这种原理。

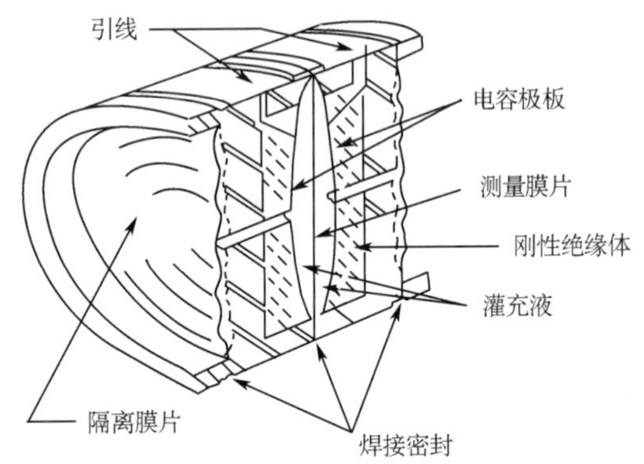

图 3-4-6 1151 系列电容式压力变送器示意图

③ 电感传感器：如图 3-4-7 所示，电感式压力传感器，应用单线圈的自感或两个线圈的互感变化原理。这些变化可由线圈内的铁芯位移引起。将压力弹性元件的变形位移，通过电感器件转换为电感量的变化，进而转换为输出电压来进行测量。

④ 其他形式的传感器：

· 压电传感器

压电式压力传感器是一种发电型传感器。它是以某些材料的压电效应为基础的，有很高的灵敏度和固有频率，是目前压力传感器中动态性能较好的一种压力传感器。

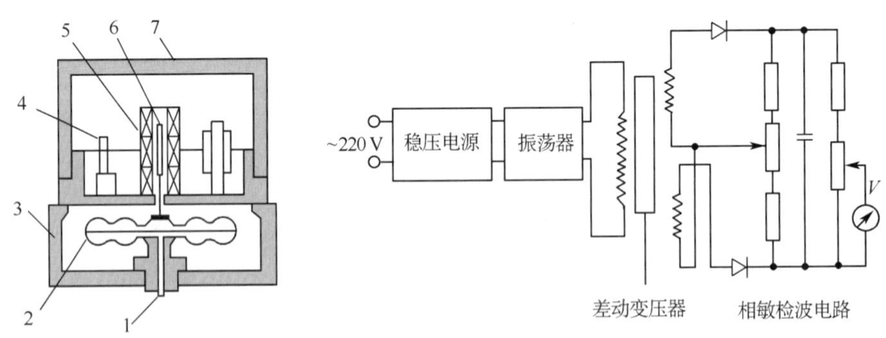

图 3-4-7 电感式远传微压计结构及电路图

1—接头；2—膜盒；3—底板；4—线路板；5—差动变压器；6—铁芯；7—罩壳

· 压阻传感器

压阻式压力传感器是基于半导体材料（单晶硅）的压阻效应制成的传感器，具有灵敏度高、动态相应快、测量精度高、稳定性好、体积精巧和便于批量生产等特点，因此得到了广泛的应用。

3）转换单元：这是一个将敏感元件的输出信号转换成标准信号（4～20 mA，1～5 V 等）

的器件，是利用电子线路对敏感元件输出的电信号进行标准化处理。

3.5　液位测量

物位是指存放在容器或工业设备中物料的位置和高度，包括液位、界位和料位。液体介质的液面(包括气液分界面)高度称为液位，两种密度不同且互不相溶的液体的分界面称为界位，固体粉末或颗粒状物质的堆积高度称为料位。液位、界位及料位的测量统称为物位测量。

液位测量常见于测量贮存于各种罐、塔、槽、井等容器中的液体以及江、湖、水库的水位等。液位的测量是通过与一个参考点比较来确定的分界面的垂直高度。在核电厂里，界位和料位测量比较少，所以，本节主要考虑液位的测量。

液位测量在核电厂中具有重要的地位，检测的目的主要有两个：一是通过液位测量可以确定容器、设备中液体介质的体积或质量，以保证连续供应生产中各个环节所需的液体；二是监视或控制容器内的介质液位，使它保持在工艺要求的高度上，以调节容器中流入与流出介质的平衡，保证生产安全和运行效率。

核电厂生产中对液位仪表的要求不同，液位测量的方法也各不相同。在进行液位测量之前，必须充分了解液位测量的工艺特点，合理选择液位测量仪表。

当介质流进流出时，液面会有波动。在生产过程中如出现沸腾或起泡沫的现象，会影响反射式、静压式仪表的测量，出现虚假液位。容器中液体各处温度、密度等物理量不均匀时，也能影响静压式液位计的测量。另外有些仪表无法适应高温、高压、高黏度或含有悬浮物的液位测量。所以，这些因素都需要根据实际情况进行合理选择液位测量仪表，既能选择合理的低成本的测量仪表，又能保证测量仪表满足工程技术要求。

3.5.1　液位检测仪表分类

(1) 按工作原理分类

1) 直读式液位仪表：利用连通器原理测量液位，如玻璃管液位计、磁翻转液位计等；

2) 浮力式液位仪表：利用浮力原理测量液位，有恒浮力式和变浮力式两种；

3) 静压式液位仪表：利用流体静力学原理测量液位，测量结果受液体密度影响很大；

4) 电气式液位仪表：将液位的变化转换为某些电量的变化，实现液位检测。一般把由敏感元件做成的螺线管或杆状电极置于被测介质中，则电极之间的电气参数，如电感、电阻、电容等，随液位的变化而改变。如电极式、电阻式、电容式、电感式等液位测量仪表部属于此类；

5) 反射式液位仪表：利用超声波、微波在液面反射信号行程或不同相界面之间的反射特性间接测量液位，如雷达式液位计、超声波液位计等；

6) 射线式液位检测：放射性同位素所放出的射线穿过被测介质时被吸收的程度与液位有关，利用这种方法可实现液位的非接触式检测。

(2) 按传感器与被测介质是否接触分类

1) 接触式液位仪表：如直读式、浮力式、静压式、电容式等。

2) 非接触式液位仪表：如雷达式、超声波式、射线式等。

3.5.2 液位检测仪表原理

以下简要介绍核电厂常用液位计测量基本原理。

(1) 浮力式液位仪表

浮力式液位计是应用最早的液位测量仪表之一。它结构简单,造价低廉,维护也比较方便。随着变送方法的改进,浮力式液位计至今仍然为工业生产所广泛采用。它是利用阿基米德原理,通过液体中浮子在液体中位置不同所受的浮力与平衡力维持平衡点来测量液位。前者利用浮子随液位的升降来反映液位变化,后者利用浮筒所受浮力随液位高度变化实现物位测量。

恒浮力式液位计用一个浮子漂浮在液面上,维持浮力不变。浮子的位置随看液面的高低而变化,检测出浮子的位移量,便可知液位的高低。

根据阿基米德定理,当物体被浸没的体积不同时,物体所受的浮力也不同。即对形状已定的物体,其所受到的浮力将随被浸没的高度变化,如果浸没体积随液位线性变化(如圆柱体浮子),则浮力也将随液位线性变化而便于测量。因此,利用悬挂于液体中的柱形检测浮子所受的浮力来得出液位,也可以测量两种密度不同的液体的界位高度。根据这一原理制成的液位计就是变浮力液位计,常称为浮筒液位计。

(2) 静(差)压式液位仪表

由流体静力学原理可知,一定高度的液体介质自身的重力作用于底面积上,所产生的静压力与液体层高度有关。静压式液位检测方法是通过测量液位高度所产生的静压力来实现液位测量的。如图 3-5-1 所示,用压力 p 或压差(Δp)传感器测量液柱的高度,只要预先知道液体密度,即可导得液位如下:

$$h=\frac{p}{\rho g} \quad \text{或} \quad h=\frac{\Delta p}{\rho g}$$

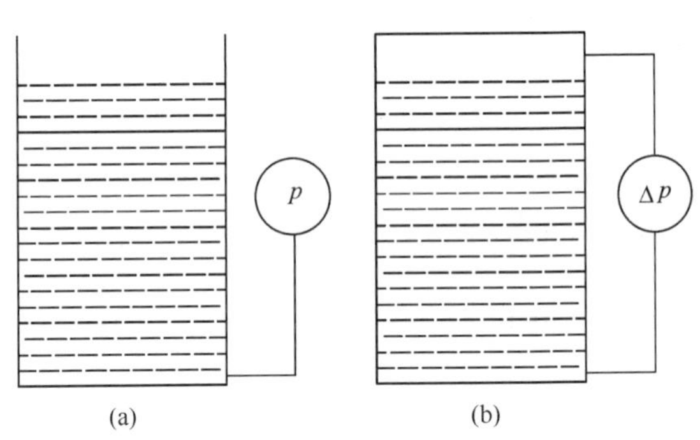

图 3-5-1 静压式液位仪表原理示意图

(a) 通大气式静压液位计;(b) 密闭容器差压液位计

(3) 电气式液位仪表

1) 电容式液位测量法:任何两个导电材料做成的平行平板、平行圆柱面,甚至不规则面,中间隔以不导电介质,就组成了电容器。如图 3-5-2(a)所示,当把一根金属棒插入装有非导电介质的金属容器中,或图 3-5-2(b)把一根涂有绝缘层的金属棒插入装有导电介质的金属容器中,在金属棒和容器壁间形成电容。在平行板电容器之间,电容量的大小随介质高度变化。因此可以通过测量电容量的变化来

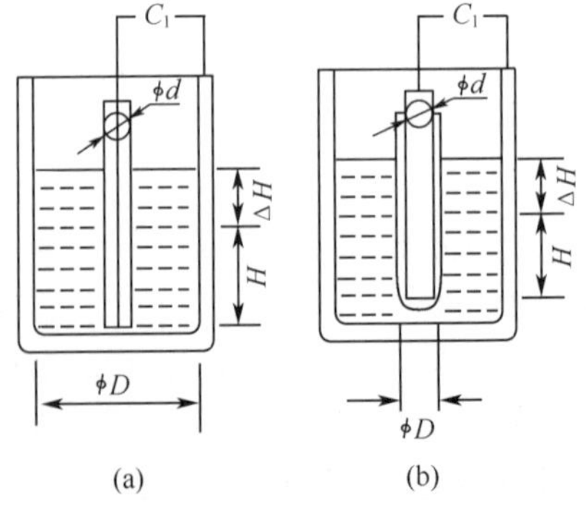

图 3-5-2 电容式液位测量原理图

测量液位。

电容式物位计由电容传感器和测量电路组成。被测介质的液位通过电容传感器转换成相应的电容量，利用测量电路测得电容变化量，即可间接求得被测介质液位的变化。电容式物位计适用于测量各种导电或非导电液体的液位及粉末状物料的料位，也可用于测量界面。

2）互感式液位传感器：如图 3-5-3 所示，互感式液位传感器是应用原边绕组与副边绕组的互感原理。以不锈钢为包壳材料、氧化镁为绝缘材料的镍双芯铠装电缆中的两根芯线分别作为原、副边电感线圈，盘绕在一根铁芯上。探头长度取决于被测对象。原边绕组输入频率为一定频率（如1 kHz）的恒定交流电流，那么在副边绕组中感应出来的电压 U_2 随着导电性液体淹没高度的增大而呈线性下降。这是由于随着原边绕组被电性液体淹没，在电性液体中产生感应电流，这种感应电流所产生的磁场力图减弱原边电流的磁场。

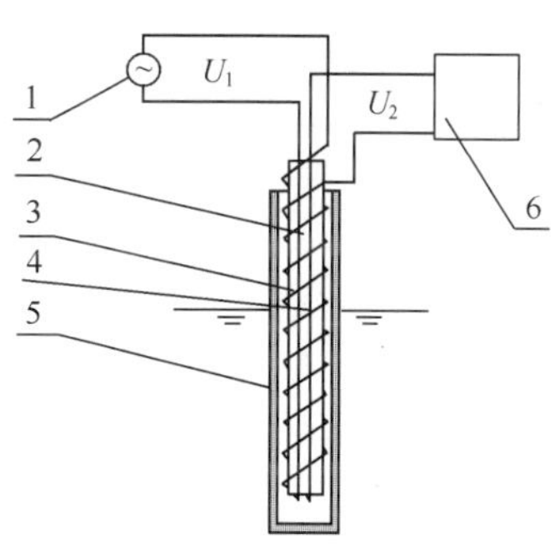

图 3-5-3 互感式液位传感器原理图

1—交流恒流源；2—铁芯；3—原边绕组；4—副边绕组；5—不锈钢盲管；6—显示仪表

这种互感式液位传感器的优点是结构和测量系统简单，而且由于是装在一根不锈钢盲管内，不破坏液体设备的密封性。它的测量准确度为 ±2%量程。

3.6 流量测量

3.6.1 流量的概念

流量是单位时间内通过一单位截面的流体的量（质量或体积）。在生产过程中，经常需要测量及控制气、液、蒸汽等各种介质的流量，以便正确地指导生产操作，监控设备运行状态，确保安全、高效、可靠生产。

核电厂对于流量检测精度的要求也越来越高，需要检测的流体品种也越来越多，检测对象从气、液单相流到多相流，工作条件从常温、常压到高温、低温、高压、低压。为了满足生产需要，利用各种工作原理、适用于多种介质、性能更加优良的各类新型流量仪表不断涌现。流量检测仪表已成为过程检测仪表中最重要的一类仪表。

流量按工艺要求不同，可分为瞬时流量和累积流量。

（1）瞬时流量

单位时间内流经某一截面的流体数量称为瞬时流量，它可以分别用体积流量和质量流量来表示。体积流量是单位时间内流过某一截面的流体体积。当截面上的流速均匀相等或已知平均流速 $\bar{v}$ 时，体积流量可以表示为：

$$q_v = \bar{v}A$$

式中：q_v——体积流量；

A——流体通过的有效截面积；

$\bar{v}$——截面 A 上的平均流速。

根据国际单位,导出的体积流量单位为 m^3/s,流量计在工程上常用单位有 m^3/h、L/h 等。

而质量流量是指单位时间内流经一单位截面的流体质量。若流体的密度是 ρ,则质量流量可由体积流量导出,表示为:

$$q_m = \rho q_v = \rho \bar{v} A$$

式中:q_m——质量流量;

ρ——介质密度。

质量流量的单位,除了国际单位导出单位 kg/s 外,工程上还常用 t/h、kg/h 等。

(2) 累积流量

累积流量是指一段时间内流经某截面的流体数量的总和,有时称为总量,可以用体积和质量来表示,即:

$$V = \int_{t_1}^{t_2} q_v \mathrm{d}t$$

$$M = \int_{t_1}^{t_2} q_m \mathrm{d}t$$

累积流量采用的单位分别为 m^3、L、t、kg 等。

测量瞬时流量的仪表一般称为流量计,常用于生产过程的流量监控和设备状态监测。而测量累积流量的仪表称为计量表,一般用于计量物质消耗、产量核定和贸易结算。在核电厂生产过程中,一般只是对生产过程的流量监控,所以流量计应用广泛。但也有使用流量计量表,如烟囱气体排放总量,放射性废液排放总量等,都需要使用流量计量表。

3.6.2 流量计分类

流量测量的方法很多,其测量原理和所采用的仪表结构形式各不相同,分类方法也不尽相同,按流量测量原理分类如下。

(1) 速度式流量计

主要是以测量流体在管道内的流动速度作为测量依据,根据 $q_v = \bar{v}A$ 的原理测量流量。例如差压式流量计、转子流量计、靶式流量计、电磁流量计、涡轮流量计等均属此类。

(2) 容积式流量计

主要以流体在流量计内连续通过的标准体积 V_0 的数目 N 作为测量依据,根据 $V = NV_0$ 进行累积流量的测量,如椭圆齿轮流量计、腰轮(罗茨)流量计、刮板流量计等。

(3) 质量式流量计

直接以测量流体的质量流量 q_m 为测量依据的流量仪表。它具有测量精度不受流体的温度、压力、强度等变化影响的优点,如热式质量流量计、补偿式质量流量计、振动式质量流量计等。

只有在流体流动时流量检测才有意义,因此流量检测过程与流体流动状态、流体的物理性质、流体的工作条件、流量计前后直管道的长度等因素有关。确定流量测量方法,选择流量仪表,必须从整个流量检测系统来考虑,才能达到好的测量结果。

3.6.3 差压式流量计

差压式流量计也叫节流式流量计,是利用测量流体流经节流装置所产生的静压差来显示流量大小的一种流量计。差压式流量计是目前核电厂和其他工业生产中检测气体、蒸汽、液体流量最常用的一种检测仪表。因为其检测方法简单，没有可动部件，工作可靠，适应性强，可不经实际流体标定就能保证一定精度等优点，被广泛应用于生产流程中。

差压式流量计由节流装置、引压管路和差压变送器(或差压计)三部分组成。

(1) 引起压力降的节流装置

节流装置是使流体产生收缩节流的节流元件和压力引出的取压装置的总称，用于将流体的流量转化为压力差。流体所以能够在管道内形成流动，是由于它具有能量，包括动压能和静压能两种形式。流体由于有压力而具有静压能，又由于有一定的速度而具有动压能。当流体流速增加、动压能增加时，其静压能必然下降，静压力降低。当流体通过节流装置时会引起压力的变化，如图 3-6-1 所示，即造成压差 Δp。这个压差是通过节流装置的流体速度和密度的函数。

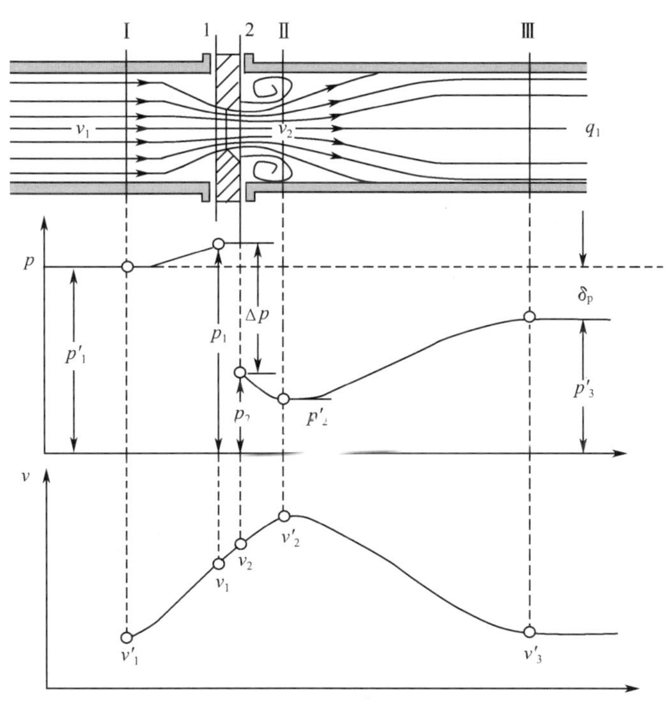

图 3-6-1　流体流经节流孔板时的压力和速度变化

因此，可以根据压差和流体密度的信息来确定流量。如图 3-6-2 所示，节流元件的形式很多，如节流孔板、喷嘴和文丘里管属于这类节流装置，但以孔板的应用最为广泛。它们差压的高、低压取压位置分别如图中标识的“HP”和“LP”位置。

节流装置的流量系数是在一定的条件下通过试验取得的，因此，除对节流元件和取压装置有严格的规定外，对管道安装、使用条件也有严格的规定，否则，引起的测量误差是难以估计的。

1) 安装节流元件的管道应该是直的，截面为圆形。直线度可用目测，在靠近节流元件

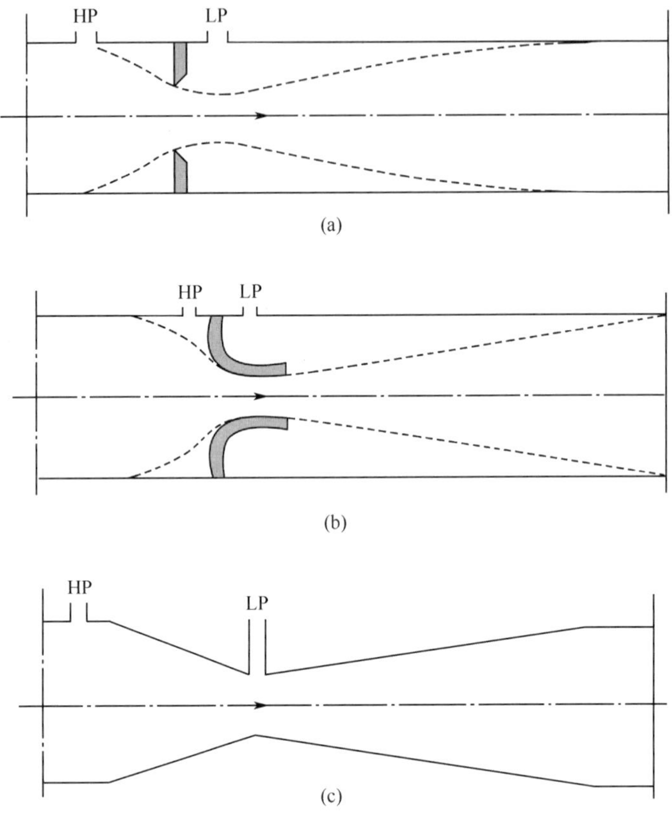

图 3-6-2 常用节流装置示意图
(a) 节流孔板;(b) 喷嘴;(c) 文丘里管

2D 范围内的管径圆度应按标准检验。

2) 管道内壁应该洁净,在上游 10D 和下游 4D 范围内,内表面均应符合粗糙度参数的规定。

3) 节流元件前后要有足够长的直管段长度,以使流体稳定流动。如果管道上有拐弯、分叉、汇合、闸门等阻流件,流束流过时会受到严重的扰动,之后要经过很长一段才会恢复平稳。根据阻流件的不同情况,必须在节流元件前后设置直管段。直管段长度与阻流件类型及直径比 β 有关,β 越大,所需直管段越长,通常上游段直管段在 10D～50D,下游段直管段在 5D～8D。

(2) 应用特点

差压式流量计具有结构简单、工作可靠、使用寿命长、适应性强、测量范围广的特点,适用于 50～1 000 mm 管径的流体测量。采用标准节流装置只要严格遵循加工安装要求,不需单独标定,即可达到规定精度。其缺点是测量精度不高,测量范围较窄(量程比 3∶1～4∶1),要求直管段长,压力损失较大,刻度为非线性,某些情况下(如测量高黏度或有腐蚀性介质等)使用维护工作量较大。

3.6.4 转子流量计

大部分流量计对于小管径、低雷诺数流体的测量精度不高。差压式流量计受原理、结构等方面条件的限制，无法用于管径小于 50 mm、低雷诺数流体的流量测量。而转子流量计则特别适合于测量管径 50 mm 以下管道的小流量测量，最小口径可以做到 1.5～4 mm。

(1) 工作原理

转子流量计基本上由两个部分组成，一个是一根自下而上逐渐扩大的垂直锥形管，另一个是置于锥形管内、随流体流量大小可上、下自由移动的转子所组成，如图 3-6-3 所示。锥形管通常用玻璃制成，透过锥管和透明介质可以看到其内转子位置。锥管锥度一般为 40′～3°。由于转子在流体中随流量变化而上、下浮动，这种流量计又被称为浮子流量计。

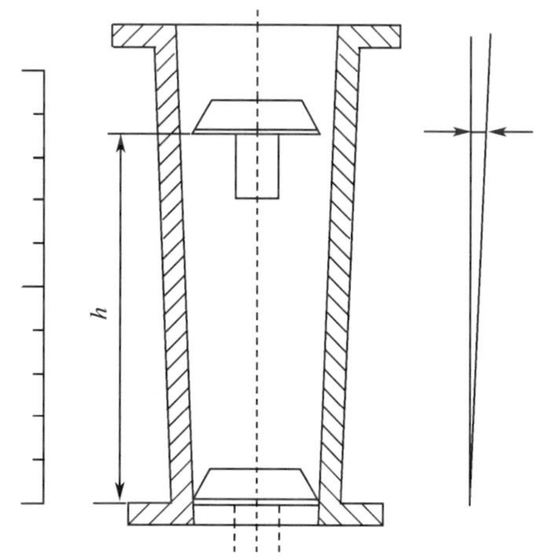

图 3-6-3 转子流量计的原理示意图

转子流量计垂直地安装于测量管路上，被测流体由锥形管下部进入、上部流出。当一定流量的流体稳定地流过转于与锥形管之间的环隙时，位于锥形管中的转子会稳定地悬浮在某一高度上。

流体的流量大小就与转子在锥形管中的平衡位置高度成线性正比关系。如果在锥形管外表面沿其高度刻上对应的流量值，那么根据转子所处平衡位置就可以直接读出流量值的大小。

转子流量计类型很多，按锥管材料可分为透明锥管转子流量计和金属管转子流量计两种。

(2) 转子流量计的特点

1) 适用于小管径和低流速测量。玻璃和金属管转子流量计的最大口径分别为 100 mm 和 150 mm。

2) 可用于低雷诺数流体测量。如果选用对黏度不敏感的转子形状，则临界雷诺数只有几十到几百，这比其他类型流量计的临界雷诺数要低得多。

3) 对上游直管段长度的要求较低。

4) 有较宽的流量范围度，量程比为 10∶1。

5) 压力损失较低。玻璃转子流量计的压损一般为 2～3 kPa，较高能达到 10 kPa 左右；金属管转子流量计一般为 4～9 kPa，较高能达到 20 kPa 左右。

6) 流量计的测量精度受被测流体的密度和温度等因素影响，所以测量精度不高，多用做直观流动指示或测量精度要求不高的现场指示。一旦实际被测流体的密度和温度与厂家标定介质的情况不同时，就应对流量指示值进行修正，否则流量测量误差将较大。

转子流量计在核电厂工艺系统应用不是很多，主要应用于气体、水等低流量低压取样系统。

3.6.5 涡街流量传感器

(1) 测量原理

如图 3-6-4 所示，涡街流量计是基于流体振荡原理，即在一定的流动条件下，部分流体产生振动，且振动频率与流体流量成正比关系，将该振动频率信号输出，经转换就可得到被测流量。流量计无机械可动部件，安装维护方便，运行费用低，所以该测量方法在核电厂的应用也比较广泛。

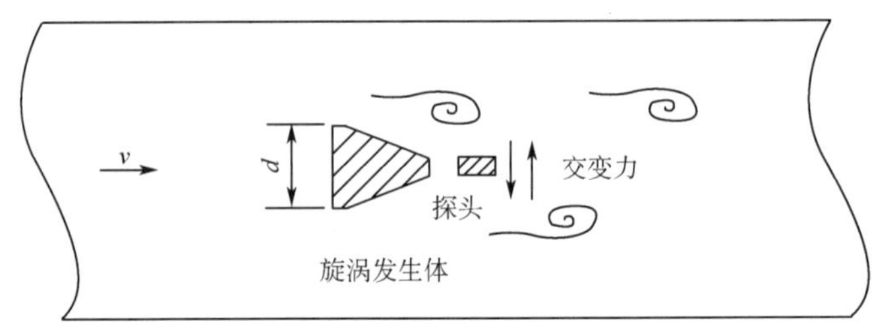

图 3-6-4　卡门涡街测量原理图

涡街流量计按工作原理可分为流体自然振荡型和流体强迫振荡型两种，前者称为涡街流量计，后者称为旋进漩涡流量计。但应用较广泛的是涡街流量计，这也是核电厂涡街流量计应用主流类型，在核电厂工程中广泛使用涡街流量传感器测量油、水、空气和氩气的流量。

(2) 涡街流量计特点

总体来说涡街流量计一般用于 $\varphi>150$ mm 管道中的气体或液体流量的测量，其压力损失小。但它只能测得局部漩涡的速度，因此测量精度相对低些，并且对仪表前后直管段的安装要求较高。

涡街流量计的主要特点如下：

1) 直接输出与流量成正比的脉冲频率信号，适用于总量计量。测量精度为中等，大约1～2级；

2) 管道内没有运动部件，无机械磨损，压力损失较小(约为孔板流量计 1/4～1/2)；

3) 结构简单牢固，故障少，维护量小，安装维护方便，费用较低；

4) 适用流体种类较广，可用于测量液体、气体和蒸汽的流量；

5) 流量范围度宽，可达 10∶1～20∶1，甚至更大；

6) 在一定雷诺数范围内，输出频率信号不受流体物性(压力、温度、密度、黏度)和成分变化的影响，仪表系数仅与漩涡发生体及管道的形状尺寸有关，只需用一种典型介质校验就能用于多种介质；

7) 漩涡的稳定性受流速分布畸变及旋转流的影响，上游段必须有足够长的直管段，为保证测量精度，必要时还应在上游侧加装整流器；

8) 不适用于低雷诺数的流量测量(通常 $Re_D>2\times10^4$)，故在高黏度、低流速、大口径情况下应用受到限制；

9）仪表系数小，频率分辨率低，且口径越大频率分辨率越低，所以仪表口径一般不大（在 300 mm 以下）；

10）不适用于管内有较严重的旋转流以及管道产生振动的场所。

3.6.6　弯管流量计

（1）工作原理

弯管流量计与传统的孔板流量计一样，同属于差压式流量计的范畴，只是弯管流量计产生差压的方式与孔板流量计不同，孔板是利用流体的缩放原理产生差压的，而弯管传感器是利用流体的惯性原理产生差压的，是利用流体流经弯管传感器产生离心力的原理来测量流体流量的。

如图 3-6-5 所示，弯管流量计有 L 型和 S 型。当流体流经弯管时，都由于弯管的约束，迫使流体在弯管内作类似的圆周运动，根据流体强制旋流理论，流体做圆周运动遵循的规律与固体在空间状态下做圆周运动相似。弯管内的流体由于做圆周运动而产生离心力，该离心力的大小与流体流速、流体的质量（密度）以及做圆周运动的曲率半径等因素有关。离心力的作用使流体对弯管内、外侧壁产生压力差 $\Delta p(p_1 - p_2)$，测出此差压值就可计算出管道内流体的流速，进而计算出流体的流量值，这就是弯管流量计的基本测量原理。测量计算式有如下关系式：

$$V = \alpha(R/d)^{1/2}(\Delta p/\rho)^{1/2}$$

式中：V——介质中弯管传感器中的平均流速；

R/d——弯管传感器的弯径比；

Δp——流体通过弯管传感器时产生的差压值，Pa；

ρ——介质的密度，kg/m³。

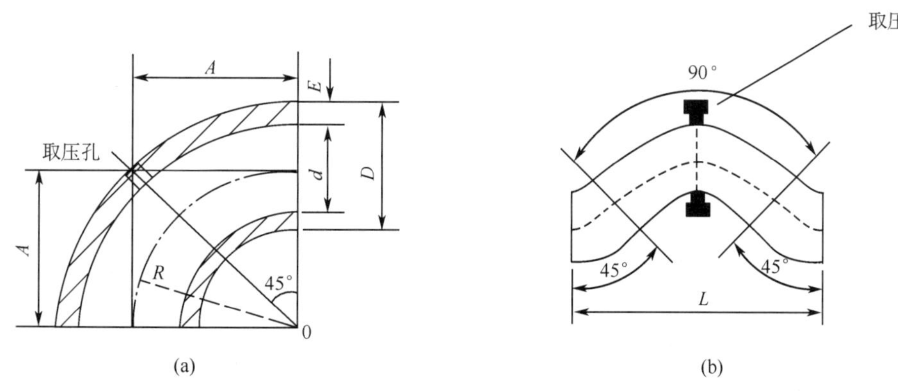

图 3-6-5　弯管流量计原理图

（a）L 型传感器几何形状示意图；（b）S 型传感器几何形状示意图

大量的实验证明，上式符合实际的结果，只要介质在弯管传感器中流动的最小雷诺数达到一个极低值以上，弯管流量计的流量系数 α 就是一个定值，这个结论与孔板流量计也是十分相似。

(2) 弯管流量计测量系统的组成

如图 3-6-6 所示，弯管流量计测量系统主要由三大基础部件组成。它们是弯管传感器、差压变送器和二次表。弯管流量计除主要配置之外，针对具体的测量对象，还需要配置不同的辅助设备（如盘式冷凝器）或者辅助仪表（如温度变送器），组成具体的测量系统。

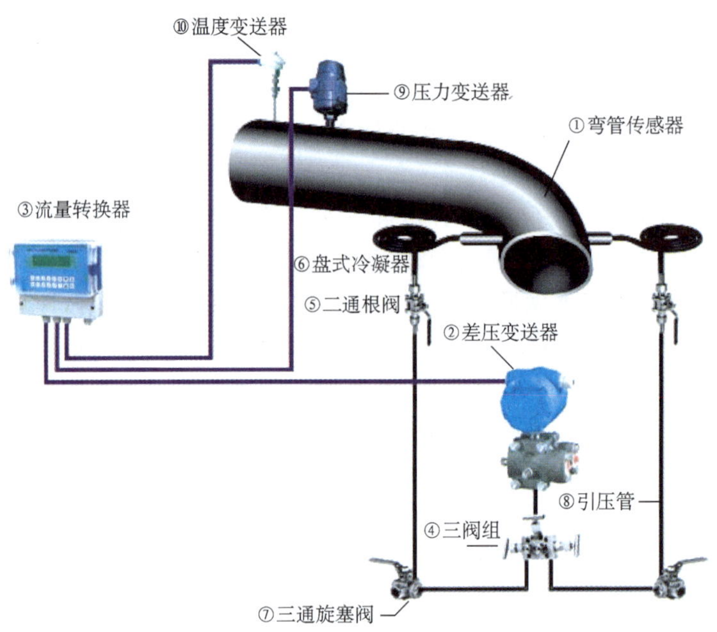

图 3-6-6 弯管流量计系统示意图

弯管流量计按安装方式可分为 L 型、S 型；按管形状可分为圆管型弯管流量计、方管型弯管流量计。L 型一般用以管道自然弯管处，而 S 型则一般用以工艺管道无弯管的直管段处。弯管形状，则取决于工艺管道形状。

(3) 弯管流量计的基本特点及与其他流量计性能比较的特点

弯管流量计巧妙地利用管道本身的特性，在不增加任何节流件、阻流件和中间媒介的情况下，利用管道的自然转弯，同时解决了流量计量的问题，既是管道，又是流量计，与其他差压式流量计比较具有以下特点：

1) 结构简单，性能价格比优越，使用寿命长；

2) 无任何附加节流件或插入件，无附加压力损失，节约能源；

3) 安装方便，维护量小；

4) 可测量容易脏污、易堵塞传感器的流体；

5) 适应性强，量程范围宽、直管段要求不严格；

6) 测量精度高、重现性好；

7) 缺点：这是一种低差压流量计。

3.7　温度测量

3.7.1　概述

温度是表征物质的物理性质或物体特征的重要参数之一。核电厂生产过程中，都经常要碰到对过程物体或环境温度的检测和控制问题。如反应堆必须维持在一定的温度以下，否则燃料组件会被烧毁；反应堆堆芯的温度分布必须符合规范，否则会产生危害性极大的应力和形变。但如果堆芯出口温度过低，又会影响核电厂发电效率。

当两个物体同处于一个系统中而达到热平衡时，则它们就具有相同的温度。因此可以从一个物体的温度得知另一物体的温度，这就是测温的依据。如果事先已经知道一个物体的某些性质或状态随温度变化的确定关系，就可以以温度来分度其性质或状态的变化情况（即温度与其性质或状态的定量关系），这就是设计与制作温度计的数学物理基础。

有若干种物理现象能很好地显示温度变化。最常利用的物理现象有：

1）膨胀：酒精或水银温度计，双金属片温度计；

2）蒸汽压力：气体压力，如温包式温度计；

3）电阻变化：导体的电阻与温度有关；

4）热电效应：两种不同材料做成的导体互相接触时，由其两端的温差造成电动势。

3.7.2　测温方法分类

通常可以将测温方法分为两大类：接触式测温与非接触式测温。

（1）接触式测温

接触式测温仪表包含有：膨胀式温度计、压力式温度计、热电偶温度计、热电阻温度计和半导体温度计等。

（2）非接触式测温

非接触式测温仪表含有：亮度高温计（如单色辐射高温计、谱带辐射高温计、全色辐射高温计等）和颜色高温计（如比色高温计、色调高温计等）。

当前，核电厂测量温度方法主要是利用接触式测温法，应用于各种工艺过程温度测量要求。而非接触式测温也有使用，但较少，主要应用于电气线路和接触点处过热测量等。

3.7.3　接触式测温方法

如3.7.2节所述的膨胀式温度计、压力式温度计等，接触式测温方法主要利用物质热胀冷缩的原理来测量，这种温度计一般不适合于核电厂生产过程信号远传控制需求。因此，本节结合核电厂生产过程的特点，将着重介绍广泛应用的热电偶与热电阻测温的原理与方法。

（1）热电阻温度计

电阻温度传感器是利用某些物质的电阻温度特性制作的另一种接触式的温度传感器，亦称电阻温度计。在工业生产过程中广泛应用这类温度计测量－200～＋500 ℃的温度。

所有导体的电阻都随温度变化，但电阻相对于温度的变化是非线性的。大多数金属导

体的电阻值与温度 t(℃)之间的关系可表示为：

$$R_t = R_0(1 + At + Bt^2 + Ct^3)$$

式中：R_t——t(℃)时的电阻值；

R_0——0 ℃时的电阻值；

A、B 和 C——探头所用金属材料有关的特性常数。

另外，还有半导体材料电阻也将随温度而改变，大多数半导体材料存在负温度系数，即其电阻与温度 T(K)之间的关系为：

$$R_T = Ae^{B/T}$$

式中：R_T——温度为 T(K)时半导体材料的电阻；

A、B——探头所用半导体有关的特性常数，决定于材料成分及结构，A 具有电阻量纲，B 具有温度量纲。

根据以上两式，可以看出热电阻与温度有一定函数关系，并与材料有关，如图 3-7-1 所示，所以根据给定材料的热电阻随温度变化的特性称为这种材料的热电阻分度特性，常用热电阻材料及其热电阻分度特性对照表见附录二。就目前已被采用的电阻温度计来看具有如下特点：

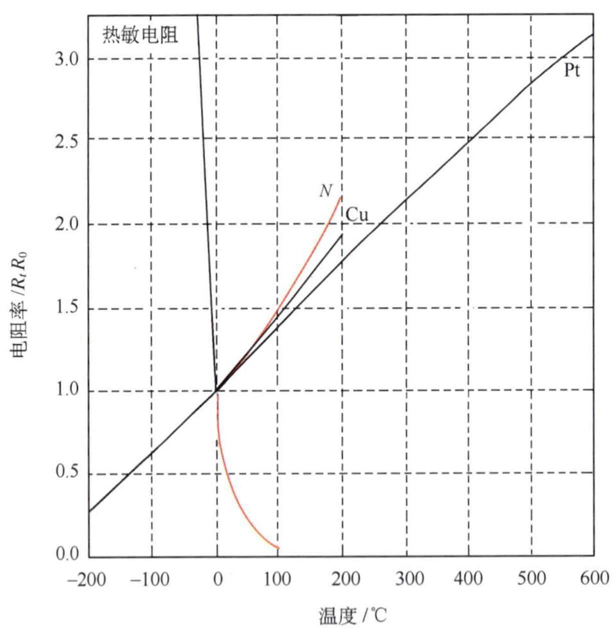

图 3-7-1 热电阻的温度电阻率特性

1）在中、低温范围内其精确度高于热电偶温度计；

2）灵敏度高，当温度升高 1 ℃时，大多数热电阻的阻值范围增加 0.4%～0.6%，半导体材料的阻值则降低 3%～6%；

3）热电阻感温部分体积比热电偶的热接点大得多，因此不宜测量点温度与动态温度，半导体热敏电阻虽然体积较小，但其稳定性和复现性却较差。

目前常用的电阻温度计有铂热电阻、铜热电阻和半导体热敏电阻等。在核电厂里，温度低于 100 ℃的地方广泛使用铠装(铂)热电阻作为测温传感器。铠装热电阻是热电阻感温元件封焊在由金属套管、绝缘材料和金属导线三者组合加工而成的铠装电缆内的热电阻。

如图 3-7-2 所示，1 为铂热电阻感温元件，它是根据铂线电阻随温度变化而制成的；2 为金属套管；3 为金属导线(即作为热电阻的引出线，它通常有两线制和三线制两种，在特殊情况下，也有四线制)；4 为绝缘材料；5 为热电阻的接线盒，以供连接电缆用。

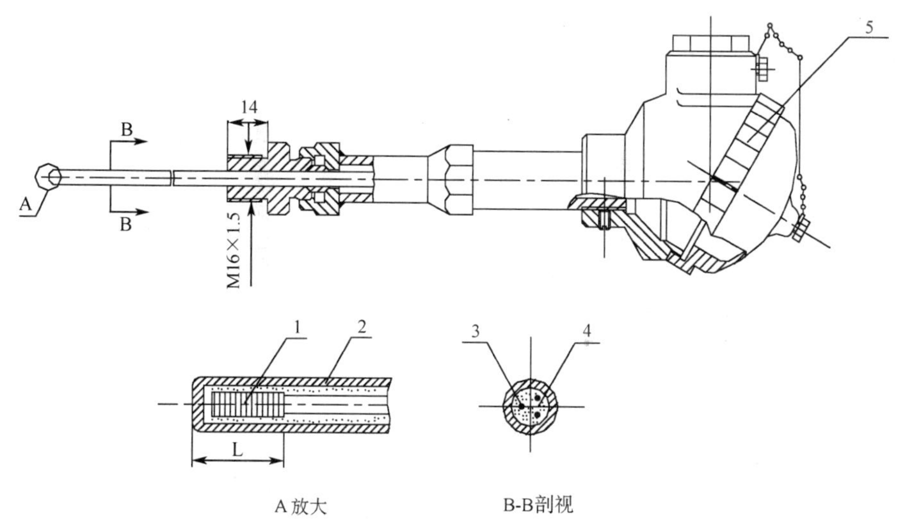

图 3-7-2　铠装(铂)热电阻示意图

1—(铂)热电阻绕丝(感温元件)；2—金属保护套管；3—测量导线引线；4—绝缘材料；5—电缆连接保护罩

铠装热电阻用的铠装电缆的金属套管材料通常是不锈钢，引出线一般为铜导线或银导线，对于三线制也可以采用镍导线，绝缘材料通常是用电熔氧化镁。

(2) 热电偶

1) 热电效应：用热电偶温度计测量温度是以“热电效应”这种物理现象为基础的。

所谓“热电效应”就是：如图 3-7-3(a)所示，当两种不同材料的导体 A、B 两端连接成通路时，由于两端温度不同，就会在线路内产生电动势 E。该电动势称为热电势，这一现象即称为热电现象或热电效应。

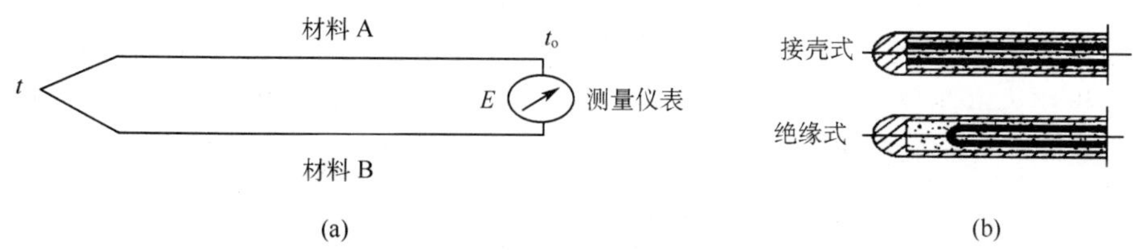

图 3-7-3　热电现象和热电偶铠装示意图

(a) 热电偶原理；(b) 铠装热电偶

研究表明，热电效应实际上是由温差效应与接触效应两个可逆效应所引起的。如图 3-7-4 所示，温差效应产生温差电势（E_A，E_B）；接触效应产生接触电势（$E_{AB}|_t$，$E_{AB}|_{t_0}$）。热电势即由这两类电势综合而成。如图 3-7-4 所示，热电偶的热电势的数值取决于两端的温差 $T(=t-t_0)$，存在一定的函数关系。根据这种热电势和温差的函数关系及冷端温度值 t_0，就可得出被测温度值 t。与热电阻分度特性类似，根据不同热电偶类型给出某一参考温度（一般为 0 ℃）下热电偶的热电势大小与温度关系，可制成常用热电偶速查分度表，见附录三。

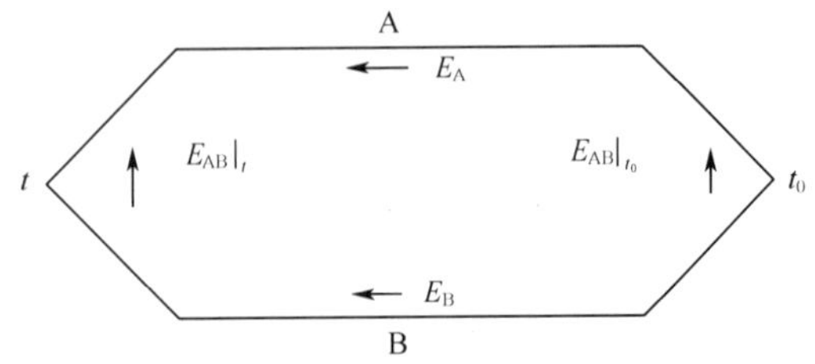

图 3-7-4　热电效应原理图

2）热电偶类型：热电偶按结构形式可分为普通工业型、铝（或铠）装型及特殊型等。

铝（或铠）装热电偶是由热电极、绝缘材料和金属套管三者组合加工而成，它可以做得很细很长，在使用中可以随测量需要进行弯曲，其特点是：热惰性小、热接点处的热容量小、寿命较长、适应性强等，应用广泛。目前，在核电厂建设工程中也大量使用铠装热电偶，它的芯线材料是镍铬-镍硅，绝缘材料为氧化镁，外壳材料为不锈钢，有接壳式和绝缘式两种形式［见图 3-7-3(b)］。

热电偶是差分温度测量器件，由两段不同的金属/合金线构成，一段用作正端，称为测量端，习惯上又叫热端，另一段用作负端，称为参考端，习惯上又叫冷端。每种热电偶在其规定的温度范围内具有独特的热电特性，下文列出了四种最常用的普通工业型热电偶类型、所用金属以及对应的温度测量范围。

① 铂铑 10-铂热电偶：属于贵重金属热电偶，正极为铂铑合金，负极为铂，短期工作温度为 1 600 ℃，长期工作温度为 1 300 ℃，物理、化学稳定性好，一般用于准确度要求较高的高温测量。但材料较贵，热电势较小，分度号为 S。

② 镍铬-镍硅热电偶：它是非贵重金属中性能最稳定的一种，应用很广，正极为镍铬。短期工作温度为 1 200 ℃，长期工作温度为 900 ℃。此种热电偶的热电势比上一种大 4～5 倍，而且线性度更好，误差一般在 6～8 ℃。但其热电极不易做得很均匀，较易氧化，稳定性差。分度号为 K。

③ 镍铬-康铜热电偶：正极是镍铬，短期工作温度为 800 ℃，长期工作温度为 600 ℃。它是热电势最大的一种热电偶，测量准确度较高，但极易氧化。分度号为 E。

④ 铜-康铜热电偶：这是在低温下应用得很普遍的热电偶，测量温度范围 −200～+200 ℃，稳定性好，低温时灵敏度高并且价格低廉。分度号为 T。

3）热电偶的测量连接方式：热电偶与电测仪表的连接有两种基本电路，即断开某一根热电偶电极接入电测仪表［如图 3-7-5(a)中的 C 改为电测仪表］和由参考端接入电测仪表［如图 3-7-5(b)中的 D 改为电测仪表］。目前核电厂和其他工业应用的大部分是第 2 种连接方式。

由参考端接入电测仪表的热电偶测量连接方式，如图 3-7-6 所示。当测温点离参考端的距离很长时，必须有补偿导线，而且要采取措施减小回路电阻。补偿线分为延伸型和补偿型两种。延伸型补偿导线的材料与相应的热电偶相同，而补偿型补偿导线与对应的热电偶

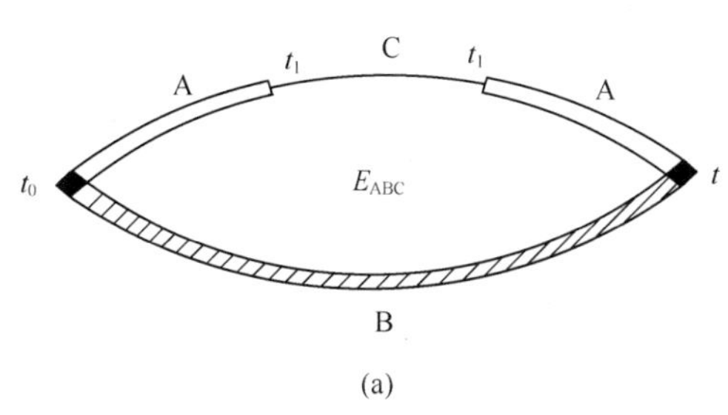

(a)

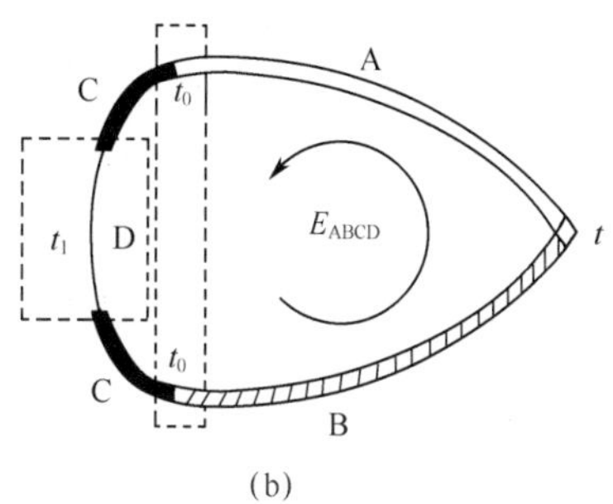

(b)

图 3-7-5 增加材料对热电偶的影响

(a) 接入第三种材料 C;(b) 接入另外两种材料 C、D

则不同。但两者的作用则完全一样,即在不改变热电偶热电关系的情况下,将热电偶的参比端延伸到适当的地方构成一支加长的热电偶。但延伸型因热电偶材料较贵,一般工业上不采用这种方式,而常采用补偿型方式。

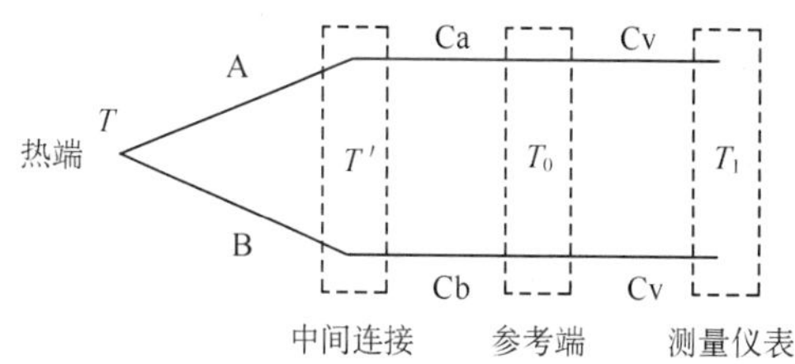

图 3-7-6 热电偶常用补偿型连接方式

补偿型补偿导线连接方式(图3-7-6),是为了在热电偶中的电极导体 A 和 B 之间的长度被减到最小,而中间连接温度 T' 和参考点温度 T_0 之间使用与电极导体特性相近的补偿导线 Ca 和 Cb 进行连接。应用补偿导线必须满足的条件是导体 Ca 和 Cb 所产生的电动势必须与电极导体 A 和 B 相同,即 $E_{AB}(T',0)=E_{CaCb}(T',0)$。

从参考端一直到测量仪表则使用普通铜线 Cv 相连,这些普通铜线的选择原则是要求它们有较热电偶和补偿导线低的电阻值和低得多的价格。

必须指出:

① 补偿导线应与热电偶配套使用;

② 补偿导线的温度应在 200 ℃以下(有具体规定);

③ 连接时极性不可接错;

④ 补偿型补偿导线,尚须保证它与热电偶相接的两个接点温度一致。

很显然,重要的是使热电偶和补偿导线正确地连接。如果接错极性,则会引入一个严重的系统误差,因为这已失去了补偿作用。

4) 热电偶冷端补偿:如上所述,由于温差对应的热电势的数值取决于两端的温差,也就是说,热电偶测量的是温度差,为了确定热端的实际温度,冷端温度必须是已知的。或者说,只有在冷端温度恒定的情况下,热电势才能正确反映热端温度大小。因此,冷端温度的变化,必然引起热电偶热电势数值的改变,从而引起热电偶测量误差的产生。

冷端温度为 0 ℃(冰点)时是一种最简单的情况,如果 $T_C=0$ ℃,则 $V_{OUT}=V_H$。这种情况下,热端测量电压是结点温度的直接转换值。美国国家标准局(NBS)提供了各种类型热电偶的电压特征数据与温度对应关系的查找表。所有数据均基于 0 ℃冷端温度。利用冰点作为参考点,通过查找适当表格中的 V_H 可以确定热端温度。

在热电偶应用初期，冰点被当作热电偶的标准参考点，但在大多数应用中获得一个冰点参考温度不太现实。如果冷端温度不是0 ℃，那么，为了确定实际热端温度必须已知冷端温度。考虑到非零冷端温度的电压，必须对热电偶输出电压进行补偿，既所谓的冷端补偿。

因此，为了准确测量温度值，必须知道冷端温度引起的变化量的大小，并加以修正，习惯上称为热电偶冷端补偿。

3.8 转速测量

在各种旋转机械的使用中，转速是一个重要的特性参数，转速指的是在单位时间内，旋转轴的平均旋转速度，通常以每分钟的转数（r/min，或 rpm）来表示。

转速测量方法很多，分类方法也各不相同，有的分为机械式、电气式和光电式等。根据旋转机械的特点，被测转轴的转速一般相当高，高的甚至达到每分钟几万转。因此，由于机械式一般需与旋转轴连接而逐步被淘汰，目前应用较多的是非接触式的电气式和光电式，光电式发展较晚，但有抗电气干扰的优越性，其应用逐步被推广。也有的根据测量的原理，将转速测量方法分为频率计数法测转速、模拟法测转速和比较法测转速三种。

目前，电气式的转速器用得比较广泛，这类转速器的测速原理，是通过适当的传感器，把旋转体在一定时间内的转动数，转换为与转轴转速相应的，在一定时间内的电脉冲数。这些由传感器转换得来的电信号，实质上是具有一定频率的电信号，然后，通过测频仪，测出信号频率，这样，也就测出了相应的转速。光电式与电气式的测量原理类似，只是传感器是光电式而非电气式而已。

频率计数法是目前转速测量中应用较多的一种，它是将待测转速通过转速传感器转化成为与转速呈正比的电脉冲信号，再用电子计数器测出该电脉冲信号的频率或周期。从而求得待测转速，这就是通常所说的测频法测量转速和测周法测量转速。用测频法测量转速的实质是：测定在预定的标准时基内进入计数器的待测信号脉冲的个数，从而求得待测转速。即：

$$n = \frac{60F}{zT}$$

式中：n——待测量转速，r/min；

F——被测量的脉冲频率，Hz；

z——转轴每转一转所产生的电脉冲信号数；

T——用以累积脉冲数的选定标准时间周期。

当被测转速较低时，应用测频法会带来较大的相对误差，此时，可以采用增大 z 的方法来增大频率读数进行测量。但一般常用测周法。测周法测量转速的实质是：使计数器累计在一个选定的标准脉冲数 F，测得其累积时间 T，从而求得待测转速。

模拟法测量转速是利用被测轴旋转时引起的某种物理量的变化，例如离心力，同轴发电机输出电压等，以转速为单位。连续指示在刻度盘上的一种测速方法。它的精度一般比测频法低，大多数用作监测仪表。这种方法易受温度等因素的影响。但由于使用方便、价格低廉，目前仍有广泛应用，尤其是在特定转速保安测量上，如汽轮机超速测量撞子。

比较法测转速是用已知频率的闪光去照射被测轴，利用频率比较的方法来测量转速，它的原理是基于人的视觉残留现象，即物体在人的视野中消失之后仍能保留一定时间的视觉印象。所用的仪器称为闪光测速仪。

以电涡流式转速传感器为例，如图 3-8-1 所示，被测转轴上开有一键槽。当转轴的键槽通过传感器的高频激励绕组时，产生脉冲信号。涡流变换器的激励绕组（简称为传感器）和涡流变换器单元（简称为变换器）一起把转轴的转动转换为带有直流分量的脉冲电压，其脉冲频率相应于泵的转速，而直流分量相应于转轴与传感器之间的间隙。脉冲频率通过监测单元处理，可由数字显示器单元显示出转速测量值。转速计的传感器安装形式如图 3-8-2 所示。

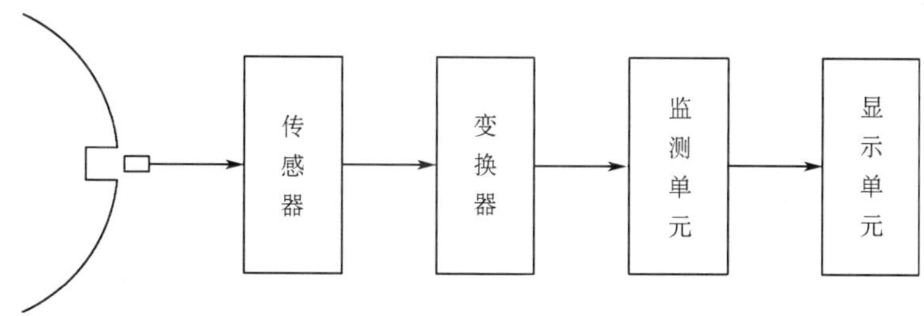

图 3-8-1　电涡流式转速传感器的电路方框图

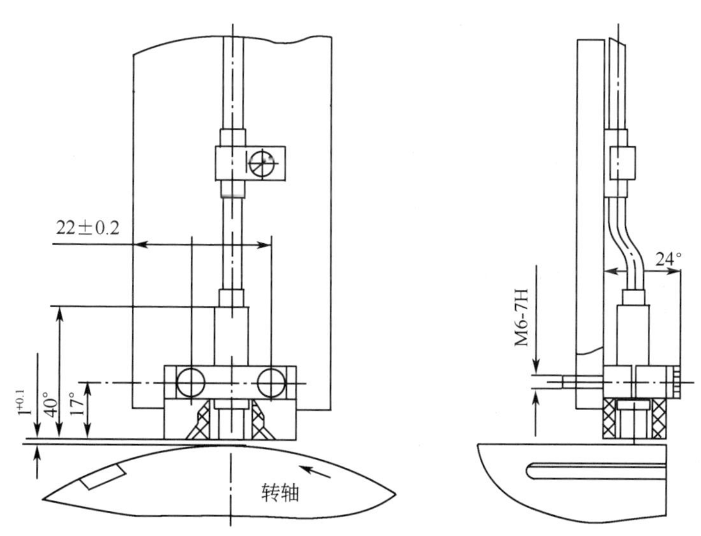

图 3-8-2 电涡流式转速传感器安装示意图

3.9　特殊测量

除了以上压力、流量、温度等常用热工测量和电气测量之外，核电厂还必须考虑其他一些过程测量，这主要有振动测量、位移测量、成分测量。下面简要说明振动和位移等机械方面的测量，这对于核电厂许多重要设备是必须的。当然，对核电厂来讲成分测量也是很重要的，尤其是压水堆，如硼酸浓度涉及反应堆停堆深度的安全问题，而其他水溶液的各种成分浓度也是需要检测的。

3.9.1 振动测量传感器

热力机械的振动一直是从事动力机械设计、研究、制造和核电厂运行工作者十分重视的问题。因为振动的产生，轻则使某些零部件无法正常工作，重则使零部件，甚至整台设备遭到破坏。因此必须防止振动的产生及控制其量级。而且设备振动谱也是目前核电厂对设备故障诊断学科研究重要的关键监测变量，通过振动谱的变化，根据已经掌握的知识和经验，可以预先判断设备是否可能或者即将发生故障。

测振传感器又称拾振器，是把被测物体的振动参量变换成电信号的一种敏感元件，传感器的种类很多，分类方法也不少。按其工作原理不同，可分为无源式（又称参量式）和有源式（又称发电式）两种。无源式测振传感器是将振动引起的电学参量（如电阻、电容、电感等）的变化转换成电信号的一种传感器。由于它本身不能直接产生信号，因此它必须接入有辅助电源的基本测量电路中，所以称为无源式传感器。常用的无源式传感器有电感式、电容式、电涡流式、变压器式及变阻式等。有源式测振传感器是将被振动的参量直接变成电信号的一种传感器。由于它本身能产生电信号，因此无需辅助电源。常用的有源式测振传感器有感应式（又称电动式或电磁式）、压电式、热电式、光电式等。按照传感器的不同安装方式，又分为接触式和非接触式两种。

3.9.2 位移测量

位移是机械量中最基本的参数，也是机械量检测的重点，其他机械量参数如力、力矩、速度、加速度和振动等，都是以位移测量作为基础的。所以在机械制造工业、工业自动检测及其他领域都离不开位移测量。核电厂位移测量主要在建造、安装和调试阶段对设备几何形状、安装和位置调整时应用比较多，在运行过程中相对应用较少，主要应用于汽轮机轴位移、设备维修和管道变形测量。

位移测量时，应当根据不同的测量对象，选择适当的测量点、测量方向和测量系统。其中位移传感器选择是否妥当，对测量精确度影响很大，必须特别注意。

用于位移测量的传感器很多，因测量范围不同，所用的传感器是不同的。小位移通常用应变式、电感式、差动变压器式、电容式、霍尔式等传感器来检测，精度可达 0.5%～1.0%，其中电感式和差动变压器式传感器测量范围要大一些，有些可达 100 mm。小位移传感器测微小位移，从几微米到几毫米，如物体振动的振幅测量等。大的位移常用感应同步器、光栅、磁栅、编码器等传感器来测量，其特点是易实现数字化，精度高，抗干扰能力强，没有人为读数误差，安装方便，使用可靠等，这些传感器既可以测线位移，也可以侧角位移，还可用来测长度，它们在自动检测和自动控制中日益得到广泛的应用。

复习思考题

1. 简要说明检测仪表基本组成及其结构形式。

2. 说明检测仪表主要有哪些性能指标。

3. 说明精密度、准确度和精确度的概念及其区别。

4. 说明压力测量仪表有哪些分类,各有何特点。

5. 说明表压、真空度、绝对压力和大气压的相互关系。一般情况下检测仪表读数是何种压力?

6. 简要说明液位测量方法及其分类,常用液位测量基本原理有哪些?

7. 常用流量检测原理有哪些? 各有什么特点?

8. 温度测量有哪些分类? 说明热电偶、热电阻测温基本原理。

9. 转速测量基本方法有哪些? 各是什么测量原理?

10. 核电厂还有哪些重要测量量?

第四章　核电厂中子注量率的监测

核电厂反应堆的全部能量来自于堆内核裂变时所释放出能量的总和，反应堆功率的大小，取决于堆内单位时间核（压水堆主要是易裂变核^{235}U）裂变反应的总数，每个^{235}U核发生裂变反应释放出能量平均有200 MeV的能量可被回收转为热能。而单位时间内核裂变总数则取决于核和堆内中子相互作用而引起核裂变的概率。考虑在相对稳定一段时间内，核密度变化较小而可以认为是一个不变的常量。因此，此时堆内单位时间裂变总数就取决于堆内中子总数，如果考察堆内局部某一单位体积功率，则取决于此体积内的中子密度，换一句话说，取决于注入这单位体积内的中子总数，而这与堆内中子注量率水平呈正比。由此可见，反应堆的核功率正比于反应堆的中子注量率水平，所以，通过测量反应堆的中子注量率水平可以反映反应堆的核功率水平。由于中子扩散迁移运动，单位时间、单位面积进入中子测量探测器的中子数称为中子注量率，它与堆内中子注量率一般可认为呈正比关系。核测量测出的中子注量率水平即可反映出反应堆功率水平。

虽然在^{235}U每次裂变所放出的能量中，90%以上是直接由裂变产生的，大约有10%是在裂变碎片的衰变过程中通过各种射线间接作用逐渐放出的。但是当反应堆达到稳态功率运行，或处于功率变化不快而当作一个准静态过程时。由于前一时刻的缓发能量补偿了后一时刻的缓发能量，因而可以认为裂变释放能都是瞬间释放的。这样，堆功率可以由单位时间内的总裂变数或中子注量率给出。另一方面，中子注量率测量还有响应快、量程宽等优点，还可以方便地测得功率的变化速度，为操纵员提供监测信息，为控制调节系统、保护系统提供必要的数据和信号。所以目前压水堆控制系统中的堆功率值都由放置在压力容器外混凝土生物屏蔽层内侧的仪表井里的堆外核测量系统测定的中子注量率给出。

核电厂核测量系统是核电厂控制保护系统的重要组成部分，它用来测量反应堆的核功率及其变化（周期），监督反应堆的操作和运行，为保护系统和控制系统等提供必要的信号。核电厂中子注量率测量系统，常称为核测量系统，它主要实现如下功能：

1）运行功能：在反应堆从完全停堆的状态到150%P_n运行状态的全过程中，对反应堆的启动、功率运行、停堆等各种状态下的反应堆核功率、功率倍增周期和堆内功率分布等参数进行监测，向操纵人员提供这些参数的指示、显示和记录。

2）安全功能：当反应堆发生意外情况或操纵人员操作不当而导致核功率、周期超过各自的警告整定值或事故整定值时，给出警告信号或事故信号，相应送至报警系统或保护系统，以便采取相应安全措施确保反应堆的安全。

4.1　核测量监测特点

核测量系统是核电厂控制保护系统的重要组成部分，它用来测量反应堆运行中核功率及其变化（周期），监督反应堆的操作和运行，为保护系统、控制系统和运行人员等提供必要的信号，以确保反应堆的安全运行。根据其运行和实现功能的要求，一般可归纳出如下特点，或者说对核测量的要求。

1）探测器需有对中子敏感物质：对于在线探测器内必须具有对不带电中子敏感的物质，能与中子发生核反应并释放出带电粒子，然后转成电信号，以便于在线测量。对于非在线探测器，通常应用于堆内中子分布测量，但同样需要有对中子敏感物质与其发生核反应，但不一定是释放出带电粒子，通常是敏感物质活化后测量其活化水平来测量探头所处堆芯位置处的累积中子注量率水平，进而计算出其平均中子注量率水平。

2）测量环境恶劣：探测器处于中子、α、β和γ等几种粒子可能组合下的高辐射水平环境中，必须具有耐辐照要求。如果探测器放在反应堆堆芯内，还必须耐高温、高压，即使放在堆外，也需考虑散热问题，因为在高辐射水平下探测器将因吸收射线能量发热。

3）测量量程范围很大：如图 4-1-1 所示，核测量系统测量通道的测量范围，远大于一般热工测量范围，是从具有一定停堆深度的次临界状态一直监测到超过额度功率一定水平下的范围。在这个范围内，中子注量率通常从 10^{-2}～10^{12} n/(cm^2·s)范围。可见核测量系统需实现 12～14 个数量级量程的测量范围。

4）核测量系统是一个较复杂的测量系统，而非一台测量仪器：由于核测量量程范围很大，不可能用一个探测器来完成。通常，核测量系统一般分堆内测量系统和堆外测量系统。堆内测量系统一般用以监测次临界状态（尤其是在反应堆物理启动或者在换料时）低功率运行阶段的测量，或者是堆内功率分布测量，由于堆内温度较高，所以一般堆内核测量采用高温裂变室。而堆外测量系统主要用以反映功率启动到额度功率正常运行时对功率的监测和保护，堆外核测量采用计数管、γ补偿电离室、电离室或裂变室。

在现代的压水堆核电厂中，堆芯边界内的中子注量率经常大于 10^{11} n/(cm^2·s)。因此，现在习惯上以中子注量率 10^{11} n/(cm^2·s)为界来划分堆内和堆外。把堆内核敏感元件定义为受高于 10^{11} n/(cm^2·s)的中子注量率照射的敏感元件，堆外核敏感元件定义为受低于 10^{11} n/(cm^2·s)的中子注量率照射的敏感元件。堆内和堆外所用的核探测器有所不同，压水堆堆内所采用的核探测器是微型裂变室或自给能探测器，堆外所采用的核探测器是涂硼正比计数管（或 BF_3 正比计数管）、γ补偿电离室及长中子电离室等。

5）各量程衔接必须有重叠搭接：如图 4-1-1 所示，堆外核测量系统一般分三个量程：源量程、中间量程和功率量程。而为保证监测、控制和保护的连续性，在 3 个衔接量程必须至少有 1 个数量级的重叠搭接，这要求也同样适用于堆内外测量系统切换。目前，核电厂堆外核测量系统的各个测量通道通常选用的探测器及仪表组成见表 4-1-1。

表 4-1-1　堆外核测量系统组成

	源 量 程	中间量程	功率量程
探测器灵敏度	硼正比计数管 8 脉冲/[n/(cm^2·s)]	硼补偿电离室 8×10^{-14} A/[n/(cm^2·s)]	电离室 2.3×10^{-14} A/[n/(cm^2·s)]
探测器量程	10^{-1}～2×10^5 n/(cm^2·s)	2×10^2～2×10^{10} n/(cm^2·s)	5×10^2～2×10^{10} n/(cm^2·s)
显示仪表量程	1～10^7脉冲/s	10^{-11}～10^{-3} A	0～120%P_n；0～200%P_n

注：P_n 表示额度功率。

6）核测量电信号处理电路复杂，对电缆屏蔽要求高：核测量电信号，既有频率信号，又

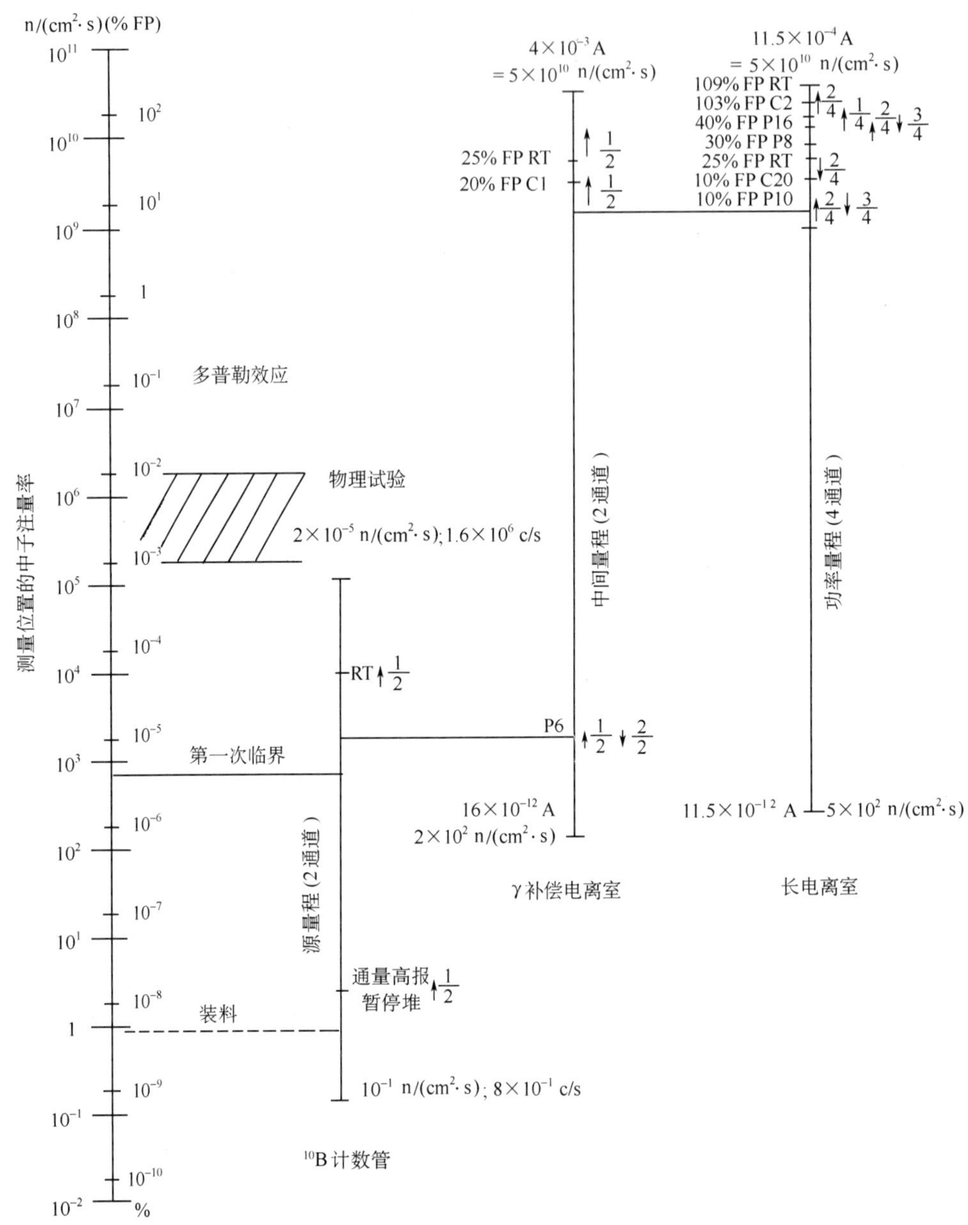

图 4-1-1 核测量系统测量通道的测量范围示意图

有电流信号,而且其电信号又很弱小,抗干扰能力小,因此,电信号处理电路复杂,一般有前置放大器、甄别放大器、线性放大器、直流放大器和正、负高压电源等。

4.2 核测量监测原理

测量核辐射时,常利用核辐射穿过介质时可引起介质直接或间接电离的能力的辐射特性。电离产生的离子对，在电场的作用下产生电流即可成为可被测量的电信号输出。

而对于中子来说，中子并不能直接产生电离，但可以利用它与特定中子敏感介质产生的某种核反应产生电离性粒子，间接使另外一种介质产生电离。目前，在常用核测量系统中，特定中子敏感介质一般常用^{10}B和^{235}U等材料。而用以产生电离的介质通常利用气体，以便于电离的离子对在电场作用下相向运动而产生电流或电流脉冲。所以，核电厂原有测量中子注量率的探测器一般有涂硼正比计数管、涂硼电离室、γ补偿电离室、裂变室和自给能探测器等类型。除自给能探测器以外，这些探测器的工作原理都是利用中子敏感介质发生核反应引起气体电离、并在不同强度电场作用下收集这些电离的离子对产生电信号来测量的，它们只是类型不同，电场强度或测量范围有所不同。

气体探测器一般是密封圆管形结构，如图 4-2-1 所示，其内部器壁涂有中子敏感材料，内部充填易电离气体。一旦入射中子与中子敏感材料发生核反应引起充填气体电离产生离子对，在外加电场（即图中直流电压源）作用下，电离产生的电子和正离子就分别向正、负电极漂移而被电极收集。而收集的电荷数则与外加电压有关系，如图 4-2-2 所示，这是因为离子一直在进行扩散运动、离子对相互吸引而复合效应以及在外加电场作用下的漂移运动和二次电离有关。

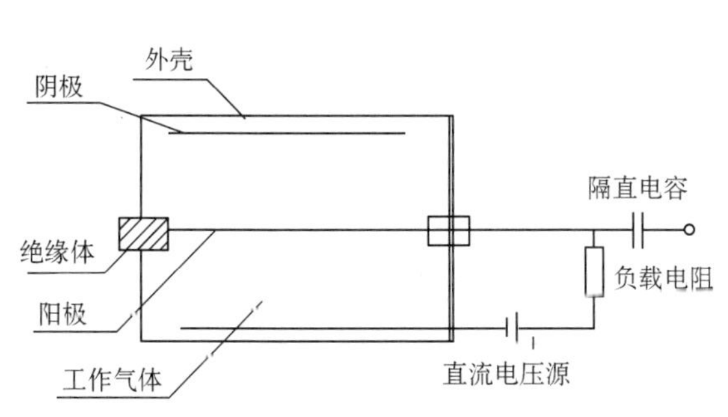

图 4-2-1　气体探测器结构示意图

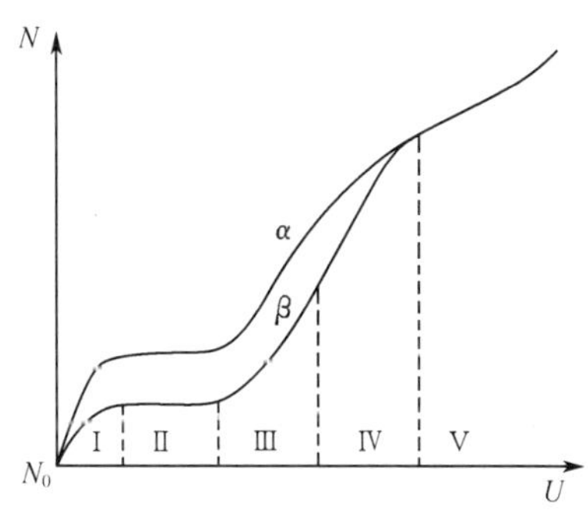

图 4-2-2　收集到的电荷数与外加电压的关系

如图 4-2-2 中的第Ⅰ区，称为复合区。该区外加电压U小，电子和离子定向向电极漂移速度低，扩散和复合效应起主要作用。因此，有些离子对在未漂移到正负电极时就已经复合成原子而不被电极收集，但如果外加电压增大，电子和离子因获得更大电势能而具有更大的漂移速度，复合效应相对减弱，电极上收集的离子对数必然增加。因此，在低外加电压U电极上收集到的离子对数N总是小于初始电离的离子对数N_0。

如图 4-2-2 中的第Ⅱ区，称为饱和区。随着在第Ⅰ区的外加电压U逐步增大，当达到某一定值时，复合效应基本消失，这时初始电离数N_0全部被电极收集，达到饱和。而且在一定电压范围内，收集的离子对数基本保持不变，维持在N_0总数不变，所以，这个范围称为饱和区。图中α、β两条曲线则表示射线强度不同而引起初始电离的离子对数N_0不同。

如图 4-2-2 中的第Ⅲ区，称为正比区。外加电压U超过饱和区后，被收集的离子对数N大于初始电离的离子对数N_0。这是由于初始电离的离子对在外加电压场的作用下获得的能量已经足够大到能使气体分子电离，产生次级离子对。如果外加电压U足够高，次级离子对在漂移过程中也可能被加速到足以再产生次级离子对。如此不断地继续下去，将使电离的离子对数增长很快，形成气体放大作用，放大的倍数 $k=N/N_0$。将随外加电压 U 增大而增大，但是，当 k 是定值时，则 N 正比于 N_0，所以称此电压区域为正比区。

如图 4-2-2 中的第Ⅳ区，称为有限正比区。如果继续增大外加电压 U，气体放大倍数 k 增大。当气体放大倍数 k 较大时会产生大量的离子对，这些大量离子对在没有被电极收集前会滞留在气体空间并在外加电场作用下形成空间电荷分层，即在外加电源正极聚集电子而在电源负极聚集正离子，由此产生的电场部分抵消了外加电场，从而限制了气体放大作用，收集到的电离离子对数 N 不再与初始电离离子对数 N_0 严格呈正比，所以，称此区为有限正比区。

如图 4-2-2 中的第Ⅴ区，称为盖革-米勒区，常称为 G-M 区。在第Ⅳ区的基础上，如果继续增大外加电压 U，由于空间电荷分层产生电场基本抵消了外加电场的增加量，电极收集的电离离子对数再次饱和，而且与外加电压 U 关系不大，与初始电离的离子对数 N_0 无关，所以，图中 α、β 两条曲线在此区重合。G-M 计数管就工作在此区域。

在图 4-2-2 中的第Ⅴ区之外，称为连续发电区（图中未画出，N 将趋于无穷大）。即外加电压 U 继续增大，电极收集的电离离子对数 N 急剧增大，即使停止入射粒子辐射，也还存在电离。这就是气体连续放电区。在这一区有光产生。电晕管、闪光室等工作于该区域。

由于仪表一般需要工作于线性区域，通过以上说明可知，复合区、有限正比区和连续放电区一般不是测量区域。同时需要注意的是，为了减少连续放电，充填气体并非越容易电离气体越好，尤其是工作在脉冲计数探测器，为了尽快湮灭次级电离，以减少盲区，还需填充一定比例可起灭弧作用的气体，如氦气、氮气或二氧化碳等。

4.3 中子注量率（中子通量）监测仪表

4.3.1 探测器基本技术指标

通常，作为仪表都需有测量范围、灵敏度和使用要求等一般仪表通用技术要求，中子注量率探测器也不例外，在此不再细述。但作为核测量系统的探测器也有其特殊指标要求，这与探测器原理有关，主要是其外加高压工作电压 U 及其变化相关的指标：坪特性指标。对此简要说明如下。

如 4.2 节收集到的电荷数与外加电压的关系说明，在不同外加高压电压 U 的情况下，电极收集的离子对数是不同的，因此，如果探测器外加高压电压 U 有波动，则收集的离子对数也将出现变化，这势必影响探测器输出信号的准确性。为此，需有相应指标来衡量探测器外加高压电压 U 对探测器输出信号的影响。

如图 4-3-1 所示，外加电压高压 U 在 V_1 和 V_2 之间，探测器在相同中子注量率水平下输出变化不大，此区称为坪区，核测量探测器外加的高压工作电源，一般要求在此坪区范围内工作。坪区的工作电压范围 $\Delta V=V_2-V_1$ 称为坪长；而坪区内探测器输出信号变化的百分数与坪长之比称为坪斜，即如下式：

$$\text{坪斜}=\left[\frac{N_2-N_1}{(N_2+N_1)/2}/(V_2-V_1)\right]\times 100\%$$

所以，坪长越长，说明探测器可适用较宽的外加电压，便于高压电源设计和调整，而坪斜越小，说明探测器输出信号受外加高压电源影响越小，稳定性较好。

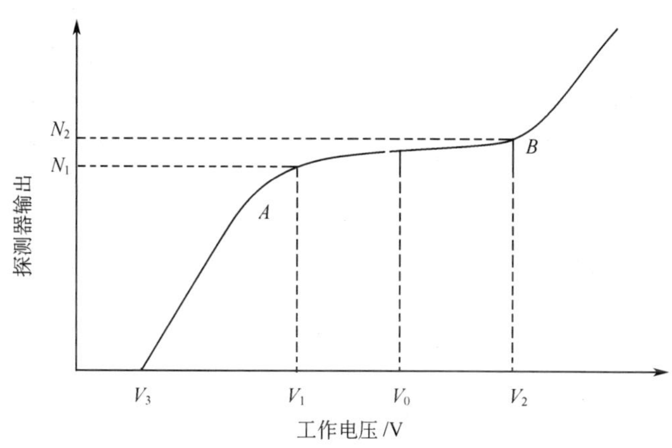

图 4-3-1　坪特性曲线示意图

4.3.2　涂硼正比计数管

（1）工作原理和结构

涂硼正比计数管的结构如图 4-3-2 所示，中心阳极丝是直径为 0.05 mm 的镀金钨丝，圆筒形阴极是直径为 70 mm 的钛管制成。阴极内表面涂^{10}B，丰度为 90%以上的硼粉，而电极之间相互绝缘。计数管内充填的工作气体为氩气(Ar)和二氧化碳(CO_2)的混合气体。当然，硼计数管有的不是涂硼，而是充填 BF_3气体，其原理相似。

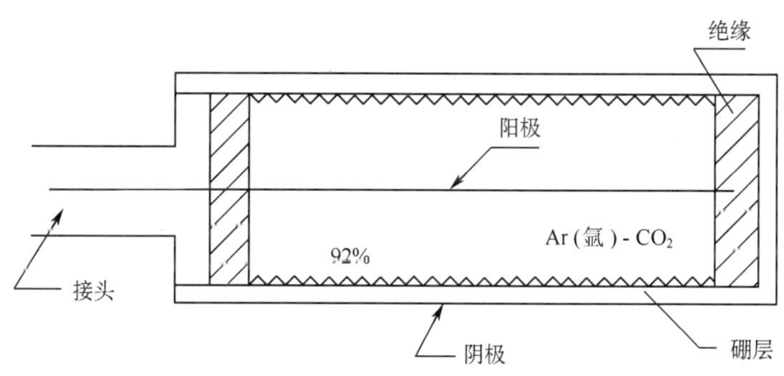

图 4-3-2　涂硼正比计数管结构原理图

中子探测器基于中子核反应法，反应方程为$^{10}B(n,\alpha)^7Li$，入射中子与硼发生如下核反应：

$$^1_0n+^{10}_5B \longrightarrow ^7_5Li+^4_2He+2.793\ MeV$$

$$\longrightarrow ^{7m}_3Li+^4_2He+2.316\ MeV$$

$$^{7m}_3Li \longrightarrow ^7_3Li+\gamma+0.48\ MeV$$

上述反应的生成核^4_2He(α 粒子)与锂核^7_3Li 将带走核反应释放出来的大部分能量也具有较高动能，可使生成核在填充气体漂移运动，由于这些带正电的生成核的漂移运动，势必引起填充气体发生电离。

核反应产生的锂离子和 α 粒子使氩气电离，产生电子和正离子。在外电场的作用下，电子和正离子分别向阳极和阴极运动，形成电脉冲(又称 α 脉冲)。当然，γ 射线也能引起氩气电离而产生电脉冲，但其幅度较小，可以在甄别放大器将反应堆内的其他似 γ 射线产生的小幅度脉冲信号滤除，只放大 α 脉冲，从而只得到与中子注量率呈正比的计数。

(2) 应用范围及例子

涂硼正比计数管是对照射进入探测器内的中子总数进行计数测量，工作于脉冲工况，计数管的输出信号是脉冲信号，脉冲计数正比于中子注量率的大小。一般用以测量较低中子注量率量程，较低 γ 辐射本底，所以它一般用于核电厂反应堆中子注量率测量系统在源量程的探测器。

典型计数管的主要技术参数如下：

- 测量范围：$10^{-2}\sim5\times10^{3}$ n/(cm^2 · s)；
- 中子灵敏度：≥8 c/(n · cm^{-2} · s^{-1})；
- 最高线性计数率：约为 5×10^{5} 计数/s；
- 本底≤0.1 计数/s；
- 最大工作电压约为 1 200 V；
- 坪长约 100 V；
- 坪斜≤40%/100 V；
- 绝缘电阻：信号线与管壳之间≥10^{12} Ω；
- 分布电容≤10 pF(不带电缆)；
- 电缆长度≥15 m；
- 寿命：10^{18} n/cm^2。

源量程中子注量率监测系统结构框图如图 4-3-3 所示，一般包括：^{10}B 计数管、高压电源、前置放大器、放大及甄别成形电路、脉冲计数或计数转直流模拟电路、计数率音响、对数计数率表或对数放大器、周期指示和周期保护、故障监督、测量量程联锁等。由探测器出来的脉冲经前置放大器放大(前置放大器与中子探测器尽可能靠近，以减少电气信号干扰)，并

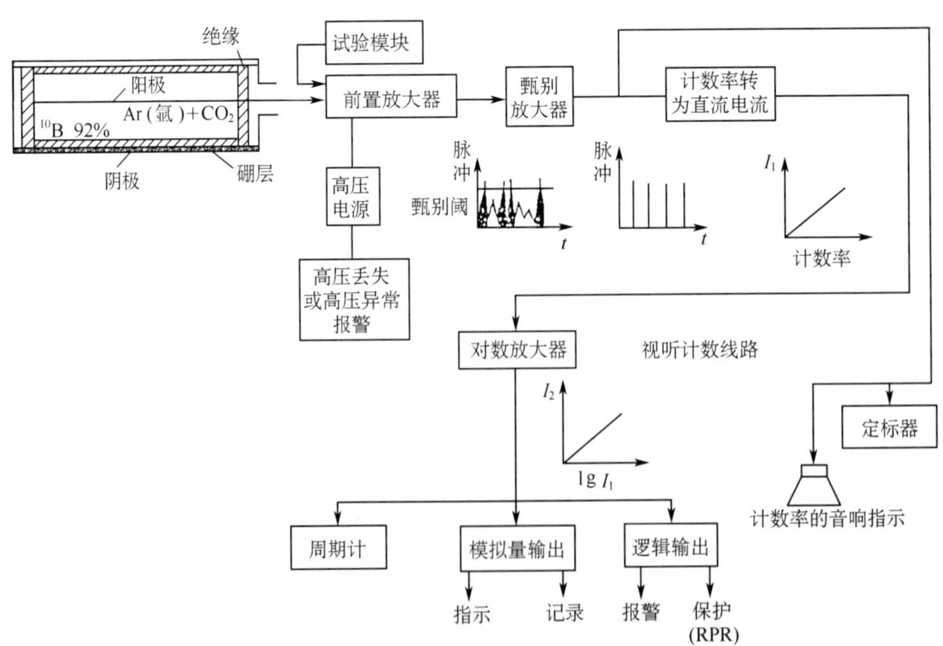

图 4-3-3 源量程中子注量率监测系统结构框图

进行信号放大输出，把信号经过电缆送入仪表柜计数装置。计数装置由线性放大器、脉冲甄别器以及显示部件组成。甄别器可以用来甄别 α 脉冲计数，并去除 γ 射线和其他噪声引起的干扰脉冲。但是当 γ 射线本底很强或干扰脉冲很多时，有可能重叠成可与中子脉冲幅度相比较而不能忽略的水平，从而造成计数误差。因此，对计数管装置的分辨时间要求为 0.5 μs，甚至更短一些。

在反应堆启动时，反应堆在源量程范围内，中子水平以单位时间内的中子脉冲数目来表示，所以，计数装置还带有定标器以显示脉冲数。计数装置输出标准正比于中子注量率大小的脉冲计数。该脉冲计数进入脉冲数字周期保护后经数字处理单元输出周期信号。为了对中子水平进行监测，在计数装置上往往还附设有音响部件，作为安全监测设施，音响频率与堆中子水平成正比。

为了显示堆功率上升的情况，在中子计数装置的输出端还接有计数率表，计数率表的输出不是脉冲数而是连续显示与单位时间的脉冲数成正比的模拟量。为了扩大输出范围，往往还采用把输出信号对数化后再显示，对数计数率表的输出可以显示 5～6 个数量级的范围。

在反应堆启动过程中，堆功率倍增周期也是一个很重要的参数。过去常规做法是对反应堆的功率取对数再进行微分来求得周期。

为了监测系统安全运行，一般设有故障诊断装置，监督高压电源等故障。同时，设有一些联锁装置，出现 P6 信号可手动闭锁源量程，出现 P8 信号自动闭锁源量程，此时必须手动关闭源量程的高压电源。

4.3.3　裂变电离室

（1）工作原理和结构

裂变电离室是在电离室的一个电极上涂有 ^{235}U 等含有裂变物质的灵敏层，用来探测中子的电离室，电离主要是由中子和裂变物质进行核反应产生的裂变碎片引起的。裂变反应将慢中子转换成致电离产物而被探测，也就是通过测量裂变碎片的电离效应即可达到探测中子的目的。

裂变反应的最大特点是反应能很大（约 200 MeV），其中约 160 MeV 是裂片碎片的动能。裂变碎片在空气中的射程约为 2 cm，它们在气体中强烈的电离，得到较大的脉冲信号。这一信号比其他的 α、β、γ 放射性产生的信号幅度大得多，因此裂变电离室可获得较低的本底计数，使得它能适用于在较高的 γ 辐射场内探测中子。

由于裂变室内部涂有可裂变物质，所以裂变电离室的灵敏度高于电离室，受 γ 射线影响更小，因此它更适用于更高 γ 辐射场的中子探测，它的优点是其他中子探测器所不能比拟的。当中子能量低时，它像计数管一样输出的是正比于中子注量率大小的脉冲信号。当中子注量率高时，它输出的是脉动电流。

因为裂变碎片的射程很短，所以裂变材料涂层最厚不超过 2 mg/cm^2，因此为了提高探测效率常做成多层裂变室。裂变电离室的实用结构图如图 4-3-4 所示，裂变室内充的工作气体为氦气和氩气的混合气体。裂变室可以采用电压脉冲输出，也可以使用电流脉冲输出。需用长电缆传输信号的场合，往往采用电流脉冲输出，电流放大器直接放大裂变室输出的电流脉冲信号。

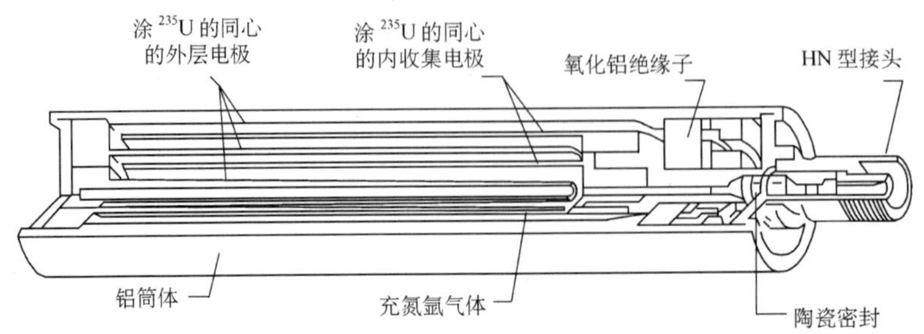

图 4-3-4 裂变电离室结构图

(2) 应用范围及例子

裂变电离室一般用在有较大 γ 辐射本底的工况，因为其裂变产生的宽脉冲信号幅度远大于 α、β、γ 放射性产生的信号幅度，容易被甄别，保证测量的准确性。一般用以测量有一定功率水平情况下，此时中子注量率较源量程大，但也有较大的 γ 辐射本底，所以常用以中间量程探测器。但压水堆核电厂一般用以堆芯功率分布测量仪表，从而获得堆芯径向和轴向的通量分布和功率分布情况。

影响裂变室性能的主要因素有涂层铀的状态和浓度，充气的类型和压力，以及裂变室的结构尺寸。

裂变室在反应堆的中子注量率测量中一般用于由源量程向功率量程过渡范围时中子注量率的测量。它的主要技术参数如下：

- 中子灵敏度：脉冲式约≥0.8 c/[n/(cm^2 · s)]，电流式约≥2×10^{-13} A/[n/(cm^2 · s)]；
- 最高线性计数率：约 5×10^5 计数/s；
- 工作电压：200～800 V；
- 坪长：约 250 V；
- 坪斜：≤3%/100 V；
- 绝缘电阻：信号线与管壳之间≥5×10^9 Ω；
- 分布电容：≤300 pF；
- 所带电缆长度：≥15 m；
- 寿命：10^{18} n/cm^2。

在压水堆核电厂堆芯中子注量率测量系统中所使用的探测器就是一种微型裂变室。如图 4-3-5所示，微型裂变室的外壳、外电极以及与之相连电缆的材料均为不锈钢，绝缘材料为氧化

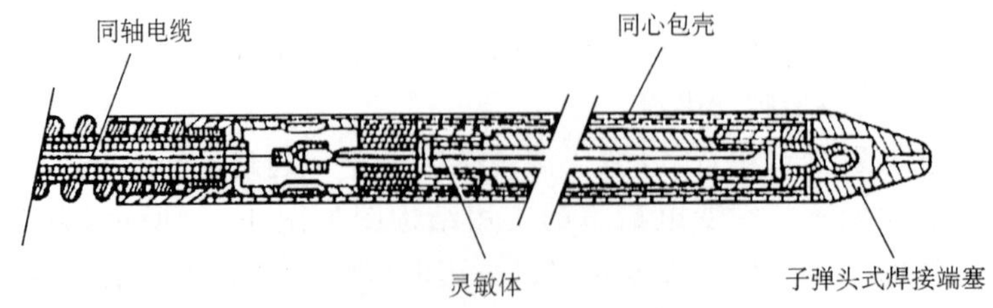

图 4-3-5 微型裂变室示意图

铝(Al_2O_3)。微型裂变室灵敏体内充有稍大于1个大气压的高纯度氩气。电极表面涂有一层二氧化铀，^{235}U的丰度大于90%。裂变室的灵敏体长度约为27 mm，外径约为4.7 mm，灵敏度约为10^{-17} A/[n/(cm^2 · s)]。

根据堆芯的实际情况，设置若干测量通道。每个测量通道的设计除完成必要的测量功能外，还必须考虑一次冷却剂的密封，防止由于测量造成的一次冷却剂的泄漏。所以测量通道由一回路压力边界、探头传送装置、探头等相关设备组成，简要示意图如图4-3-6所示。

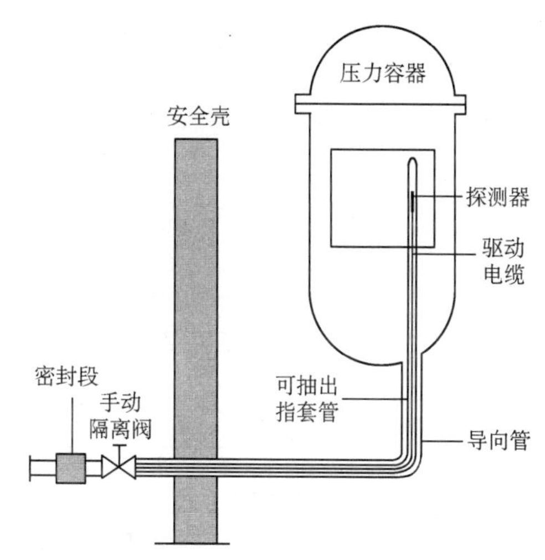

图4-3-6　堆芯通量测量导向管及指形套管配置示意图

如图4-3-7表示测量电路的基本原理，微型裂变室的输出电流流经负载电阻，负载电阻根据测量量程的需要可自动切换。负载电阻由数只不同阻值的电阻串、并联组成，用分压法和分流法取出信号，进行放大后送往指示表或计算机系统进行监测。

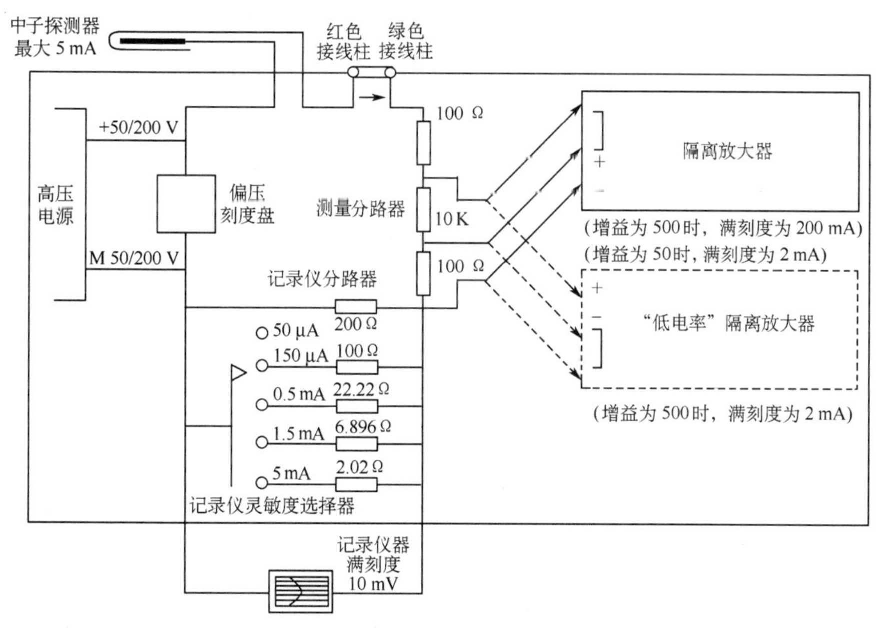

图4-3-7　微型裂变室电流测量电路原理框图

4.3.4　硼电离室

(1) 工作原理和结构

电离室是基于探测入射粒子(如中子)进入其内，与所充物质直接或间接相互作用时，使物质的原子或分子电离而产生的正负离子对来测量放射性强度或入射粒子能量的一种探测器。电离室主要是由高压电压电极、收集电极、电极之间的气体以及电极之间绝缘支撑构成，如图 4-3-8 所示。

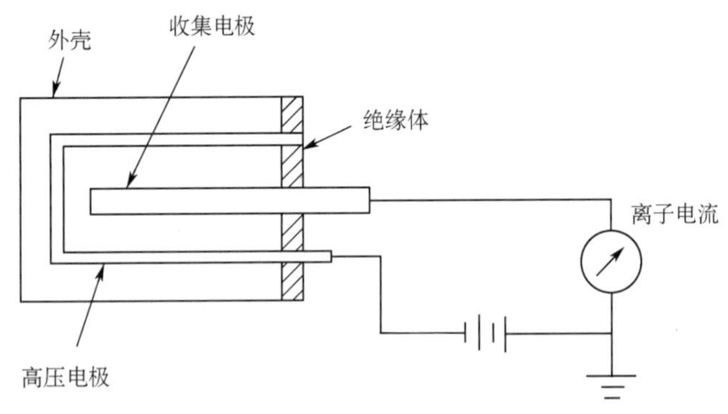

图 4-3-8　电离室及其电路原理图

用来探测中子的电离室通常有圆筒式和平板式两种，核电厂则常用圆筒式。其内部电极涂以硼，腔内充以惰性气体(例如氦和氖)，在外部电场作用下有一个正比中子密度的电流流过电离室，电流在负载电阻上就产生一个正比功率水平的电压降。

电离室分长短两种，长电离室与反应堆堆芯一样长，它由两个结构完全相同的短电离室构成。分为上下两段。电离室的热中子灵敏度一般为 3.1×10^{-13} A/[n/(cm^2 · s)]，使用场合的热中子注量率范围为 $10^2\sim10^{10}$ n/(cm^2 · s)。

由于裂变电离室中子与 ^{235}U 发生作用，能产生带高能的正负离子从而增加电离室的灵敏度，所以，与裂变电离室相比，硼电离室灵敏度相对较低。

(2) 应用范围及例子

电离室一般用在较大中子注量率水平而且 γ 辐射本底可以忽略不计的情况下，以保证测量的准确性。所以一般用以测量功率水平较高情况下，目前压水堆核电厂就常用这种类型的探测器作为功率量程使用。如某核电厂功率量程就使用非补偿硼长电离室，它分上下两个部分，每个部分又由 3 个敏感段构成。整个长电离室与堆芯高度一致，上半部和下半部所提供的信号经过处理产生一个电流，该电流表示堆芯相应部分的中子注量率水平；通过电流放大处理，可以得出堆芯上、下半部各自的功率平均值，并可得到反应堆总功率水平。其关键技术指标：灵敏度是($2\times10^{-14}\sim3\times10^{-14}$) A/nv①，$\gamma$ 感应度：$1\times10^{-11}\sim1\times10^{-10}$ A/(Rh^{-1})。

由于电离室输出为电流信号，所以电离室及其相连的电缆的绝缘就特别重要，绝缘能力降低将会导致电离室不能正常使用。

电离室工作于饱和区，它主要性能是：

- 测量范围：约为 $10^2\sim10^{10}$ n/(cm^2 · s)；

① nv 即为 n/(cm^2 · s)的习惯缩写。

- 中子灵敏度：约为 10^{-13} A/(n・cm^{-2}・s^{-1})；
- 最高线性电流：约为 10^{-3} A；
- 工作电压：200～1 000 V；
- 坪斜：<1%/100 V；
- 绝缘电阻：信号线与管壳之间的电阻≥10^{12} Ω；
- 分布电容：≤200 pF；
- 所带电缆长度：>15 m。

除此之外，还要根据实际使用环境，注意电离室的尺寸、温度等其他相关参数。

根据不同堆芯高度，常用的长电离室有两节、四节和六节等几种。以六节长电离室为例，每节都是一个独立的电离室，对应堆芯上部有 3 个电离室，堆芯下部有 3 个电离室。六节电离室的结构如图 4-3-9 所示。它包含 6 个独立的电离室和相应的电缆及密封接插件。

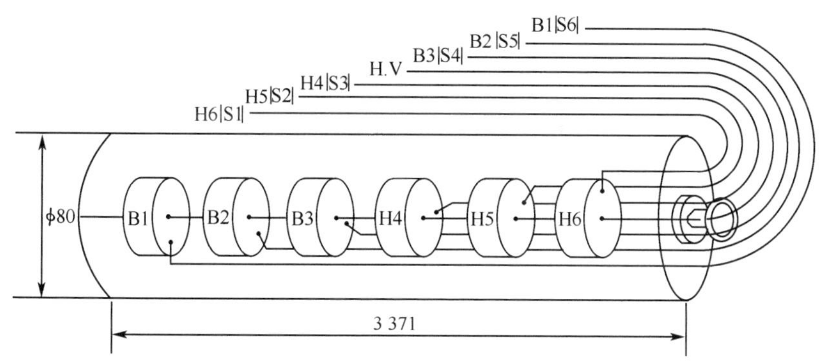

图 4-3-9 六节长中子电离室结构示意图

功率量程与中间量程重叠 1～2 个数量级，通常测量范围为 3 个量级。功率量程设置 4 个相互独立的测量通道。4 个测量通道是相同的，图 4-3-10 表示一个通道。所使用的探测器是非补偿长电离室，由 6 个敏感段组成，其中 3 个敏感段处于堆芯上部，3 个处于堆芯下部。

探测器每个敏感段输出一个代表相应位置中子注量率的电流信号。堆芯上、下部各 3 个敏感段的电流信号分别由本身的平均放大器相加并取平均，再经过各自的可变增益放大器，即得到代表堆芯上、下部的轴向功率分布水平信号 P_H 和 P_B。堆芯上部通量减去堆芯下部通量，即为轴向通量偏差 ΔI。堆芯上部通量与堆芯下部通量之和 P 代表反应堆功率。这些信号通过计算将产生轴向通量偏差 ΔI、超温 ΔT 保护、超功率 ΔT 保护和倍增周期等整定值或监测信号，再经隔离模块送往各控制保护和显示模块，如反应堆保护逻辑通道等。

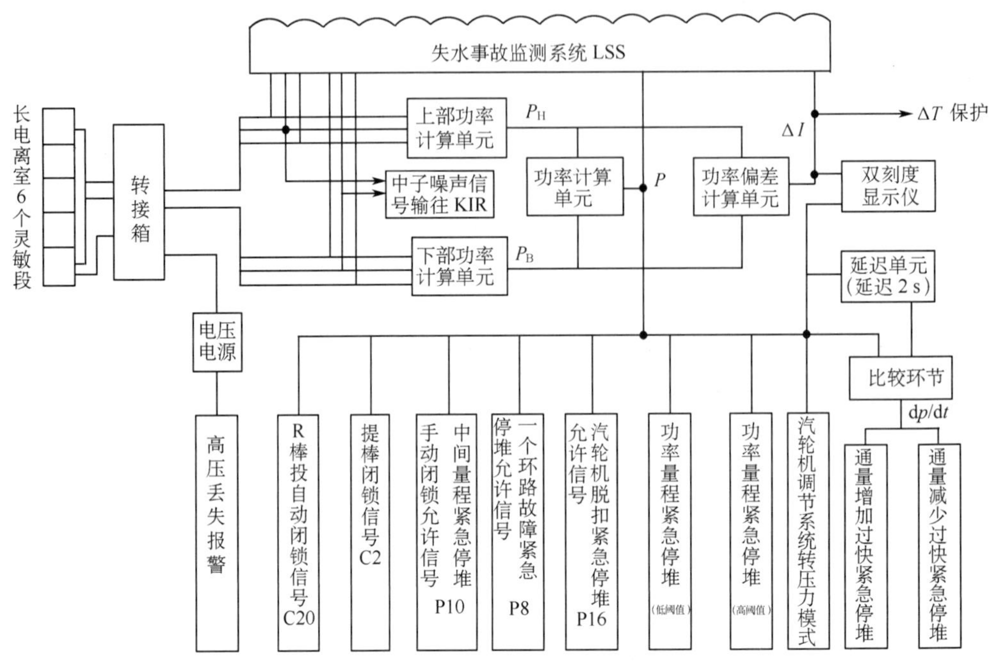

图 4-3-10 功率量程一个通道中子注量率测量仪表示意图

4.3.5 γ补偿电离室

(1) 工作原理和结构

γ补偿电离室结构如图 4-3-11 所示。由图可见,所谓 γ 补偿电离室是由两个电离室组成的。外环电离室的内壁涂硼,称涂硼电离室。内环电离室不涂硼,称补偿电离室。两电离

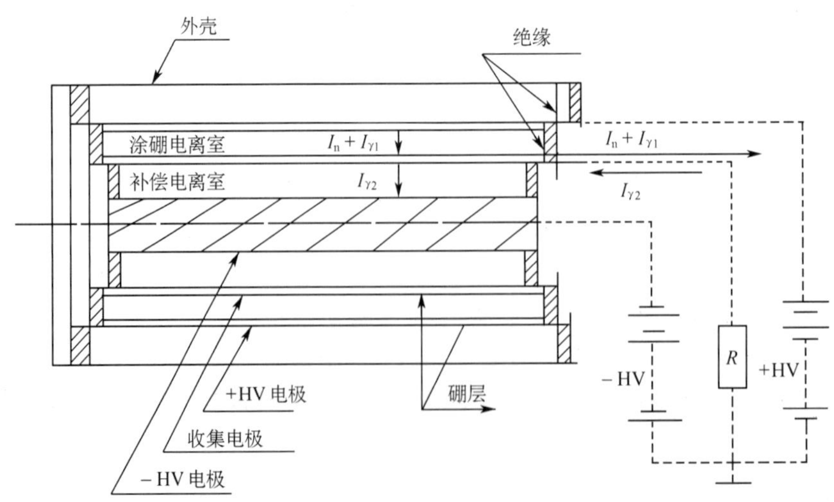

图 4-3-11 γ补偿电离室结构原理图

室充有相同的气体：氮气和10%氦气。

γ补偿电离室有3个电极：与高压正极相连的称正高压电极，与补偿电压的负极相连的称负高压电极，两电极之间的极板通过负载电阻 R 接地，称为收集电极。各电极之间是绝缘的。

涂硼电离室对于中子和γ均敏感，在高压作用下产生中子电流 I_n 和γ电流 $I_{\gamma1}$，其原理与计数管相同，不过当中子注量率较高时，脉冲较多无法计数，只能监测电流。补偿电离室由于不涂硼，故仅对γ敏感，在补偿电压作用下只产生γ电流 $I_{\gamma2}$。流经负载电阻上的电流为涂硼电离室电流 $I_n+I_{\gamma1}$ 与补偿电离室电流 $I_{\gamma2}$ 之差：

$$I = I_n + I_{\gamma1} - I_{\gamma2}$$

如果两电离室对γ的灵敏度相同，则 $I_{\gamma1}=I_{\gamma2}$，则输出电流 $I=I_n$。但理论上这是能够完全补偿的。实际上，只在某一给定堆功率水平下，才能做到完全补偿。补偿的效果主要取决于探测器的结构和工艺。在整个测量范围内，补偿的效果能够达到97%～98%。对γ补偿电离室，除考虑电离室的有关参数外，还要考虑γ感应度（一般约 10^{-12} A/R·h^{-1}），以便在γ影响不能忽略的范围内，了解它的补偿能力。

（2）应用范围及例子

γ补偿电离室一般用在有较大γ辐射本底的而不能忽略其影响的情况下使用，因为其中一个无涂硼的电离室可用以补偿γ辐射的影响，保证测量的准确性。一般用以测量有一定功率水平情况下，此时中子注量率较源量程大，但相对也有较大的γ辐射本底，所以常作为中间量程探测器，如目前压水堆核电厂常用这种探头作为中间量程。这种探测器也可用以堆外较远而导致中子注量率较低，但γ辐射本底并没有降低不大的功率量程。γ补偿电离室典型技术指标如下：

1）测量范围：10^2～10^{10} nv；

2）中子灵敏度：≥1.55×10^{-13} A/nv；

3）最高线性输出电流：3 mA；

4）γ感应度：5×10^{-12} A/(R·h^{-1})；

5）坪斜：1%/100 V；

6）工作电压：200～1 000 V；

7）绝缘电阻：信号线与管壳之间绝缘电阻≥10^{12} Ω；

8）分布电容：≤200 pF；

9）最高工作温度：150 ℃；

10）核探测器外形尺寸：Φ70×700 mm；

11）电缆长度：15 m；

12）中子辐照考核：10^{18} n/cm^2。

压水堆核电厂中间量程一般有两个相同的相互独立的测量通道。所用中子探测器就是γ补偿电离室。每个测量通道的结构如图4-3-12所示。它包括：γ补偿电离室、高压电源、对数放大器、周期放大器、显示装置、故障监督和各信号接口隔离装置等。γ补偿电离室信号经对数放大器后，变成正比于电离室电流的对数的电压信号。采用对数放大器是为了扩大测量量程。即对数放大器的输出 V 正比于 $\ln I$。与源量程仪表类似，对数放大器输出经微分可以产生反映周期的信号。

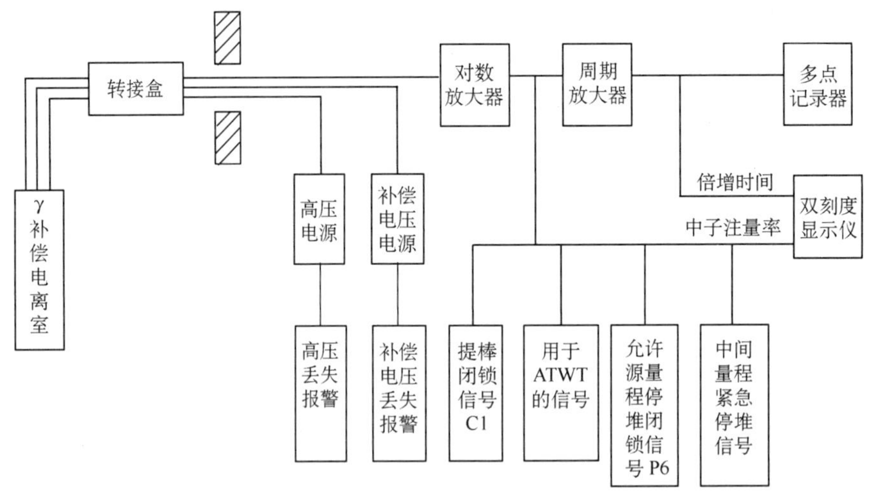

图 4-3-12　中间量程中子注量率测量仪表功能结构框图

中间量程核仪表除连续显示正比于堆功率的电离室电流和反应堆功率倍增周期外，还根据要求给出一些逻辑信号，如中间量程功率高紧急停堆信号、允许手动闭锁源量程紧急停堆信号 P6 等。

4.3.6 自给能探测器

（1）工作原理和结构

在辐射场中，由于物质与辐射场的相互作用，任何物体都可能因发射和吸收荷电粒子而带电。物体带电的情况与材料及其几何结构有关，置于辐射场中的两个相互绝缘的导体（或半导体），由于带电情况不同，它们之间就产生了电势差，若用导线连接它们，则导线中就会有电流流过，这种效应是辐射能量直接转化而来的，它的大小和变化反映出辐射场的特性和变化，自给能传感器就是利用这种现象制成的。在自给能传感器中是辐射能量直接使电极充电，因此就不需要极化电极以及电源。自给能探测器的主要工作机制又可分为三种：

1）基于(n,β)反应的 β 流探测器；

2）基于(n,γ)反应的内转换中子探测器；

3）自给能 γ 探测器（受 γ 辐射后发射康普顿电子和光电子）。

图 4-3-13 所示，它是基于(n,β)反应的 β 流探测器。当探测器在中子场中受辐照时，由于发射体物质吸收中子后放出高能 β 粒子。β 粒子具有一定初始速度使其以一定概率逃脱发射体并穿越绝缘体，空间电荷被收集体收集，这样发射体带正电，探测器输出一小电流。在平衡状态下，探测器发射体单位时间衰变放出的 β 粒子数等于发射体的中子俘获率，而发射体的中子俘获率又正比于探测器处的中子注量率。因此，在平衡状态下，探测器输出的小电流正比于其周围的中子注量率，测定这一小电流就可测出中子注量率。

这种探测器由发射体、绝缘体、收集体及电缆组成。中心电极称为发射体，它是由中子灵敏材料制成。发射体是自给能中子探测器的核心部分，它基本上决定了探测器的物理特

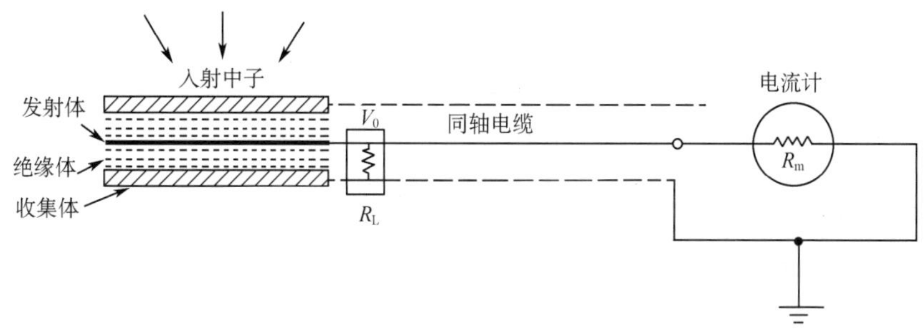

图 4-3-13 自给能中子探测器的工作原理图

性。探测器的外壳即是收集体，它是由对中子不灵敏的厚度通常为 0.1 mm 的材料制成。发射体和收集体之间通常是厚度为 0.2 mm 左右的绝缘体，常用 MgO、AL_2O_3、BeO 等无机绝缘材料。

自给能中子探测器的外径一般为 1～3 mm 左右，其灵敏长度则可以根据需要从几厘米变化到几米，柔性探头还可以绕制成螺旋形状，以提高灵敏度。

(2) 应用范围

与裂变电离室相比，自给能探测器的优点是结构简单，所需的电子设备较少，容易安装，寿命长，耐辐照和高温，尺寸小巧，可以大量插入堆芯而不会过于干扰堆芯特性。但它的响应时间较长，因为探测器必须达到平衡状态才能给出正确的测量信号。因此自给能探测器较适宜用于高中子注量率，如测量堆芯内中子注量率分布。

4.3.7 压水堆核电厂堆外核仪表系统一般结构

一般核电厂堆核仪表系统会根据反应堆本身核参数的特点和运行工况要求进行设计，通常会有些差别，但系统结构一般都是比较相似，下文以某核电厂为例进行说明。核电厂核仪表系统一般设有堆内测量和堆外三个量程测量。堆内测量系统一般用以物理启动和堆芯功率分布测量，而堆外测量系统一般用以正常运行核功率监测需要，三个量程分别是：源量程设置两个通道，中间量程设置两个通道，功率量程设置四个通道。图 4-3-14 给出它的总体结构，表 4-3-1 列出各量程的配置。整个系统包括三部分：探测器、测量仪表柜和信息显示设备。

表 4-3-1 某核电站核仪表系统的配置

量程	所用探测器及数量	探测器灵敏度	测量范围/$(n\cdot cm^{-2}\cdot s^{-1})$	电源电压/V
源量程	2 个 ^{10}B 计数管	8 cps/$(n\cdot cm^{-2}\cdot s^{-1})$	$0.1\sim2\times10^5$	200～1 500
中间量程	2 个 γ 补偿电离室	8×10^{-14} A/$(n\cdot cm^{-2}\cdot s^{-1})$	$2\times10^2\sim5\times10^{10}$	200～1 500
功率量程	4 个长中子电离室（每个电离室有六段灵敏体）	（每段灵敏体）2.3×10^{-14} A/$(n\cdot cm^{-2}\cdot s^{-1})$	$5\times10^2\sim5\times10^{10}$	100～1 000
堆内测量	微型裂变室(外径 4.7 mm；灵敏体长度 27 mm)	10^{-17} A/$(n\cdot cm^{-2}\cdot s^{-1})$	$10^{11}\sim1.5\times10^{14}$ $(1\times10^{-6}\sim1.5\times10^{-3}$ A)	50～200

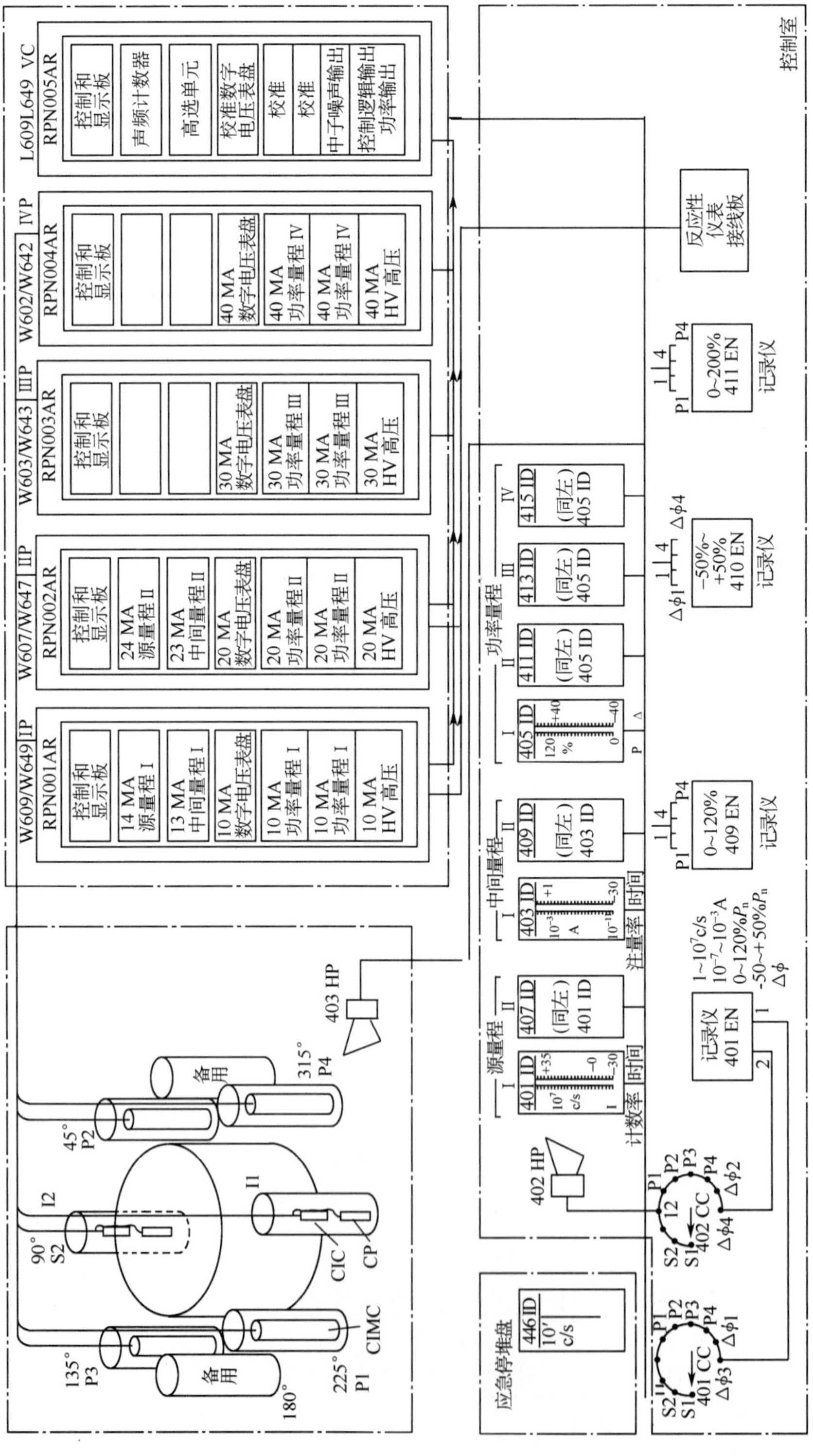

图 4-3-14 核电厂堆外核仪表系统一般结构示意图

堆外核测量系统的中子探测器共有 8 个探测器：2 个^{10}B 计数管为源量程探测器，2 个 γ 补偿电离室为中间量程探测器，4 个长电离室为功率量程探测器。这些探测器分装于两种容器内。一个源量程和一个中间量程探测器同装一个容器内。每个功率量程探测器装在一个容器内。探测器容器置于反应堆压力容器外的核测量井内。

探测器的径向布置和轴向布置分别如图 4-3-15 和图 4-3-16 所示。可见，从反应堆的轴向看，源量程探测器位于堆芯下部 1/4 线的高度上，大约是源棒所在的高度；中间量程探测器位于堆芯中线的高度上。功率量程探测器共有 6 个敏感段，3 个位于堆芯上部，3 个位于堆芯下部。从径向看，源量程和中间量程探测器分为 2 对，分别位于 90°和 270°方位上。4 个功率量程探测器布置在 4 个象限上。功率量程探测器的布置保证了可以探测轴向功率不平衡和径向功率不平衡情况。

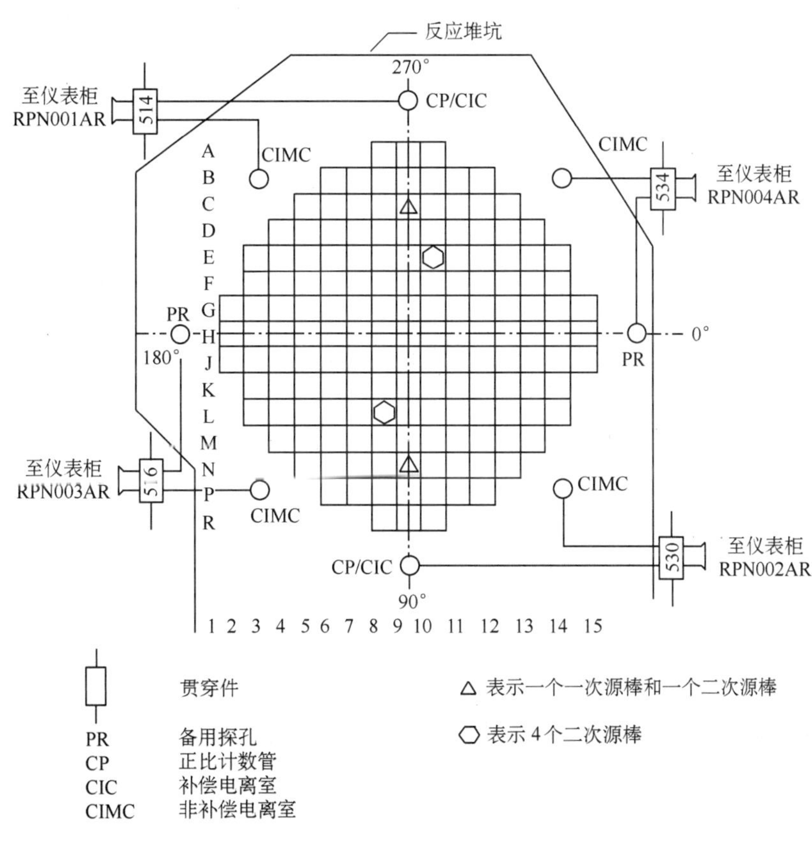

图 4-3-15　核探测器径向布置图

4.4　核测量仪表运行基本要求

压水堆(PWR)运行时，堆芯中子注量率约 $10^{12}\sim10^{14}$ n/(cm^2 · s)，γ 射线的强度约 $10^5\sim10^8$ R/h，温度约 300 ℃，压力约 15.5 MPa，所以堆内探测器的工作环境是很恶劣的。

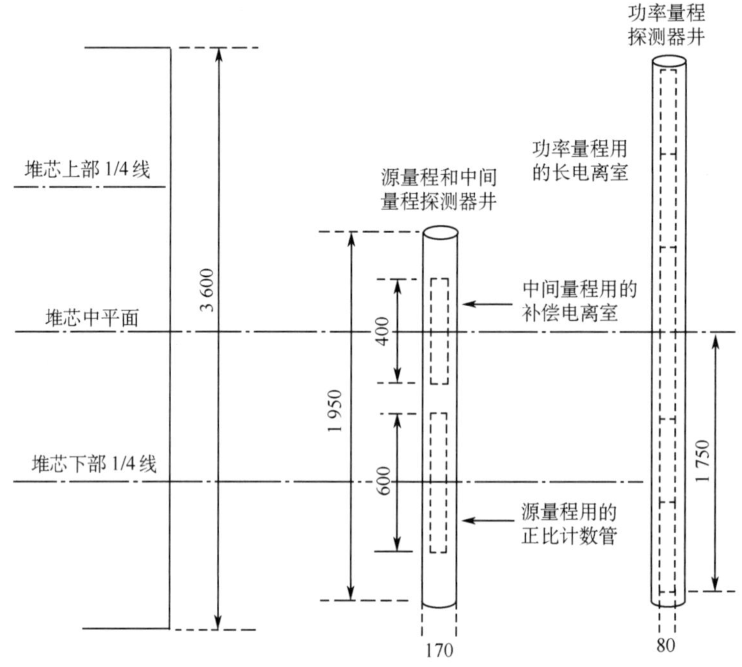

图 4-3-16　核探测器轴向布置图

空间也受限制，必须小型化。而且由于核测量仪表是用于处理核探测器的信号，经处理后变成可直接用于显示、控制和保护方面的信号。

基于此，核测量仪表具有不同于常规的工艺过程参数监测的特殊性，主要体现在以下几个方面。

1）微弱信号：探测器的信号十分微弱，不管输出是脉冲量还是直流电流量都是如此。裂变室和计数管等脉冲输出的探测器，单个脉冲平均电荷数只是 10^{-13} C 级；而电离室输出的电流也只在 $10^{-12}\sim10^{-3}$ A。对这些弱信号的处理要求采取特殊的抗电气干扰等技术措施。

2）高阻抗：探测器信号处理时应考虑探测器内阻非常高的特点。

3）宽频带：脉冲电路的通频带要求很宽，从 1 Hz 直到 10^6 Hz 以上，这对电子设备和信号传输电缆都提出了很高的要求。

4）宽量程：测量范围宽，整个测量范围达 11 个数量级以上，脉冲工作达 6 个数量级，电流工作范围达 8 个数量级。

5）使用环境恶劣：由于核探测器靠近反应堆压力容器，周围具有强辐射和较高的温度；而且信号传递路径长，周围环境复杂（需要引出堆坑，穿过安全壳）等特点。对于电缆提出了诸如耐高温、抗辐照、低噪音、抗干扰等特殊要求。

正如上所述核测量监测具有信号弱、测量量程范围大、使用环境恶劣、系统复杂等特点，所以，核测量系统运行是核电厂运行操作的一个关键内容，在运行中必须注意以下运行的基本要求：

1）严格按设计要求使用核测量监测系统，重视核测量系统的预防性维修工作。在纠正性维修时必须严格按维修管理程序进行，防止造成系统误动作或者拒动发生。

2）源量程、中间量程和功率量程运行切换要求。3个量程测量范围都需有重叠部分，以保证反应堆从源量程、中间量程一直升到功率量程运行时的检测和控制需要。为此，从反应堆启动，到反应堆额度功率运行的升功率阶段，每到相应量程测量范围重叠部分区间时，需及时稳定地切换到高一级量程测量，并及时关闭被切除的探测器高压电源，以防止超量程引起测量系统的放大器等电子线路因过流烧毁。如果源量程和中间量程探测器是移动式的，还要求把探测器移动离开测量位置，以减少中子照射，以延长探测器寿命。而从额定功率到停堆的降功率阶段，则需要每到相应量程测量范围重叠部分区间时，要及时切入低量程的探测器，以确保反应堆功率检测和控制的平稳过渡。为此，要及时把探测器放入测量孔道内就位并投入高压电源。此外，3个量程也都有各自好几个子量程，同样需根据堆功率水平随时跟踪切换，才能得到准备监测反应堆核功率水平。

3）系统应做定期测试和校准，以便能迅速发现故障。由于探测器内中子敏感物质与中子核反应的自然耗损，以及测量系统测量通道的漂移，核测量信号与热功率并非总是一一对应于某个固定的数值。随着耗损的增加，灵敏度减低，在同样中子注量率水平下，输出信号降低，因此，在必要时，需重新校准核测量信号与热功率信号的对应关系。当灵敏度降低到一定程度时，还必须更换探测器。而作为反应堆保护系统的测量部分，属于核安全级，也要求定期测试，以便及时发现异常或故障，排除反应堆拒动保护等故障。为此，通常每一次反应堆停闭时，允许进行可能的调整和检修。在系统测试和调整时，控制室内的报警应被隔离。如果是在线自检或检修，则必须按规定提出检修申请，并确保不影响系统的正常运行。

4）整定值的调整要求。对于设有功率保护定值需调节的功率保护系统，一般需根据运行工况的变化调整保护定值。升功率过程时，一般需把功率保护整定值先调到目标定值稍高一点，以防止升到目标功率水平附近时，功率波动引起不必要的紧急停堆保护。当达到目标功率水平值稳定后，再调整定值到规定的功率保护定值。反之，在降功率时，则降功率前不改变定值，降低到目标功率水平时，再调整定值到规定的功率保护定值。即使在稳定运行时，因信号漂移，有时也有必要对定值进行微调。但目前核电厂，为了减少人因差错，简化运行工况，一般只允许在几个功率水平下运行，所以基本在设计时就已经确定好相应工况下的整定值，而无须调整保护整定值。

复习思考题

1. 为什么中子注量率可以表示反应堆的核功率？
2. 说明气体中子探测器的工作原理及其与外加电源电压的关系。
3. 什么是中子探测器的坪特性？
4. 常用中子探测器有哪些？各有什么特点和应用范围？
5. 压水堆核电厂堆外核仪表系统一般结构是什么？
6. 核测量监测有什么特点？运行中需注意什么事项？

第五章　控制系统的基本知识

为了保证核电厂反应堆有一定的工作寿期，并能满足启动、停堆和功率变化的要求。堆芯首期、初期装料都需装比临界质量多的核燃料，使反应堆有一个适量的剩余反应性来维持核电厂换料周期正常运行的燃料需求。为了补偿这个剩余反应性，在堆芯内必须有一个适量的可调节的负反应性，此种受控的反应性既可用于补偿由于长期运行产生的燃耗、温度效应等反应性变化，也可用于补偿瞬间干扰的反应性变化，调节反应堆功率，还可以作为停堆手段。此外，为了把堆芯核裂变产生的核能转为热能带出堆外产生蒸汽去发电，也需要控制流体流速、温度等参数，使发电功率与核功率的匹配稳定运行，或根据需要变更运行工况等。因此，核电厂需要大量控制系统来实现对核电厂的有效控制，才能保证核电厂的安全运行。

所谓控制就是为了达到一定的目的，对生产过程的设备进行控制操作，使其满足生产过程要求。用人工来完成所需要的控制操作过程叫人工控制。如果根据人工控制的思想，由I&C 完成的这一操作过程则称为自动控制。而由自动控制装置（包括测量部件、控制器和执行机构等）和被控对象连接在一起就构成了自动控制系统。所以，自动控制是相对人工控制概念而言的。自动控制技术的研究有利于将人类从复杂、危险、繁琐的劳动环境中解放出来并大大提高控制效率。

图 5-0-1 给出了一般控制系统的构成。各单元是通过信号的传递相互连接起来的。

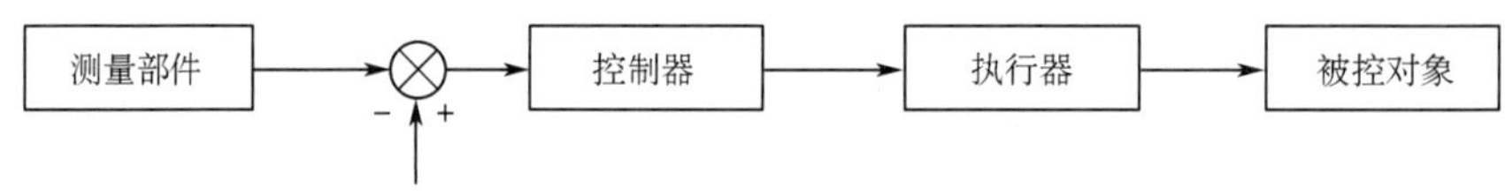

图 5-0-1　控制系统的一般结构

控制的一般程序是：控制的输入信号来自于仪表所监测的工艺过程的参数，或操纵人员的手动操作，输入信号经数据处理后，按照一定的控制逻辑给执行机构发出指令，使被控设备动作，同时显示和记录控制信息和执行机构的动作信息。

5.1　控制基本概念

控制的目的是维持被控对象某个称为“被控变量”的特征物理量尽可能地接近于称为“目标定值”的参考变量。对一个过程中的被控量的控制是通过控制元件（阀门、泵等）来实现的。

过程是指系统的一部分，且它的某个或几个特征物理变量是必须加以控制的，如：

1）核反应堆核功率必须被控制；

2）一回路冷却剂流量必须被控制；

3）蒸汽发生器水位、压力必须被控制。

控制必须连续地补偿控制变量因干扰或过程负荷变化而引起的一切改变。如图 5-1-1 所示为液位控制过程，反映了一个容器水位控制系统的基本组成。液位传感器以过程输出的方式检测出被控量液位的变化，并将该变化输送到控制单元。这个被传送的信号称为“测量值”。“比较器”连续地检测“测量值”与“整定值”之间的“偏差”信号。“控制器”将这个偏差信号转化成一个“控制信号”，去控制调节单元（阀门），从而修正控制变量，这样就形成了一个“控制回路”。我们称之为“闭环回路”或“自动”控制。

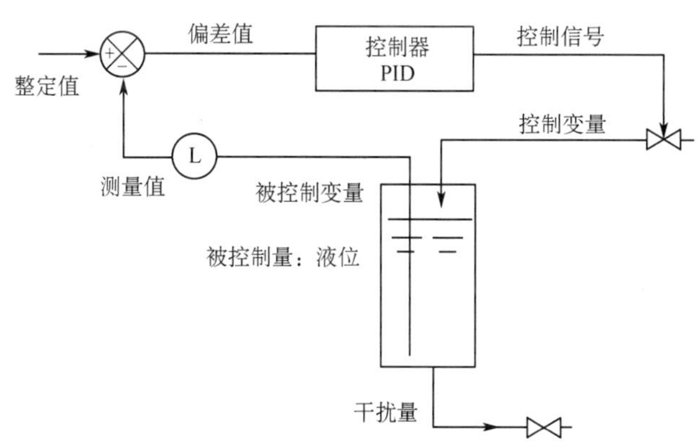

图 5-1-1　容器液位过程简化控制回路示意图

如果用一个操纵员代替控制系统并操作控制单元，则该控制称为“手动”或“开环”控制。如操纵员根据容器液位测量值来调整进口阀门开度即为开环控制。

图 5-1-1 的控制回路示意图基本反映了核电厂控制系统基本原理和概念，为了便于理解有关控制的基本思想、理论基础，进一步掌握控制系统的组成、作用及功能等，以便更好地理解控制原理和概念，在下文首先集中简要说明了控制相关的基本术语，了解一下关于控制的基本概念。

1）控制系统：所谓系统是指相互联系又相互作用的对象的有机组合。自动控制中的系统，则是一些部件的组合，这些部件组合在一起，完成一定的任务。控制系统包括了测量部件、控制器和控制对象等。

2）控制对象：被控制的设备或生产过程为控制对象或被控制过程。在核电厂功率控制系统中的控制对象是反应堆装置。

3）比较器：连续地比较控制量的测量值与给定值之间的偏差，并将偏差信号送往控制器。

4）被控制量：被控制量也称为被调量，为控制对象的输出量。表征生产过程是否符合规定工况的物理量，例如反应堆的功率，稳压器的水位、压力等。

5）给定值：希望被控制量应该具有的量值称为给定值或目标值。给定值可以是常量也可是随时间任意变化的量。

6）控制量：由控制作用加以改变，使被控制量跟踪给定值的物理量称为控制量。例如反应堆功率控制中的反应性就是控制量。

7）扰动：扰动是一种与控制作用相反，影响系统输出的信号。如果扰动产生在系统的内部，称为内扰；扰动产生在系统的外部，则称为外扰。外扰可看作是系统的输入量。

8）控制器（调节器）：能按预期要求产生控制信号以改变控制量的设备或装置称为控制器。

9）偏差量（信号）：被控制量的测量值减去给定值的差，此差大于零，说明被控制量已经大于目标值，需通过控制调节使被控制量减小，相反则需增大被控制量。

10）反馈：反馈是指系统的输出量全部或部分回送到输入端，与输入量共同影响系统的输出。

11）反馈控制：反馈控制是这样一种控制过程，它能在有扰动的情况下，力图减小系统输出量与给定值之间的偏差，而且其工作也正是基于这一偏差基础之上的。在这里，反馈控制仅仅是对无法预计的扰动而设计的，因为对于可以控制的或者是已知的扰动来说，总是可以在系统中加以校正的，因而对于它们的测量是完全不必要的。

5.2 控制系统的性能要求

5.2.1 控制系统分类

控制系统分类的原则有不少，种类也很多，从控制系统结构看，一般有如连续控制系统、采样控制系统、线性控制系统、非线性控制系统、有无反馈控制系统、闭环控制系统、开环控制系统、程序控制系统、过程控制系统、最优控制系统、自适应控制系统、自学习控制系统等不一而足。

（1）恒值调节系统

这类系统的任务是维持被控制量等于一个给定的常值。如反应堆功率调节系统，在功率稳定运行维持在某一定值功率下运行时，调节系统必须在各种反应性干扰下使控制功率稳定在给定功率水平上。该类系统需要克服的是各种能使被控制量偏离给定值的扰动。控制的作用就是在有扰动输入时，尽快使被控制量恢复到等于给定值。

（2）随动系统

随动系统的给定值是一个不能预知的随时间变化的量，系统的任务是保证控制量以一定的精度跟随输入量的变化而变化。例如，核电厂采用“机跟堆”功率调节模式时，常规岛汽轮机放电功率必须跟随核岛核功率水平的变化，保证把堆内产生的热功率带出堆芯并产生蒸汽去发电。还有导弹飞行控制系统也是随动系统，由于敌机等移动目标的方位、高度是时刻变化，也是不能预知的，因此导弹飞行控制系统就必须跟随敌机等移动目标等变化才能达到攻击目的。这类系统需要克服的主要困难是被控制对象本身的惰性。

（3）程序控制系统

这类系统的输入量是一个已知的时间函数。如各种工序自动控制系统，就是一种典型的程序控制系统，系统根据已经明确的工序来维持工序的控制。在核电厂中，泄压阀组和安全阀组启跳和回座控制、高低压安全注入系统的安全注入控制，也都是根据压力变化按设计好的压力启动整定值确定的动作程序进行控制。系统的任务是使输出量以一定的精度跟随输入量的变化而变化。

（4）过程控制系统

当控制系统的输出量是温度、压力、流量、液位或 pH 等一些变量时，则称为过程控制系统。

（5）闭环控制系统

这是一种有反馈控制系统，系统输出的被控制量和输入端之间存在着反馈通道，闭环控制系统具有自动修正被控制量偏差的能力。如图 5-2-1。反馈控制系统是一种能对输出量与参考输入量进行比较，并力图保持两者之间既定关系的系统，它利用输出量与参考输入量的偏差进行控制。

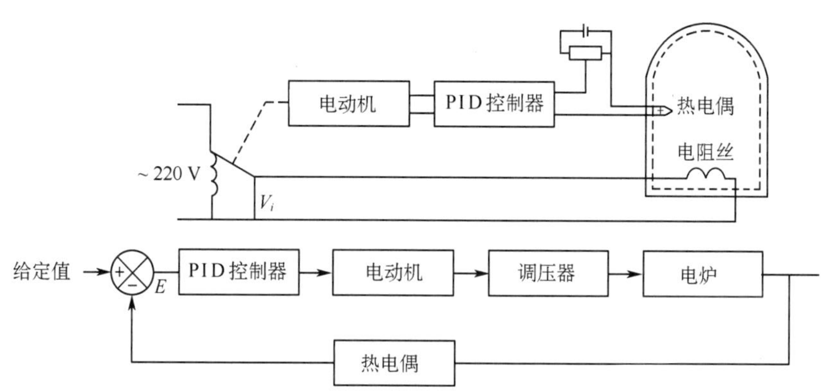

图 5-2-1　闭环控制系统示意图

（6）开环控制系统

这是一种无反馈控制系统，系统输出的被控制量和输入端之间没有反馈通道，控制器的输出不反馈作用于输入。如图 5-2-2 所示。

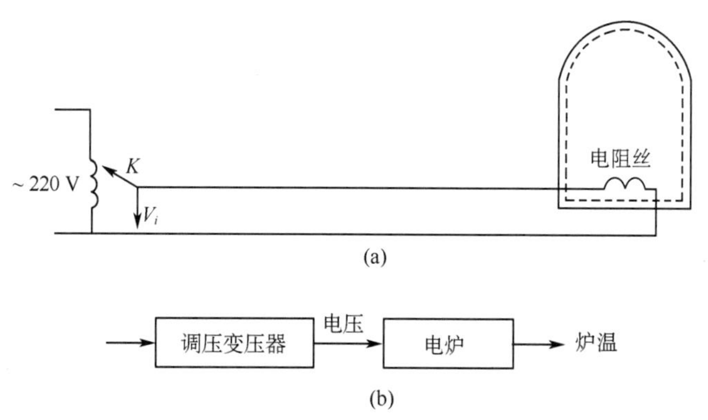

图 5-2-2　开环控制系统示意图

（7）最优控制

这种控制的特点是根据每一时刻系统中的各有关变量自动形成复杂的反馈信号和控制

作用，使控制过程的某种性能指标(称为目标函数)达到最优(即目标函数取最大或最小值)。

(8) 自适应控制

当系统的参数和环境变化显著时，只有采用具有一定适用能力的系统，进行自适应控制，才能满足工作要求。所谓适用能力，就是系统本身能够随着环境条件或结构参数的不可预知的变化，能自行调整或修改系统参数，从而保持系统具有良好的控制特性。

(9) 自学习控制

这种控制系统具有辨识、判断、积累经验和学习的功能。在控制系统的特性事先不能确切知道或不能确切地描述时，采用自学习控制可以在工作中不断地测量，估计系统的特性，并决定最优控制方案，这种具有学习能力的控制方式称为自学习控制。

如果从人机接口和控制信号看，其控制方式可分为以下几类：

1) 手动控制：被控制量在运行中经常受到许多因素的影响而偏离所要求的值，因此运行人员就要根据测量信息随时加以修正被控制量的偏差，此即手动控制也称为人工控制。

2) 自动控制：采用机械或电气等装置来代替人的控制，就是自动控制。自动控制中是由控制装置自动实现对被控制量偏差的修正。

3) 远距操作：远距操作也称远动。它是利用控制器件对远离控制室的设备进行操作的过程，如气动阀和电动阀的开、关操作，对泵、风机的启停操作等。控制各项操作的指挥信号通常是集中到一个控制台上。

自动控制和远距操作是实现生产过程自动化的后备手段。当自动控制系统发生故障时，仍可由操作人员在控制室进行远距离操作，保证生产过程的继续进行。

4) 就地操作：就地操作也称现场操作，是由人直接操作控制设备的操作形式。

5) 开关量控制：开关量控制是指被控设备只有两个状态，即开或关。

核电厂中有很多设备是开关量控制，例如断路器的通或断，截止阀的开或关等。对每个执行机构的控制是在一定条件下实施的。根据运行要求，某些设备的控制是自动实现的，如保护系统控制的停堆断路器；有些设备可以手动实现关/开控制。

6) 模拟量控制：模拟量控制是指对相应的执行机构的运动过程加以控制，使被控制量接近所要求的定值。模拟量控制采用的是连续变化的信号，例如：在 0～5 V 间变化的电压信号或在 4～20 mA 间变化的电流信号。

5.2.2 控制系统的动态过程

对于图 5-1-1 液位自动控制系统，可简化成图 5-2-3(a)框图。如果改变整定值而到某一新液位水平、或者出口排水阀门开度发生改变，此液位自动控制系统将如何响应，才能自动稳定在给定的整定值的液位水平，现简要分析如下。

假设此系统在没有外部信号作用时，系统处于平衡状态，它的输出保持原来的状态，水位稳定在整定值给定的水位。当系统受到外部信号作用时，如改变整定值 $x(t)$，干扰阀门开度 $n(t)$变化等，其输出量控制变量 $y(t)$要发生变化。因为系统中总是包含有惯性环节或贮能元件，所以输出的变化不可能立即发生，而是有一个阻尼的过渡过程，常把这种过程称为动态过程，也叫做控制系统的时间响应。这种系统在输入信号作用下，从初始状态到最终状态的响应过程称为瞬态响应。随着时间的推移，其响应最后将又处于某种状态下。这种系统在输入信号作用下，当时间趋于无穷大时，系统的输出状态称为稳态响应。对于此液位自动控制系统，当分别给系统外加一个单位阶跃式的给定输入 $x(t)$ 和扰动输入 $n(t)$ 时，系统输出 $y(t)$ 的动态过程，通常情况如图 5-2-3(b)、(c)所示。但响应曲线具体情况则根据控制系统的不同而有所差别，如有的是阶跃响应，是一个逼近过程，但这也是图 5-2-3(b)的一种特殊响应情况而已。

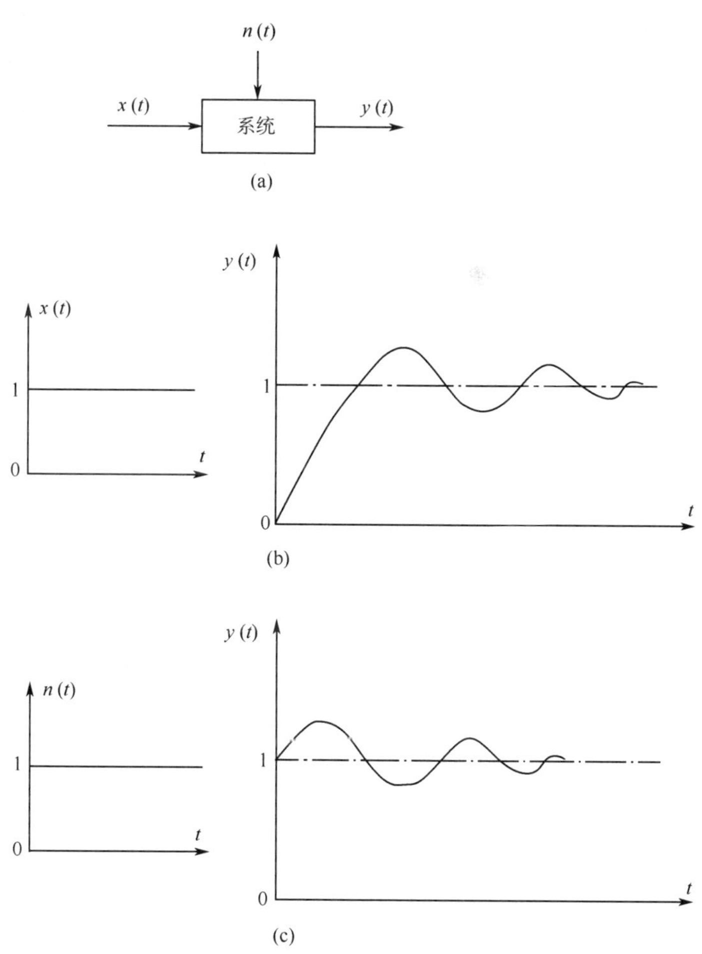

图 5-2-3　单位阶跃作用下控制系统动态过程曲线

(a) 框图；(b) 阶跃输入响应；(c) 干扰响应

瞬态响应过程性能的优劣是衡量控制系统质量好坏的重要标志。首先，系统必须是稳定的，具有稳定性，即当系统受到外部作用时，它的输出量的振荡是随着时间的推移而衰减并趋于某一稳定值。如图 5-2-3 示意图所示的曲线趋于一个稳定值，说明系统是稳定的。不稳定系统的输出量将随时间的增长而增大，或表现为等幅振荡，这种系统是不能正常工作的。所以，系统具有稳定性是决定控制系统可用的决定性前提条件。

其次，在满足稳定的前提下，还要求系统的动态过程应有较好的快速性和适当的衰减振荡特性，即动态指标。

再次，当控制系统的动态过程结束后，要求输出量最终应在一定的偏差范围内趋近给定值，即稳态误差应满足精度的要求。

5.2.3 控制系统性能指标

控制系统性能指标，既有控制系统本身特有的技术性能指标，也有其他如经济性、可靠性、可维修性、可操作性等通用技术性能指标。下文简要介绍控制系统本身特有的技术性能指标。

控制系统对输入信号的响应，不仅取决于系统本身的特性，也和输入信号有关。所以在评价系统的性能时，也应明确输入什么信号。为了便于分析，通常采用单位阶跃信号作为控制系统的输入来研究系统的特性，并假定输入为零时，系统的输出也为零，由此来评价系统性能指标。图 5-2-4 表示系统对单位阶跃信号的输出响应过程曲线。

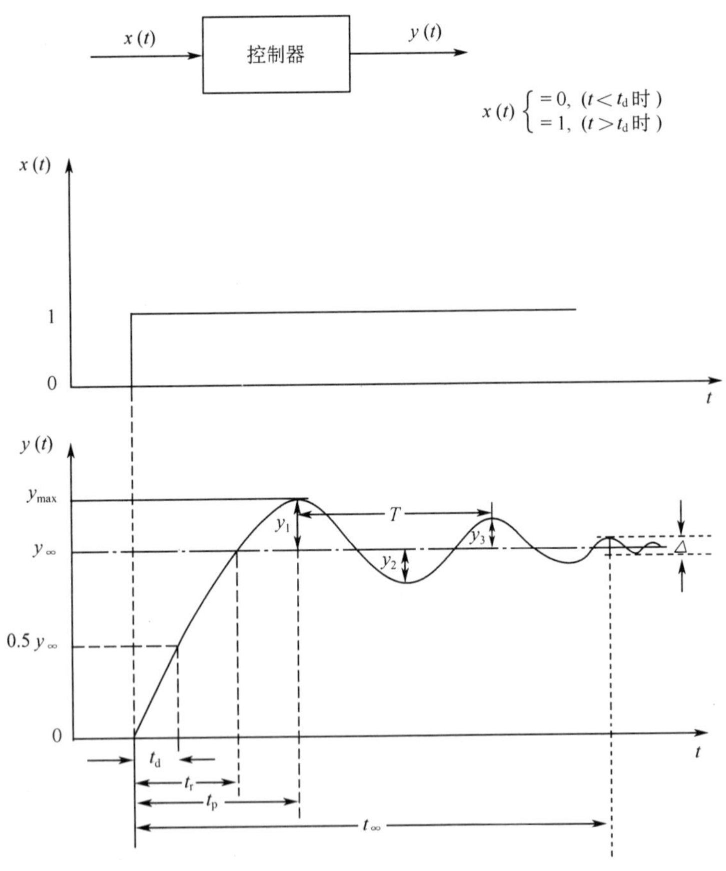

图 5-2-4 控制系统对单位阶跃信号的输出响应曲线

为了说明控制系统在单位阶跃信号下的动态过程，常用下列参数来描述控制系统的性能指标，这些指标如图 5-2-4 所示。

(1) 稳定性指标

稳定性指标是决定一个调节系统能否稳定调节而可实际应用的首要条件。评定稳定性的品质指标是衰减率或衰减比。

1）衰减率：每经过一个周期被调量波动幅度的百分数称为衰减率，用 ϕ 表示。根据图 5-2-4 可写出 ϕ 的表达式：

$$\phi = \frac{y_1 - y_3}{y_1} = 1 - \frac{y_3}{y_1}$$

式中：y_1——第一个波峰的幅值；

y_3——第三个波峰的幅值。

2）衰减比：前后两个相邻同方向波幅的比称为衰减比，用 K 表示：

$$K = \frac{y_1}{y_3}$$

根据 ϕ 与 K 的数值，可以判别调节系统的稳定性：

① 当 $\phi<0(K<1)$，则调节过程是发散的，不稳定；

② 当 $\phi=0(K=1)$，则调节过程是等幅振荡的，处临界状态；

③ 当 $0<\phi<1(1<K<\infty)$，则调节过程是衰减振荡的，趋于稳定；

④ 当 $\phi=1(K=\infty)$，则调节过程是非周期的，趋于稳定过程，但趋于稳定的时间较长。

可见，只要 $\phi>0(K>1)$，则调节系统就是稳定的，但并不是越大越好。对 $\phi=1(K=\infty)$ 的非周期过程，持续时间长，动态偏差也大，虽然是稳定的，但并不是所希望的。一般取 $\phi=0.75\sim0.9$，取 $K=4\sim10$，便可以达到满意的效果。

（2）准确性指标

1）动态偏差：最大偏差是整个调节过程中被调量偏离给定值的最大值。在图 5-2-4 中，被调量第一波峰的高度 y_1 就是调节过程中的最大偏差。一般用超调量 M 来表示被调量的最大偏差，M 等于被调量相对于稳态值的最大偏差与稳态值的百分比，即：

$$M = \frac{y_{max} - y_{\infty}}{y_{\infty}} \times 100\%$$

2）静态偏差（稳态偏差）：静态偏差又叫静差，它是指调节过程结束以后，被调量与给定值的偏差。静差 Δ 的最小范围是调节系统的死区。静差一般也作为控制系统自动调节精度指标而被称为允许误差，所以静差越小越好，但静差太小可能会影响调节系统的稳定性，并导致调节系统执行机构频繁动作而影响寿命。所以，允许误差一般在 2%～5%范围，而且调节系统一般都设有满足允许误差的死区，在偏差小于死区时，调节系统输出零信号，使执行机构停止运动。

（3）瞬态响应指标

1）过渡时间 t_{∞}：过渡时间 t_{∞} 是指从扰动发生起到被调量又重新趋于稳定、建立新的平衡状态为止所经过的时间。但是，实际上被调量达到稳定时间很长，不易确认。所以，一般被调量进入允许的静态范围或死区（一般取±5%或±2%）并不再越出这一允许范围，即认为过渡过程结束。图 5-2-4 中，对于允许误差 Δ，t_{∞} 即为过渡时间（过渡时间有时也用 t_s 表示）。一般的说，过渡时间越小越好，这样才能保证下次扰动到来时，上次扰动引起的调节过程已经结束，有利于提高调节系统的响应扰动的速度及能力。

2）振荡周期或频率：振荡周期是指过渡曲线上两个同向波峰之间的时间，其倒数为振荡频率。图 5-2-4 中的 T 即为振荡周期。在保证一定衰减率的条件下，一般希望周期越短越好。周期短就意味着过渡时间短，快速性好。

因为振荡周期在过渡时间 t_{∞} 内是一个变化的量，所以，在实际应用过程中，常用振荡次数来判断。振荡次数是指响应曲线在过渡时间 t_{∞} 之前，在稳定值上下振荡的次数。如图 5-2-4所示的曲线，其振荡次数为 2 次。

3）延迟时间（t_d）：延迟时间是指响应曲线第一次达到稳态值的 50%所需要的时间，记为 t_d。

4）上升时间（t_r）：上升时间是指响应曲线首次达到稳定值所需要的时间，记为 t_r。但考虑到实际情况，比较难以把握扰动启动时刻，而且稳定值无法准确确定，所以，工程上也可规定为响应曲线首次从稳态值的 10%过渡到 90%所需要的时间。

5）峰值时间（t_p）：峰值时间是指响应曲线第一次达到峰值点的时间，记为 t_p。

5.3 控制系统基本组成

从图 5-1-1 典型例子，可以归纳出如图 5-3-1 所示的一个完整控制系统通道，通常包括测量部件、定值器、比较器、控制器、执行机构和被控对象。但从控制系统设备角度看，控制系统一般不包括被控制对象，但在进行控制系统设计、分析研究时，必须考虑被控对象的控制特性，构成一个完整的控制系统，这样才能设计出合格的控制系统。

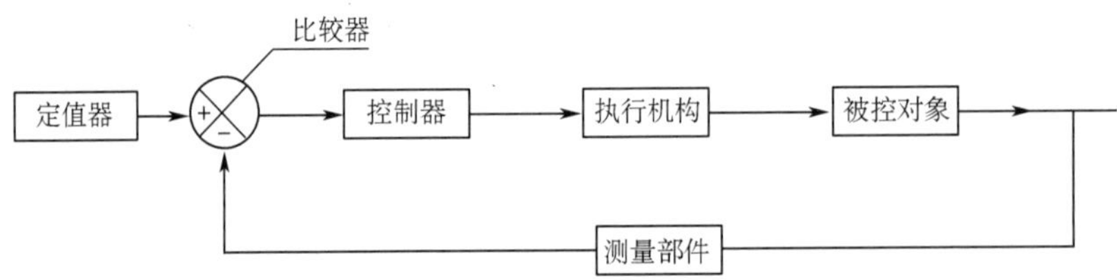

图 5-3-1 控制系统基本组成示意图

测量部件用以感知控制系统所需的被控对象特征信息，为控制系统逻辑比较与控制运算提供信息，测量部件的作用相当于人的感觉器官。

定值器则用以给出被控制对象在特定工艺过程中的控制目标，一般是某个或数个控制参数的目标值，目标值可以是固定的某一个值，也可以是跟随某个目标或按某种规律的变化目标值。

比较器用以比较测量部件反馈的被控对象的被控变量与定值器给出目标值的符合程度，给出偏差量信号送控制器，此信号是控制器决定控制输出的依据。

控制器是控制系统的核心部件，承担控制运算功能，它接受比较器输出的代表被控对象符合目标程度的偏差信号，并按既定的控制算法进行控制运算后给出控制指令，送执行机构执行控制目的。控制器的作用相当于人的大脑，是决定控制系统性能的关键部件。

执行机构的作用相当于人的四肢，用以执行控制器输出的控制指令，以改变被控对象使其被控变量符合控制目标。由于采用何种执行机构，主要取决于被控对象的工艺要求，所以执行机构单独在 5.4 节说明。

如图 5-3-1 按箭头通过各个控制部件形成了控制通道，“控制通道”是指一个完整的电子控制系统，包括几个连接成串的模块，对于 PID 控制器，一般有以下主要模块：

① 加法比较器；

② 比例控制器 P；

③ 积分控制器 I；

④ 微分控制器 D；

⑤ 函数发生器；

⑥ 电压阈值继电器；

⑦ 大、小值选择器；

⑧ 乘/除法器；

⑨ 其他模块。

这些模块插入控制柜中，组成一个完整的控制系统。

5.3.1　定值器

如上所述，定值器是用以给出被控制对象在特定工艺过程中的控制目标。大部分控制系统的控制目标，一般只有 1 个控制目标，而且为某一固定值，当然此值可以由人来设定。而由于控制信号也都采用标准化信号，所以一般采用 1～5 V 来表示 0 到满量程值，因此定值器一般比较简单，如采用滑动变阻器就可以用作定值器。

当然，也有一些较复杂的定值器，如具有量程变换，或者具有一定控制规律的函数发生器等。

5.3.2　比较器

如图 5-3-2 的比较器，用来比较测量信号和整定值信号而产生“偏差”信号，并将它传送到控制器。它也决定控制器的方向：

① 负反馈：当测量值增加时，输出减少，这将导致控制器输出指令，抑制被控对象测量值的增长；

② 正反馈：当测量值增加时，输出增加，这将导致控制器输出指令，进一步增加被控对象测量值的增长。

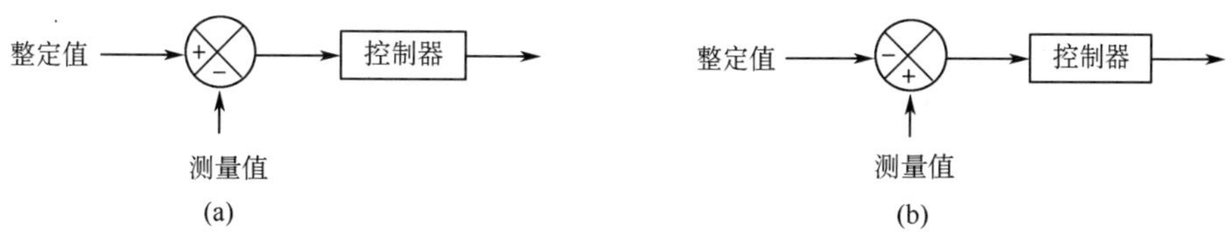

图 5-3-2　比较器示意图

(a) 负反馈；(b) 正反馈

5.3.3　控制器

控制器接收比较器输出偏差信号，通过设计好的控制算法进行控制计算，并把计算结果转化成一个控制指令信号给控制机构或其他控制器（串级控制）。不同的控制系统，就有不同的控制算法，哪怕相似的被控对象和相同的控制部件，有时也因系统的一些细微差别，而导致控制算法也需有相应的变化。所以，控制器是控制系统的核心部件，而控制算法则是控制系统的关键，好的控制算法，可以保证控制系统的性能要求，否则控制系统性能无法保证，甚至会导致系统无法使用。

控制器的输出信号与输入信号之间随时间变化的规律称为控制器的控制规律。通常是在阶跃或斜坡输入信号的作用下，来研究控制器的输出信号随时间变化的规律。

若以 S 表示控制器的输出变化量，E 表示输入的偏差信号，则控制器的控制规律可表示为如下 f 算法的函数关系：

$$S = f(E)$$

随着自动控制技术的发展，控制算法也得到了很大发展，借助计算机技术，目前控制算法逐步智能化。但本文将只介绍包括核工业在内的各行业广泛应用的比例-积分-微分(PID)控制算法，因为，即使采用计算机数字化控制，也多有采用 PID 算法来设计控制器。

控制器运算部分通常以反馈或串接的组合方式来实现 PID 运算功能。PID 控制具有以下优点：

1）原理简单，使用方便；

2）适应性强，可以广泛应用于化工、热工、冶金、炼油以及造纸、建材等各种生产部门。目前最新式的过程控制计算机，其基本的控制功能也仍然是 PID 控制；

3）鲁棒性强，即其控制品质对被控制对象特性的变化不大敏感。

由于具有这些优点，在过程控制中，人们首先想到的总是 PID 控制。一个大型的现代化生产装置的控制回路可能多达一二百甚至更多，其中绝大部分都采用 PID 控制。例外的情况有两种：一种是被控对象易于控制而控制要求又不高的，可以采用更简单的开关控制方式；另一种是被控对象特别难以控制而控制要求又特别高的情况，这时如果 PID 控制难以达到生产要求就要考虑用更先进的控制方法。

控制器的控制规律表征的是控制器的动态特性。工业过程自动控制系统中应用的控制器，就其动态特性而言多是比例(P)、积分(I)和微积分(D)这三种基本控制作用的组合。

每个 PID 控制器一般包括下述一个或几个单元，但需要注意的是 I、D 算法不能独立于 P 算法存在。

(1) 比例单元(P)

如图 5-3-3 所示，输出信号正比于偏差信号，即满足下述关系式：

$$S = K_p \cdot E + S_0$$

式中：S_0——一个可变常数，通常设定在输出信号的 50%，以便于保证输出信号大于零，便

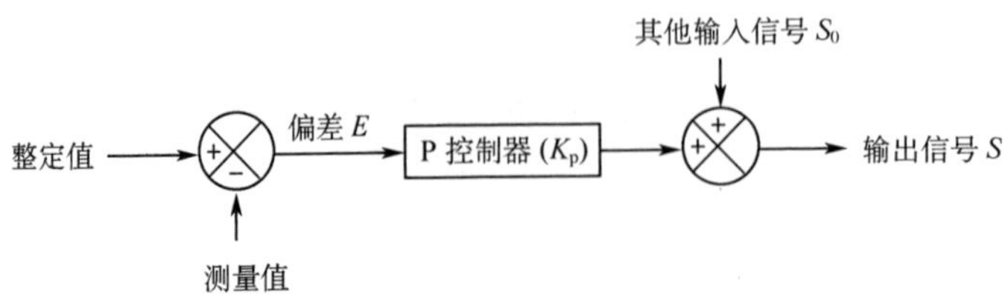

图 5-3-3　比例控制器简单框图

于电路设计；

K_p——P 控制器的比例系数。

1) K_p的整定：由上式可见，P 控制器比例系数 K_p是需要在设计或调试时确定好，一般为常数，否则其输出信号 S 将发生改变。但 K_p常数的选择，则影响到控制系统的性能指标，甚至影响到系统是否能稳定，因此需要确定此 K_p的取值范围，并确定其值，这就是 K_p的整定。

2) 特点：比例作用快捷，偏差的变化立即反映在指令信号上。然而，它是不精确的，它不能使测量值完全等于整定值，也就是说不能消除稳态误差。当增大 K_p数值时，控制器作用增强，反应灵敏迅速，改善系统的快速性，同时可以降低系统的稳态误差，但是随着 K_p数值的增大，系统将因过于灵敏而容易造成被控对象波动较大，使系统的稳定性变差，当系数大到一定程度时系统会不稳定的。

(2) 积分单元(I)

如图 5-3-4 所示，输出信号正比于偏差信号的积分，关系式如下：

$$S = K_i \int_{t_2}^{t_1} E \mathrm{d}t$$

式中：K_i——积分强度系数；

t_1时刻和 t_2时刻之间 E 的积分——面积 S。

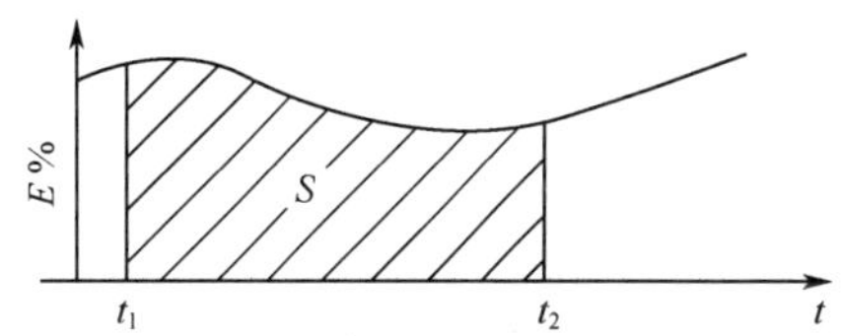

图 5-3-4　积分作用示意图

1) 积分强度系数 K_i物理意义

积分强度系数 K_i表示为在单位时间由输出重复输入(偏差)的次数，其单位可用频率单位 Hz 表示，但通常表示为每分钟重复次数(r/min)。积分强度系数 K_i的整定也可由积分时间 T_i来表示。如果 T_i单位为 s，K_i单位为 Hz，则它们关系是互为倒数，但 K_i单位为 r/min 时，则其关系如下：

$$T_i = 60/K_i$$

积分时间 T_i是 PI 调解器在响应阶跃输入时由积分环节所得到的输出部分的变化量等于输入的变化量所需的时间，如图 5-3-5 所示。

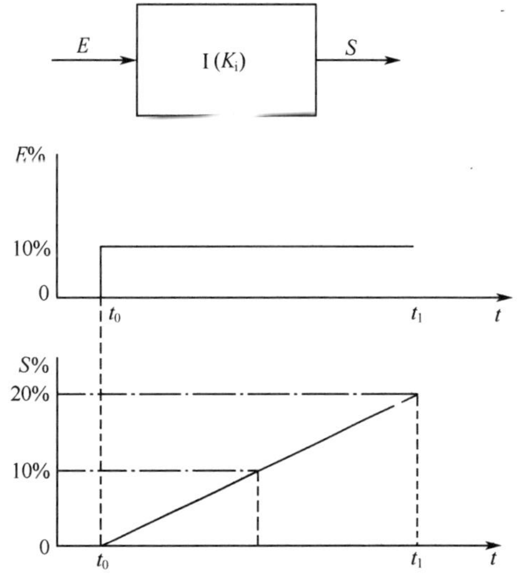

图 5-3-5　积分时间 T_i的示意图

2) 积分单元特点：积分作用是用以提高控制系统的精确度，如果有足够时间控制可实现测量值完全等于控制目标定值。但是，积分控制环节会使系统反应慢，且当 K_i太小(或者积分时间 T_i太长)时可引起控制系统不稳定。

(3) 微分单元(D)

如图 5-3-6 所示，微分输出信号正比于输入信号的微分，即输入信号随时间变化速度，具有如下关系式来定义：

$$S = T_d(dE/dt)$$

如果信号在 P 点的微分由其斜率 $\tan\alpha = dE/dt$ 来表示，则有：

$$S = T_d\tan\alpha$$

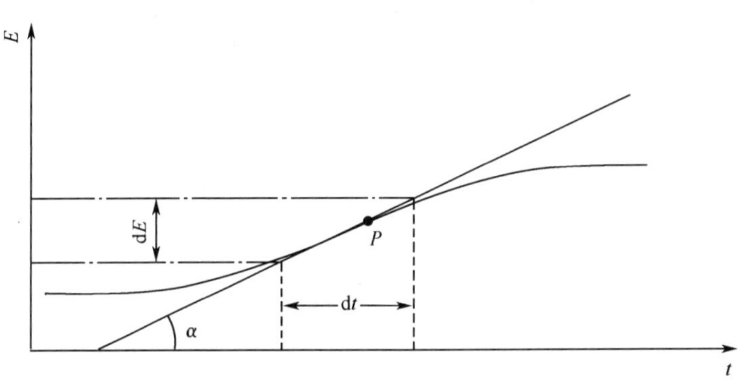

图 5-3-6 微分示意图

1）物理意义：由定义式可知，微分时间常数 T_d 是 PD 调解器在响应斜坡输入时，由微分环节所得到的输出部分的变化量等于输入的变化量所需的时间。因此，改变微分时间常数 T_d，可调整微分器的输出。

2）特点：在 PD 调节器中，引入了微分作用，产生与偏差变化速度成正比例的控制信号，能在偏差信号值变得很大之前产生一个修正量，以便于抑制偏差的进一步增大。可见，微分作用是通过对测量值变化的速度响应，微分环节会比比例控制环节提前做出反应，可避免比例控制需要偏差大到一定程度才能响应的，并能抑制偏差增大太多，所以它响应更快，且稳定。

但因测量信号等容易受干扰信号干扰而引起偏差信号的变化而导致微分环节输出假控制指令。当信号输入到微分模块时，它有时会因干扰信号（例：50 Hz，来自传感器的振动信号）而改变形状。这些不希望的信号由微分器放大而影响控制。所以，微分环节的控制，一般需注意对工频信号干扰的输入滤波问题。由于干扰信号的频率比正常指令信号的频率高得多，故它们容易被过滤。为此选择最可能短的时间常数使输出信号的扰动减到足够小。

同时，还需考虑微分采用偏差的微分或测量值的微分方式的差别问题。这是因为如果定值是可调的（允许操纵员来调整定值），则在调定值时，偏差信号必然会较大变化而输出不稳定的控制信号。所以，如果控制的定值是不变的，则两种方法都可采用。但如果定值是可调的，则微分器必须作用于测量值线路上，采用测量值的微分方式。

（4）PID 控制器的构成

每个 PID 控制器，随时代的发展经历了三个不同时代的部件来实现：

1）用各控制部件模块组成，用户能够在接线时决定其结构，这种方式已经开始逐步被淘汰；

2）由一个集成模块组成，结构已由厂家固定，用户只能通过厂家设定的控制参数进行整定来配置系统，这种方式目前正广泛应用；

3）数字化 PID 控制器，利用数字化技术，通过软件程序计算来实现 PID 控制计算，这种方式随着监控系统数字化技术的应用，正逐步得到推广应用。

但不管采用何种部件来实现，PID 都同样有很多实现方法，形成如图 5-3-7 所示的三种 PID 典型结构。控制器的行为（其传递函数）依赖于 PID 作用的整定及它们的组成方式。

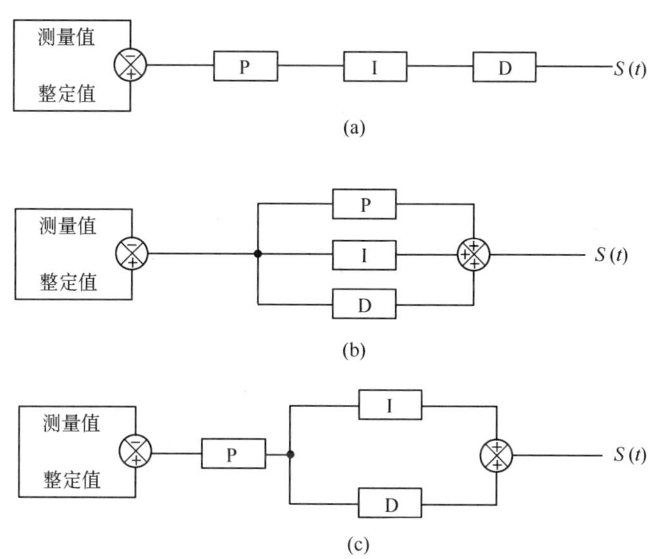

图 5-3-7　PID 的基本结构

（a）串联；（b）并联；（c）混合连接

5.3.4　控制通道的类型

依据过程的规模及类型，控制通道的组成有不同的形式，有闭环通道、开环通道、跟踪通道及辅助通道。下面叙述常用的类型。

（1）闭环通道（反馈控制）

这是一种最常用的通道，其主要特点就是被控变量需被监测并反馈给控制器，并随时与目标整定值进行比较控制，来实现对被控对象的控制作用。图 5-2-1 表示其基本结构。

闭环控制的特点是：

1）精确度较好：如果控制器包括积分作用，则精确度非常好，因为测量值永远是与定值进行比较的，只要有偏差，积分器就有输出控制信号来修正被控对象的偏差；

2）响应较慢：一个干扰只有经过整个工艺过程，控制通道才会响应，对于有大的惯性环节的控制过程则需要很长的响应时间，对于被控对象有很大惯性时，则可能难以控制；

3）不稳定性：如整定不正确，控制器与过程耦合可产生振荡；

4）控制参数的整定：控制参数的整定，不仅要考虑外界的干扰因素，还要考虑被控对象的惯性环节等控制特性。

（2）开环通道（前馈控制）

干扰变量作用于控制变量，被控变量不反馈给控制器，其结构如图 5-2-2 所示。

开环控制的特点是：

1）响应较快：反应非常快，因为干扰变量的任何变化立即影响到控制变量而无需等待被控变量的变化，这样可避免被控对象过程惯性影响；

2）精确度较差：被控变量不与定值进行比较，无法判断被控变量是否达到控制目标，只能有操作人员来判断；

3）稳定性：干扰变量和控制变量不可能出现耦合；

4）控制参数的整定：控制器的整定必须以干扰变量对控制量的影响为依据，这可使被控量的偏离尽可能的小。

（3）跟踪通道

这是一个快速的闭环回路，跟踪通道的被控制量是系统的控制量，即控制量被反馈到跟踪通道，配合主通道，以改善主通道的控制特性。所以，一个跟踪通道必须与主通道配合使用（串级控制）。其特点是：

1）快速性：它改进了主通道的快速性；

2）精确性：它通过使执行机构静态特性线性化来增加主控制通道的精确性；

3）不稳定性：由于用闭环回路，不控制参数整定不正确可引起振荡；

4）控制参数的整定：类似闭环控制回路。

（4）辅助通道

大多数过程要求有效的控制系统，一般不仅仅只用一个监测参数来控制，通常还需要其他相关参数来进行控制，形成辅助控制通道，以提高控制品质。这种通过辅以各种类型的通道，可利用它们的优点而使其缺点尽量减小。

5.4 执行机构

执行机构是控制系统中的用以执行控制指令的终端控制元件。它接受来自调节单元的控制信号，通过调节执行机构按规定指令动作来影响被控过程状况的变量而达到调节和操纵目的。它是自动控制系统中必不可少的重要组成部分。

为适应工业过程自动控制的不同需要，有各种结构类型的执行器。根据所用能源的形式，可将执行器分为气动、电动和液动三大类型。

（1）气动执行器

气动执行器（习惯上指气动调节阀）是以压缩空气为能源的执行器，它的主要特点是：结构简单、动作可靠、性能稳定、故障率低、价格便宜、维修方便、本质防爆、容易做成大功率等。它不仅能与气动调节仪表配套使用，而且通过电-气转换器或电-气阀门定位器，还能与电动仪表或控制计算机配套使用。与电动执行器相比，它的性能优越很多，因此，被广泛应用于化工、石油、冶金、电力及纺织等行业。在核工业领域，气动执行机构常常作为快速隔离阀、排放阀或安全阀等需快速动作的驱动机构。

（2）电动执行器

电动执行器是以电为动力，其主要特点是：由于工作能源取用方便，不需增添专门设备；信号传输速度快，传输距离远，便于集中控制；停电时电动执行器保持原位不动，不影响设备的安全；灵敏度和精度均较高；与电动调节仪表配合方便，安装接线简单。缺点是：体积较大，价格较高，结构比较复杂，维修不方便，平均故障率比气动执行器高，且防爆性能不如气动执行器，适用于防爆要求不高的场合。

(3) 液动执行器

液动执行器是把来自控制器的电信号转换成液压信号，由液压信号驱动执行器。电厂中的汽轮机调节系统多是液动执行机构。

无论是气动、液动还是电动执行器，均由执行机构和调节机构两部分组成。各类执行器的调节机构大体相同，主要是执行机构有所不同。执行机构是执行器的推动装置，它根据控制信号的大小产生相应的推动力，推动调节机构动作。调节机构是执行器的调节部分，它直接与被调介质接触。

为保证执行器的工作可靠性，提高调节质量，执行器有时还须配备一定的辅助装置。常用的辅助装置有阀门定位器、手轮机构等。阀门定位器可使执行器按照调节器发出的控制信号准确地完成规定的调节动作，以提高控制精度。当遇到停电、停气、调节器无输出或执行机构出现故障时，可使用手轮机构直接操纵调节机构，以维持生产正常进行。

此外，利用电-气转换器或电-气阀门定位器，还可将电信号转换成标准气压信号，这样，即使是采用电动调节器的场合，仍可与气动执行器配套使用，只需在调节器与执行器之间接入电-气转换器或电-气阀门定位器即可。

5.4.1　气动执行机构

气动执行机构是以压缩空气为动力的推动装置。它有多种结构形式，每种形式都有各自的特点，供不同条件下使用。但其基本结构有气动薄膜式和活塞式两种。输出推杆位移为直线方式，如果通过曲线柄等杠杆机构，则可转换成角位移形式。核电厂气动执行机构常被用于需快速动作的隔离阀或安全阀驱动装置。

(1) 气动薄膜执行机构

薄膜执行机构是一种常用的气动执行机构。它的结构简单、动作可靠、维护方便、价格便宜，因而得到广泛应用，其结构与动作原理如图 5-4-1 所示。它由上下膜盖、波纹膜片、推杆、弹簧及标尺等组成。根据输出推杆移动方向分为正作用和反作用两种。输出推杆向下

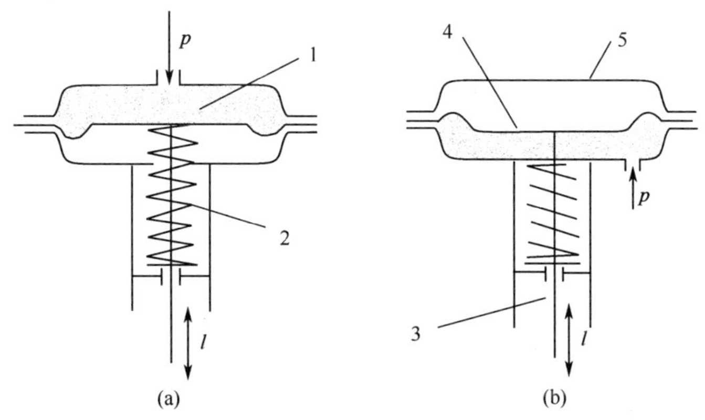

图 5-4-1　气动薄膜执行机构原理图

1—薄膜气室；2—弹簧；3—推杆；4—波纹膜片；5—上膜盖

(a) 正作用式；(b) 反作用式

移动为正作用式，如图 5-4-1(a)所示。输出推杆向上移动为反作用式，如图 5-4-1(b)所示。

对于正作用式，当信号压力 p 通入薄膜上气室时，在波纹膜片上产生一个推力，使推杆向下移动，将弹簧压缩，直到弹簧反作用力与信号压力在波纹膜片上的推力相平衡为止。当执行机构规格确定之后，即波纹膜片有效面积和弹簧弹性系数确定后，执行机构推杆的行程与信号压力成正比。可见，气动薄膜执行机构的输出特性是比例式的。对于反作用式，当信号压力 p 通入薄膜下气室时，在波纹膜片上产生一个推力，使推杆向上移动，直到弹簧反作用力与信号压力在波纹膜片上的推力相平衡为止。一般压力信号范围为 0.02～0.1 MPa。最高不超过 0.25 MPa。

(2) 气动活塞式执行机构

上述薄膜执行机构尽管具有许多优点，但由于其膜片能承受的压力较低，推动力较小。而活塞式执行机构由于气缸允许操作压力较大，最大可达 0.5 MPa，因此具有很大的输出力，属于强力气动执行机构。这种机构按动作方式可分为两位动作机构和比例动作机构两种。

1) 两位动作式活塞执行机构

两位动作式活塞执行机构结构如图 5-4-2 所示。在气缸内活塞的一侧，通入固定的操作压力 p_1，另一侧通入变化的操作压力 p_2。也可两侧都通入变化的操作压力 p_1 和 p_2。根据活塞两侧的压差来完成两位动作。活塞由高压侧推向低压侧，使推杆由一个位置走到另一个位置。执行机构的全程一般为 10～100 mm。它适用于两位控制系统。

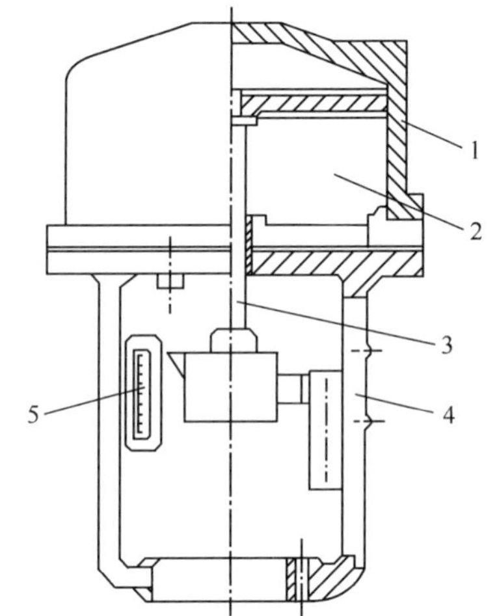

图 5-4-2 两位动作式活塞执行机构原理图

1—活塞；2—气缸；3—推杆；4—支架；5—行程标尺

2) 比例动作式活塞执行机构

所谓比例动作就是执行机构的推杆位移与信号压力成正比关系。比例动作又分正、反作用方式。正作用式就是信号压力增大时，活塞带动推杆向下移动；反作用式是信号压力增大时，活塞带动推杆向上移动。比例动作是通过在两位动作执行机构上安装阀门定位器实现的。定位器与气缸连成一体，具有阀门位置反馈作用。

(3) 电-气转换器

一般情况下，控制器输出的是电信号，为了让此信号来驱动气动执行机构，则要把此电信号转换成相应的气压信号，用以驱动气动执行机构。

图 5-4-3 所示为电-气转换器的一种结构型式。它是基于力矩平衡的原理工作的。当输入的来自调节器控制信号的直流电流信号通入测量线圈 7 后，该线圈在恒定磁场中受到电磁力的作用。在这个电磁力的作用下，杠杆 6 绕十字片簧支承 4 偏转，从而使挡板(杠杆 6 的左端)靠近喷嘴，气压升高，经气动放大器 9 放大后，一方面输出 P_0，另一方面反馈到负反馈波纹管 3 和正反馈波纹管 5 中，产生与电磁力矩平衡的反馈力矩。当杠杆 6 处于稳定状态时，气动放大器的输出气压信号就与输入的电流信号成正比，从而完成了电-气转换任务。

这里，采用两个反馈波纹管的目的是为了获得较小的反馈合力矩，以与较小的电磁力矩相平衡。调零弹簧 2 用来调整气动输出信号的起始值。

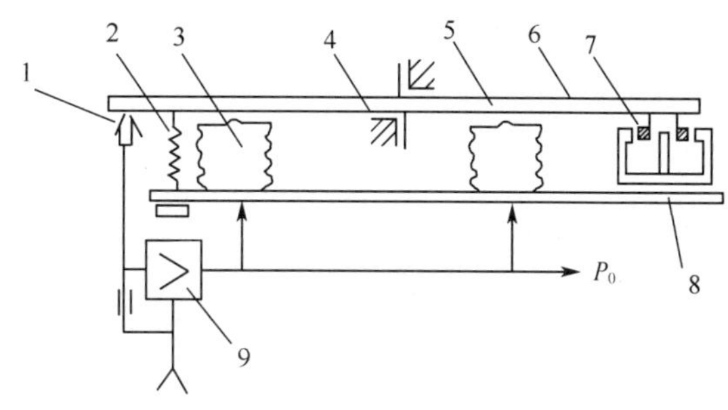

图 5-4-3　电-气转换器工作原理图

1—喷嘴；2—调零弹簧；3—负反馈波纹管；4—十字片簧支承；5—正反馈波纹管；6—杠杆；7—测量线圈；8—磁铁；9—放大器

5.4.2　电动执行机构

电动执行机构是根据控制器输出的电信号来驱动调节机构。

电动执行机构按其功能和输出方式可分为角行程电动执行机构、线行程电动执行机构和多转式电动执行机构三类。

角行程电动执行机构接受电动控制器来的 0～10 mA 或 4～20 mA 标准电流信号，输出为 0°～90°角位移，驱动蝶阀、球阀和偏心旋转阀等角行程阀。

具有线行程位移输出的称为线行程电动执行机构，直接操纵各种线行程阀，如单、双座阀、三通阀及套筒阀等。

多转式电动执行机构输出轴输出为大小不等的有效转圈数，用来推动闸阀等多转式阀。

电动执行机构的结构原理基本相同，只是减速器不同。电动执行机构由放大部分和执行部分构成，如图 5-4-4 所示。伺服放大器有三个输入信号通道和一个位置反馈信号通道，可以同时输入三个输入信号和一个位置反馈信号，以便于组成复杂控制系统。对于简单控制系统，只用其中一个输入通道和位置信号反馈通道。

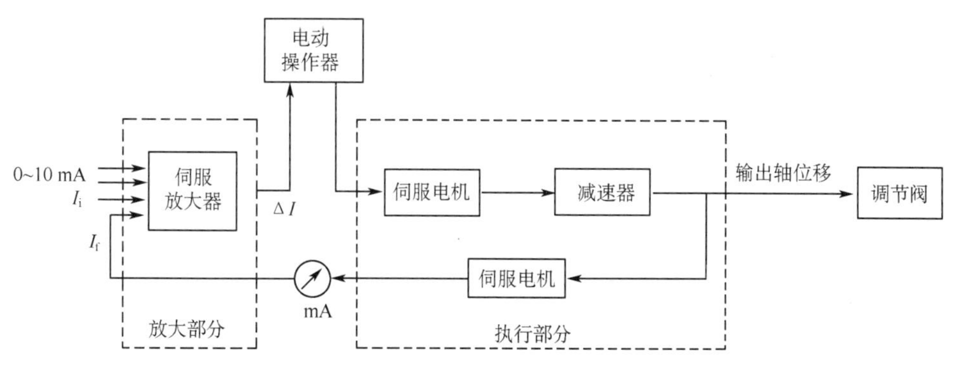

图 5-4-4　电动执行机构的结构原理框图

伺服放大器将输入信号 I_i 和反馈信号 I_f 相比较，其偏差信号为 ΔI。然后将它们的偏差值信号放大，控制伺服电机的转动。根据偏差信号的极性，放大器输出相应的信号，以控制电机的正转或反转。再经减速器减速后，使输出轴产生转角位移。输出轴转角位置经位置发送器转换成相应的反馈电流 I_f，反馈到伺服放大器的输入端使偏差信号减少。当反馈信号等于输入信号时，伺服电机才停止转动，输出轴就稳定在与输入信号相对应的位置上。

由于电动执行机构具有方便接受电子控制器给出的电信号控制指令、方便控制等优点，电动执行机构在控制调节领域的工程应用很广泛，核工业也是如此，广泛应用于阀门电装、控制棒驱动机构等。

5.4.3 液动执行机构

液动执行机构是靠液压来驱动执行器。核电厂的汽轮机进汽调节阀多采用液动装置。驱动机构由两部分组成，一部分为电液转换器（或称电液伺服阀），其主要功能是将由控制器来的电信号转换成液压信号。另一部分是驱动调节阀的滑阀油动机，其功能是根据液压信号驱动阀门。

5.5 现代控制理论发展

控制理论，是从经典控制理论逐步发展到当前的现代控制理论。建立在状态空间法基础上的一种控制理论，是自动控制理论的一个主要组成部分。在现代控制理论中，对控制系统的分析和设计主要是通过对系统的状态变量的描述来进行的，基本的方法是时间域方法。现代控制理论比经典控制理论所能处理的控制问题要广泛得多，包括线性系统和非线性系统，定常系统和时变系统，单变量系统和多变量系统。它所采用的方法和算法也更适合于在数字计算机上进行。现代控制理论还为设计和构造具有指定的性能指标的最优控制系统提供了可能性。现代控制理论的名称是在 1960 年以后开始出现的，用以区别当时已经相当成熟并在后来被称为经典控制理论的那些方法。现代控制理论已在航空航天技术、核电技术、军事技术、通信系统、生产过程等方面得到广泛的应用。现代控制理论的某些概念和方法，还被应用于人口控制、交通管理、生态系统、经济系统等的研究中。

（1）发展过程

现代控制理论是在 20 世纪 50 年代中期迅速兴起的空间技术的推动下发展起来的。空间技术的发展迫切要求建立新的控制原理，以解决诸如把宇宙火箭和人造卫星用最少燃料或最短时间准确地发射到预定轨道一类的控制问题。这类控制问题十分复杂，采用经典控制理论难以解决。1958 年，苏联科学家 Л. С. 庞特里亚金提出了名为极大值原理的综合控制系统的新方法。在这之前，美国学者 R. 贝尔曼于 1954 年创立了动态规划，并在 1956 年应用于控制过程。他们的研究成果解决了空间技术中出现的复杂控制问题，并开拓了控制理论中最优控制理论这一新的领域。1960—1961 年，美国学者 R. E. 卡尔曼和 R. S. 布什建立了卡尔曼-布什滤波理论，因而有可能有效地考虑控制问题中所存在的随机噪声的影响，把控制理论的研究范围扩大，包括了更为复杂的控制问题。几乎在同一时期内，贝尔曼、卡尔曼等人把状态空间法系统地引入控制理论中。状态空间法对揭示和认识控制系统的许多重要特性具有关键的作用。其中能控性和能观测性尤为重要，成为控制理论两个最基本的概念。到 60 年代初，一套以状态空间法、极大值原理、动态规划、卡尔曼-布什滤波为基础的分析和设计控制系统的新的原理和方法已经确立，这标志着现代控制理论的形成。

（2）学科内容

现代控制理论所包含的学科内容十分广泛，主要的方面有：线性系统理论、非线性系统理论、最优控制理论、随机控制理论和适应控制理论。

1）线性系统理论：它是现代控制理论中最为基本和比较成熟的一个分支，着重于研究线性系统中状态的控制和观测问题，其基本的分析和综合方法是状态空间法。按所采用的数学工具，线性系统理论通常分成为三个学派：基于几何概念和方法的几何理论，代表人物是 W. M. 旺纳姆；基于抽象代数方法的代数理论，代表人物是 R. E. 卡尔曼；基于复变量方法的频域理论，代表人物是 H. H. 罗森布罗克。

2）非线性系统理论：非线性系统的分析和综合理论尚不完善。研究领域主要还限于系统的运动稳定性、双线性系统的控制和观测问题、非线性反馈问题等。更一般的非线性系统理论还有待建立。从 20 世纪 70 年代中期以来，由微分几何理论得出的某些方法对分析某些类型的非线性系统提供了有力的理论工具。

3）最优控制理论：最优控制理论是设计最优控制系统的理论基础，主要研究受控系统在指定性能指标实现最优时的控制规律及其综合方法。在最优控制理论中，用于综合最优控制系统的主要方法有极大值原理和动态规划。最优控制理论的研究范围正在不断扩大，诸如大系统的最优控制、分布参数系统的最优控制等。

4）随机控制理论：随机控制理论的目标是解决随机控制系统的分析和综合问题。维纳滤波理论和卡尔曼-布什滤波理论是随机控制理论的基础之一。随机控制理论的一个主要组成部分是随机最优控制，这类随机控制问题的求解有赖于动态规划的概念和方法。

5）适应控制理论：适应控制系统是在模仿生物适应能力的思想基础上建立的一类可自动调整本身特性的控制系统。适应控制系统的研究可归结为如下的三个基本问题：① 识别受控对象的动态特性；② 在识别对象的基础上选择决策；③ 在决策的基础上做出反应或动作。

通常所说的现代控制工程，泛指运用现代控制理论的分析和综合，并与计算机控制技术相结合的工程控制系统。控制理论发展至今，大体上可分为三个阶段，即经典（古典）控制理论阶段、现代控制理论阶段和大系统与智能控制理论阶段。现代控制理论是现代控制工程系统分析与综合的理论支柱。控制理论是把自动控制技术在工程实践中的一些规律加以总结和升华，进而又去指导和推动工程实践发展的理论。它作为一门独立的学科存在和发展，至今还不到百年历史。但是，人类利用自动控制技术的历史，可以追溯到很久以前。最有代表性的是 1765 年瓦特（J. Watt）发明的蒸汽机离心调速器，反映出人们早已对控制理论中最为重要的反馈原理有了认识。由于瓦特发明的这种装置容易产生振荡，直到 1868 年，英国学者麦克斯韦（J. C. Maxwell）发表了《论调速器》，对蒸汽轮机调速系统的动态特性进行了分析，指出了控制系统的品质可用微分方程来描述，系统的稳定都可用特征方程根的位置来判断，从而解决了蒸汽轮机调速系统中出现的剧烈振荡问题，并总结出了简单的系统稳定性代数判据。

从上述现代控制理论的简要介绍，说明现代控制理论学科也有很长的发展历程，内容丰富，知识点多。但为了便于理解有关控制的基本思想、理论基础，我们将只是简要介绍控制系统的基本概念、系统的组成、作用及功能等基础知识。

（3）过程控制系统发展过程

第一代过程控制体系——气动控制系统（Pneumatic Control System，PCS）：150 多年前气动控制系统是基于 5～13 psi 的气动信号标准。简单的就地操作模式，控制理论初步形成，尚未有控制室的概念。

第二代过程控制体系——模拟量控制系统（Analog Control System，ACS）：它是基于

0～10 mA或4～20 mA的电流模拟信号，这一明显的进步，在整整25年内牢牢地统治了整个自动控制领域。它表征了电气自动控制时代的到来。

第三代过程控制体系——计算机控制系统(Computer Control System，CCS)：在70年代开始了数字计算机的应用，产生了巨大的技术优势，人们在测量、模拟和逻辑控制领域方面率先使用，从而产生了第三代过程控制体系CCS。这个被称为第三代过程控制体系是自动控制领域的一次革命，它充分发挥了计算机的特长，于是人们普遍认为计算机能做好一切事情，自然而然地产生了被称为"集中控制"的中央控制计算机系统，需要指出的是系统的信号传输系统大部分仍沿用4～20 mA的模拟信号，但是时隔不久人们发现，随着控制的集中和可靠性方面的问题，失控的危险也集中了，稍有不慎就会使整个系统瘫痪。所以它很快被发展成分布式控制系统(DCS)。

第四代过程控制体系——分布式控制系统(Distributed Control System，DCS)：随着半导体制造技术的飞速发展，微处理器的普遍使用，计算机技术可靠性的大幅度增加，目前普遍使用的是第四代过程控制体系(DCS)，它主要特点是整个控制系统不再是仅仅具有一台计算机，而是由几台计算机和一些智能仪表和智能部件构成一个控制系统。于是分散控制成了最主要的特征。另一个重要的发展是它们之间的信号传递也不仅仅依赖于4～20 mA的模拟信号，而逐渐地以数字信号来取代模拟信号。

第五代过程控制体系——现场总线控制系统(Fieldbus Control System，FCS)：FCS是从DCS发展而来，就像DCS从CCS发展过来一样，有了质的飞跃。"分散控制"发展到"现场控制"；数据的传输采用"总线"方式。但是FCS与DCS真正的区别在于FCS有更广阔的发展空间。由于传统的DCS的技术水平虽然在不断提高，但通信网络最低端只达到现场控制站一级，现场控制站与现场检测仪表、执行器之间的联系仍采用一对一传输的4～20 mA模拟信号，成本高，效率低，维护困难，无法发挥现场仪表智能化的潜力，实现对现场设备工作状态的全面监控和深层次管理。所谓现场总线就是连接智能测量与控制设备的全数字式、双向传输、具有多节点分支结构的通信链路。简单地说传统的控制是一条回路，而FCS技术是各个模块如控制器、执行器、检测器等挂在一条总线上来实现通信，当然传输的也就是数字信号。主要的总线有Profibus，LonWorks等。

复习思考题

1. 控制系统有哪些性能指标？决定控制系统是否可用的指标是什么？为什么？
2. 何谓控制系统？何谓被控对象？
3. 控制系统有哪些分类？各有什么特点？
4. 控制系统的基本组成有哪些？各有什么功能？
5. PID调节具体含义是什么？它们的系数值改变对控制系统有什么影响？
6. 执行机构有哪些种类？各有什么特点或用途？
7. 现代控制系统发展过程有什么特点？当前控制系统发展方向是什么？

第六章　核电厂控制保护

核电厂运行与普通火力发电厂运行相比，其根本区别在于反应堆及其所属回路系统的固有特性。核电厂是用反应堆作为电厂的热源，但因存在核安全问题，所以在运行中首先要确保反应堆和反应堆所属回路系统的安全性，即在任何事故情况下都必须力求避免发生反应堆烧毁事件或造成对周围环境的放射性污染事件。但核电厂也会受到各种不利因素的干扰而影响到核电厂的安全运行，一旦运行参数超过一定允许的安全限值，就需要根据核电厂设计确定的控制逻辑进行控制，判断出事故原因，并按设计给定的控制方案，按逻辑一步一步地实施控制保护动作，使核反应堆安全停堆，或者减轻事故后果。

核电厂有几百个系统、上万个设备，不能保证核电厂成千上万个设备均能长期安全可靠无故障地运行。当某一设备运行不正常时，就需使用控制保护系统来保护该设备本身，以及与其相关的设备或系统。此外，对核电厂尤为重要的是，当核电厂运行参数超过安全限值时，反应堆保护系统必须在一定时间内动作，使反应堆安全停堆。反应堆控制保护系统，就是用以监测核电厂全厂安全运行状态，一旦检测到会影响反应堆安全运行的状态产生，就根据其既定的控制逻辑，首先触发紧急停堆，并控制专设安全设施按设计逻辑实施保护动作。而专设安全设施电气控制逻辑装置的功能是用于接受反应堆保护系统的信号和失电信号；并按规定要求执行驱动专设安全系统的电气设备，用于确保核电厂和反应堆的安全，作为减轻严重事故后果的最后保护。当核电厂发生全厂失电或失水事故时，本系统装置接到上述信号后，立刻按给定的“安全注入”或“失电”程序和时间间隔发出信号；并自动、准确、迅速地启动专设安全设施系统的有关电气设备，排除反应堆和安全壳里的余热以防止反应堆烧毁而造成的放射性物质向周围环境释放。

综上所述，控制保护是核电厂保证安全运行监控系统的基本组成，用以监测核电厂有关安全信息达到一定限值后，触发安全保护信号，通过逻辑判断事故原因，触发相应控制保护动作。

I&C 系统的控制保护功能主要用于防止核电厂系统、设备故障或运行人员误操作，引起系统、设备运行工况发生异常变化或事故时危及其他系统、设备、环境及人员的安全；一旦发生异常事件或事故时，则能抑制异常事件或事故的发展，减轻对其他主要设备、人员的安全，环境和公众放射性等方面影响和后果。它主要包括：

1）停堆保护功能：当核电厂出现异常瞬态事件发生，引起反应堆的功率、温度、压力等重要参数发生异常变化时，反应堆保护系统能根据对异常状态的监测和异常变化的危害程度，执行保护动作，依靠保护系统立即触发安全停堆，停止反应堆的链式反应，并迅速把反应堆引入较深的次临界状态，防止瞬态事件的进一步发展，防止损坏一回路压力边界；

2）专设安全设施缓解事故后果功能：当核电厂出现事故时，除立即触发停堆外，还触发有关的专设安全设施动作，来中止或缓解事故的后果；

3）联锁保护功能：设置安全联锁，防止因操纵员误操作而造成事故工况；

4）在役自检功能：对执行安全功能的设备进行故障诊断，及早发现系统功能失效，保证它们的安全功能不受影响，提供保护功能可靠性。

I&C 系统的保护功能主要用于保护核电厂、环境及人员的安全。并且当核电厂出现事故时，保护核电厂的主要设备、人员的安全，控制放射性对环境的影响。

6.1 逻辑基础

由控制保护通过检测系统监测信息给出的运行状态信号，一般以“通断”或“电压高低”等表达设备是否故障、运行参数是否达到安全报警整定值等。而通断或电压高低，在数学上可以用“0、1”数字表示。一般情况下，0 表示断开或低电压，1 表示接通或高电压，这种表示方法称为正逻辑；但也有相反的表示方法，即 0 表示接通或高电压，1 表示断开或低电压，这种表示方法称为负(或反)逻辑。在控制保护系统的设计中，一般需根据故障安全原则和逻辑控制器件本身的特点来选择。

这种采用仅有 1 和 0 两个值代数运算属于二进制代数。二进制最先用于电气线路时，曾被称为接点代数。它是英国数学家乔治・布尔(George Boolean)于 1854 年提出了将人的逻辑思维规律和推理归结为一种数学运算的代数系统，即布尔代数(Boolean Algebra)。1938 年，贝尔实验室研究院 Claude E. Shannon 将布尔代数的一些基本前提和定理应用于继电器电路的分析与描述上，称为二值布尔代数，即开关代数，又称为逻辑代数(Logic Algebra)。

逻辑代数是研究二值累计运算的基本数学工具，它广泛应用于控制保护逻辑的分析和设计中。逻辑功能是布尔代数的基本运算，这些功能也是建立电气或数字控制逻辑装置的基础。逻辑代数的基本定律和规则见附录四，下文简单介绍一下控制保护系统设计中常用的控制逻辑基本器件。

6.1.1 控制逻辑基本器件

“0”和“1”是逻辑信号的两个状态的代表，核电厂控制保护系统就是通过检测系统监测的运行参数是否超过报警值或故障而给出逻辑信号，并通过逻辑控制线路的运算来判断故障原因和应采取的控制方案来触发相应的保护动作。触发信号也是以逻辑信号输出给执行机构的驱动机构去执行控制指令，一般逻辑“1”代表触发安全保护动作信号。而根据故障安全原则，一般情况下，控制逻辑的输入逻辑信号和输出逻辑信号都采用负逻辑信号，即控制器采用断开或低电压表示“1”逻辑，需启动安全保护动作，以防止线路断线或失电而无法完成系统控制保护触发安全保护动作的功能。

但是，控制逻辑基本器件，一般情况下还是采用正逻辑比较方便逻辑运算和设计，所以，通常输入、输出接口都有非门作为接口，这也是为电子线路便于实施隔离。

总之，要实现控制保护的逻辑判断功能，必须有相应的逻辑算法设计，并由相应的控制逻辑基本器件来实现。而控制逻辑基本器件的元器件，则随着技术的发展，曾经分别采用继电器、二极管、集成电路，目前核电厂已采用数字化监控技术，直接采用计算机软件计算来实现。但不管技术如何发展，核电厂控制保护常用以下控制逻辑基本器件，在控制保护实际应用中起着重要作用。

(1) 传输门

传输门主要起信号变送、分送、隔离等传送目的，它不改变逻辑信号，即输出逻辑信号 y 等于输入逻辑信号 x。传输门符号和数学表达式如图 6-1-1 所示。

(2) 反相器

反相器是对输入信号逻辑取反，有时也称为非门，如果输入信号利用光电管输入，则还可起信号隔离作用。反相器符号和数学表达式如图 6-1-2 所示。

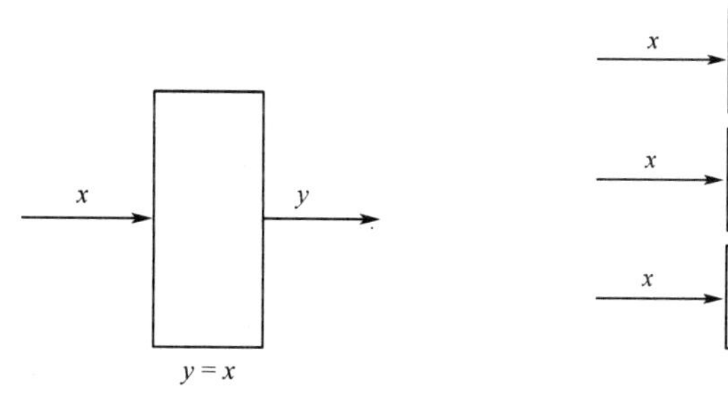

图 6-1-1　传输门　　图 6-1-2　反相器(非门)

(3) 与门

与门是对输入信号逻辑与运算，当输入信号 x_1、x_2 全部为 1 时，输出信号 y 为 1，否则输出 y 为 0。与门符号和数学表达式如图 6-1-3 所示。

对于与门，只要有一个输入为 0，则输出一定为 0；只有当输入全部为 1 时，输出才为 1。

(4) 或门

或门是对输入信号逻辑或运算，当输入信号 x_1、x_2 全部为 0 时，输出信号 y 为 0，否则输出 y 为 1。或门符号和数学表达式如图 6-1-4 所示。

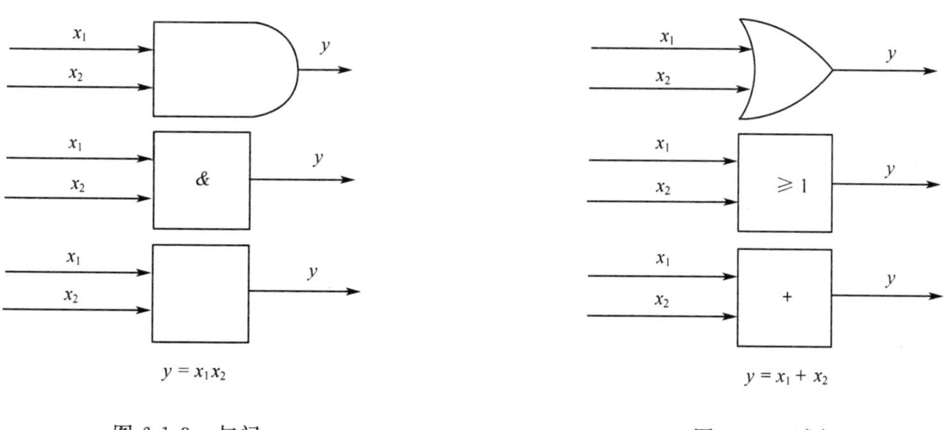

图 6-1-3　与门　　图 6-1-4　或门

对于或门，只要有一个输入为 1，则输出一定为 1；只有当输入全部为 0 时，输出才为 0。

(5) 与非门

与非门是输入信号进行与逻辑运算给出的信号再取反的结果。它可以认为是与门与非门按与门输出信号作为非门输入信号的组合，与非门的符号和数学表达式如图 6-1-5 所示。

对于与非门，只要有一个输入为 0，则输出一定为 1；只有当输入全部为 1 时，输出才为 0。

(6) 或非门

或非门是输入信号进行或逻辑运算给出的信号再取反的结果。它可以认为是或门与非门按或门输出信号作为非门输入信号的组合，或非门的符号和数学表达式如图 6-1-6 所示。

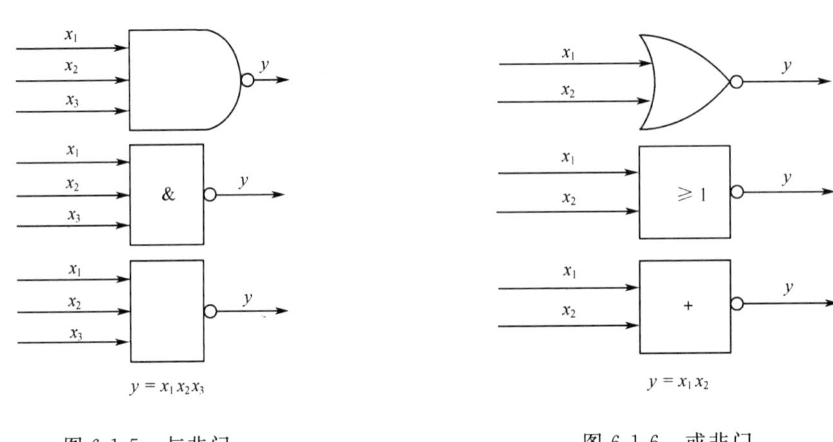

$y = x_1 x_2 x_3$

图 6-1-5 与非门

$y = x_1 x_2$

图 6-1-6 或非门

对于或门，只要有一个输入为 1，则输出一定为 0；只有当输入全部为 0 时，输出才为 1。

(7)“二取一”逻辑

“二取一”逻辑是一种组合逻辑，其逻辑运算是只要两个输入信号中有一个有效信号(一般情况，逻辑设计采用正逻辑，用 1 表示有效，下同)输入，则输出有效信号。其逻辑符号和数学表达式如图 6-1-7 所示。由此可见，此组合逻辑比较简单，对于正逻辑可由一个二输入或门实现。

(8)“三取二”逻辑

“三取二”逻辑是一种组合逻辑，其逻辑运算是只要三个输入信号中有两个有效信号输入，则输出有效信号。其逻辑符号和数学表达式如图 6-1-8 所示。由此可见，此组合逻辑可由三个二输入与门再加一个三输入或门来实现。而对于继电器三取二控制，一般有三个输入控制线圈 A、B 和 C，每个线圈控制两对触点，如 A_1 和 A_2，并如图 6-1-9 连接方式来实现“三取二”逻辑控制。在核电厂三通道的反应堆保护系统，常用此方式断掉控制棒驱动电源，使控制棒的落入堆芯实现保护动作。

$y = x_1 + x_2$

图 6-1-7 “二取一”逻辑

$y = x_1 x_2 + x_2 x_3 + x_1 x_3$

图 6-1-8 “三取二”逻辑

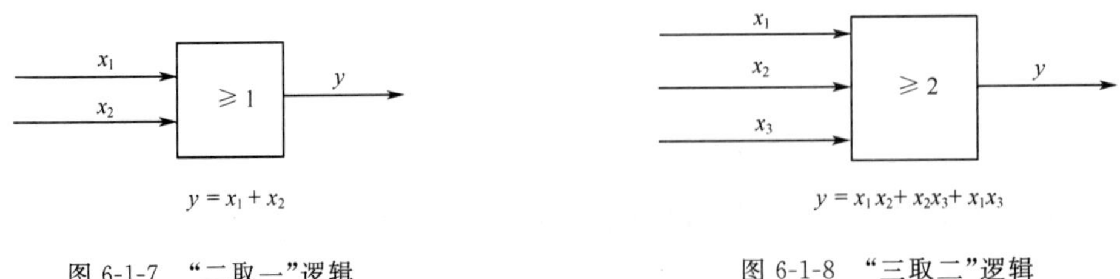

(9)"四取二"逻辑

"四取二"逻辑是一种组合逻辑，其逻辑运算是只要四个输入信号中有二个有效信号输入，则输出有效信号。其逻辑符号和数学表达式如图 6-1-10 所示。由此可见，此组合逻辑可由四个二输入与门再加一个三输入或门来实现。

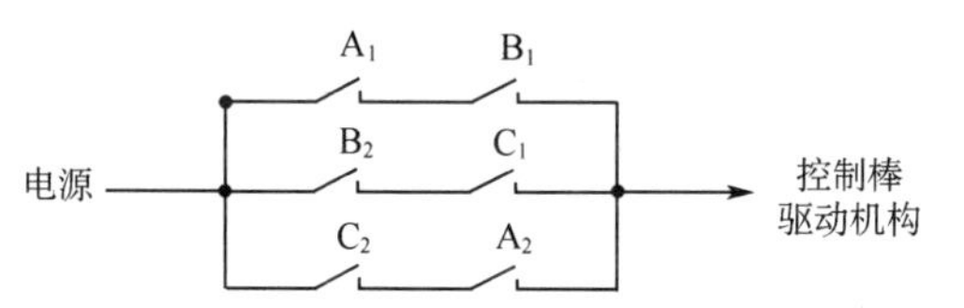

图 6-1-9　继电器"三取二"连接

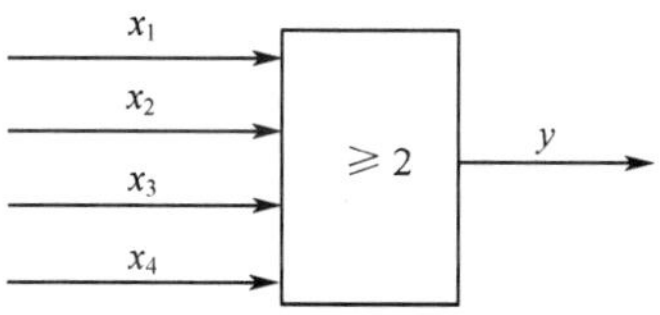

x_1
x_2
x_3
x_4
$\geqslant 2$
y

$$y = x_1x_2 + x_1x_3 + x_1x_4 + x_2x_3 + x_2x_4 + x_3x_4$$

图 6-1-10　"四取二"逻辑

(10)定值器触发逻辑

核电厂常用电压型定值器触发来控制需要联锁信号，电压型定值器触发形式有电平触发，还有上升沿或下降沿触发，其触发控制符号及说明见表 6-1-1。从表中可以看出，X 轴方向为参数值，Y 轴方向为电平高低，无箭头竖线为定值点，带箭头竖线表示参数变化方向，而且指向触发保护信号后输出电平。

表 6-1-1　定值器触发控制符号及说明

名　称	符　号	说　明
高报（低电平）	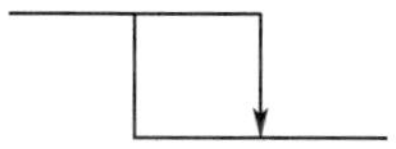	测量参数正常时低于保护定值，不产生保护信号，输出为高电平；当测量参数超过保护定值时，产生保护信号，其输出为低电平
高报（高电平）	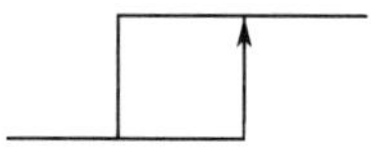	测量参数正常时低于保护定值，不产生保护信号，输出为低电平；当测量参数超过保护定值时，产生保护信号，其输出为高电平。与上一个逻辑输出电平相反
低报（低电平）	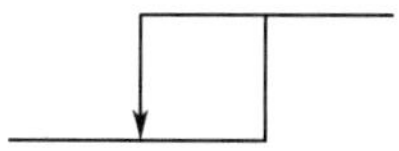	测量参数正常时高于保护定值，不产生保护信号，输出为高电平；当测量参数降低到保护定值以下时，产生保护信号，其输出为低电平
低报（高电平）	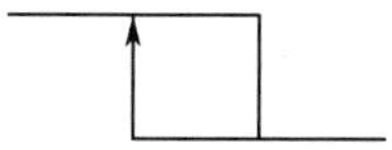	测量参数正常时高于保护定值，不产生保护信号，输出为低电平；当测量参数降低到保护定值以下时，产生保护信号，其输出为高电平。与上一个逻辑输出电平相反

6.1.2　辅助功能

为了解决所有的自动控制问题，除了上面讲过的基本逻辑功能之外，还需要记忆功能触发器、延时功能触发器、补充隔离器件和扩展器件。

记忆功能是为了保持或贮存下一程序使用的专门信号。当一个信号加在记忆元件上时，元件就把它记忆下来了。记忆功能由二进制元件完成。它通过最后作用在元件上的控制动作（即使这个控制动作是瞬时的），使元件切换的状态（1 或 0）得以保持。

记忆功能在自动控制中起着重要作用，在解决具体问题时，可用以保持自动控制信号，与延时功能配合，用以程序控制。自动控制回路中，记忆功能起到下面两个作用：

1）它是一个接受元件，它能接受它必须记忆的信号。有两个输入信号 x_1、x_2，x_1 使记忆元件切换为状态 1，x_2 使记忆元件切换为状态 0。

2）它又是一个发送元件，它把控制信号发给控制回路中的其他元件。双输出记忆元件有互为取反 Q 和 $\bar{Q}$ 两种状态，单输出的记忆元件仅有 Q 或 $\bar{Q}$ 一种状态。

延时功能是把一个信号延迟一段特定时间以后才去使用。虽然它不是布尔代数的逻辑功能，可是在许多自动化回路中，用以控制时序步骤却非常必要。在工业自动化系统中，延时功能由定时器来完成，延时功能常常是控制回路的一项重要要求。有时从几分之一秒到几分钟的延时动作，会成为逻辑控制系统中一项必要的补充功能。

隔离器件是用以通道之间、1E 级设备与非安全级设备之间的隔离，这是因为保护系统一般都有冗余通道，为了防止通道故障延伸到其他冗余通道，导致系统功能失效，必须有相应的隔离措施。同时，安全级设备与非安全设备也同样存在隔离要求，因为非安全级设备可靠性的设计要求不如安全级设备要求高，所以，非安全级故障率较高，安全级设备为了避免受其影响，也必须在进行相应的隔离。隔离器件安全分级就高不就低，一般也属于安全级设备，其隔离方式的选择需根据电气、电子线路的设计情况来确定，但基本隔离原理有变压器、继电器和光电管等，其原则是确保故障不会扩大到隔离边界以外。

扩展器件，是用以一个控制信号分送给许多被控对象。

6.1.3 逻辑系统的组成

一个完整的逻辑系统，包括某一专门技术（如电气、电子、气动或射流）的各种元件，这些元件是解决某一特定控制问题所必需的。

组成一个完整的逻辑系统有几种方法。第一种方法是使用单功能元件："是"，"非"，"或"，"与"以及记忆和延时等辅助功能。使用单功能元件组成逻辑系统，在早期电气控制和流体回路控制中应用较广泛。

另一种方法是使用一种能完成几个功能的组合基本逻辑元件。这在集成电路出现后就大量使用，逻辑系统可由一个或几个集成逻辑模块构建组成。

还有一种，则利用数字化技术，采用程序计算来实现。

6.2 逻辑控制在核电厂控制中的重要性

在核电厂控制中，从控制功能方面可以分为控制调节和控制保护两个方面。控制调节是根据核电厂稳定运行的需要，维持核电厂各种生产活动和各种被调节参数在一个稳定运行值附近运行，或者跟踪按一定程序随时间变化的运行值为目标的跟踪运行。

但是，核电厂稳定运行时，会受到各种因素干扰，一旦干扰因素达到一定程度，将使控制调节无法使核电厂保持稳定运行的需要。所以，需控制保护监控系统，来监控核电厂系统是否处于安全运行范围内，一旦监测出某些过程参数或设备故障，控制保护系统就根据设定的控制保护逻辑，触发相应的保护动作，以防止核电厂发生事故或缓解事故后果。

核电厂干扰因素，与火电厂相比更为复杂，主要体现在核电厂运行方式多，系统复杂关联多，核反应堆特性及其安全要求等方面。

核电厂的反应堆总是在一定工况下运行，对于压水堆核电厂，一般标准的运行方式有如下几种：

1）冷停堆，包括换料冷停堆、维修冷停堆和正常冷停堆；

2）中间停堆，包括单相中间停堆[余热排出系统(RRA)运行]、两相中间停堆(RRA 投运条件)和正常中间停堆(RRA 隔离)；

3）热停堆；

4）热备用；

5）功率运行。

根据以上描述，可见反应堆有九种标准运行方式。除了运行方式转换的过渡状态，反应堆总是在这九个标准运行方式下运行。各反应堆标准运行方式主要受反应性、温度、压力等条件制约。因此，要维持这些参数稳定运行，需要有相应运行工况的许多控制调节系统。调节系统也将随工况的变换而作相应的变换，这会造成许多变工况调节切换，增加控制调节系统的复杂性和切换的波动干扰。

核电厂系统也比较复杂，由于核电厂高安全性的要求，热传输系统多一个回路起隔离作用，有一、二回路之分。而且因核电厂功率一般较大，一般情况下有 2 个环路或以上的系统。还有防止事故发生或缓解事故后果，核电厂还设计有不少反应堆安全保护系统和专设安全设施，如反应堆紧急停堆保护系统，注硼系统，高、低压安全注入系统，余热排出系统等，而这些保护系统和专设安全设施，需根据运行工况的变化，要有相应的联锁控制，需采用逻辑控制来加以有序控制，如果没有这些逻辑控制系统的控制，这些安全保护系统和专设安全设施，将如同人体失去神经系统而瘫痪，无法实现安全保护功能。

由于核电厂的燃料是核燃料，具有燃值大、堆芯功率密度高的特点，一炉燃料通常可用一年多，而核反应将产生很多放射性废物。这些放射性废物如果释放到环境中去，将造成严重的核事故后果。为了防止堆芯燃料核反应产生的放射性物质释放到环境中的核安全事故发生，核电厂从设计就按纵深防御原则开始层层设防。其次，由于要减少换料次数，一般核电厂装料要维持一年以上的运行需要，而一旦出现超临界产生，则核反应释放出的功率将快速上升，局部反应性扰动，也能引起局部过热，这都可能会引起堆芯燃料组件烧毁，影响核电厂稳定运行。

总之，在无法保持稳定运行情况下，核电厂的安全运行将受到影响，甚至会发生异常直至发生一般事故、核事故。而为了防止事故发生或缓解事故后果，则需有如上所述设有许多保护系统和专设安全设施，而这些系统和设施则需要相应的监测系统和控制保护逻辑来加以控制才能起作用。核电厂逻辑控制保护系统的主要作用有：

1）监测异常事件功能：监测并判断核电厂是否发生超过安全运行限值和运行条件，判断核电厂是否发生异常、或事故及其类型和程度；

2）启动安全保护功能：一旦判断出发生异常或事故类型，即启动相应的保护系统或专设安全设施进行控制保护，防止事故产生，限制事故继续发展；

3）联锁和旁通控制功能：由于系统复杂，运行方式、工况很多，在不同运行方式、工况，需要不同专设安全设施、不同保护系统、不同控制调节系统和控制保护逻辑，因此，有些不适用的控制保护信号需被旁通屏蔽，有些控制保护动作需要先后按序投入或者切换，有一定的投入程序和互为条件，这需要联锁来实现。

总之，核电厂控制保护系统，是核电厂仪表监控系统的重要组成部分，是实现核电厂运行工况和安全保护的有序控制的保证，其作用类似于人体中枢神经系统。为了保证核电厂系统和设备安全，控制保护系统要触发通/断动作，而不是调节动作，原因是：

- 控制调节已经不可用，或者来不及响应瞬态快速变化；
- 保护动作需要快，执行机构需要更大的功率，从技术上看，通/断动作对实现这些要求而言更容易，更可行。

6.3 反应堆保护系统

如 1.2.4 节所述，反应堆保护系统是监测电厂偏离可接受状态并发出指令维持反应堆安全的安全系统。

设置控制保护系统的目的是：当控制系统不能维持核电厂参数在允许值以内时用来保证安全。发生超过允许范围运行工况，可能是由于控制系统内部正发生故障，或由于发生某种事件使过程变量变化太快而控制系统来不及响应，或由于安全重要物项的某种故障而引起。在这种异常下，需要做出迅速和果断的动作，防止非正常运行工况发展成为事故，或事故工况下，缓解事故后果。从纵深防御设计原则出发，控制保护系统一般要求实现以下三个基本功能：

1）预保护功能：当反应堆运行参数出现异常，但还不至于危及反应堆安全时，为使核电厂继续运行，反应堆保护系统可发出报警信号或提供必要的校正措施；

2）保护功能：当保护参数超过了设计极限时，能自动快速停堆，这是最为基本和重要的功能；

3）缓解事故后果功能：当出现超出停堆保护能力的事故时，能启动相应的专设安全设施如安全注入系统、安全壳喷淋系统等的驱动系统，以限制事故的发展、减少设备的损坏和防止对环境的放射性污染。

可见控制保护系统是核电厂中起安全作用的重要系统之一，而根据控制保护系统所保护的对象，控制保护系统有属于安全级的，也有属于非安全级。而反应堆保护系统是核电厂安全级保护系统（常用 RPR 表示），用以监视堆芯功率、堆芯冷却剂状态和反应堆压力边界的完整性。监测参数的模拟量经整定值比较器与逻辑控制保护通道相连接，然后通过保护逻辑通道进行逻辑符合运算后启动 ON-OFF 功能，触发安全保护动作。安全保护动作主要有落棒使反应堆停堆（第一停堆系统）；必要时，还有触发注入硼酸引入负反应性停堆（第二停堆系统）、注水保证堆芯冷却、安全壳喷淋系统喷淋冷却安全壳内高温高压蒸汽等安全动作。同时，反应堆保护系统在反应堆达到某些状态时，提供用来闭锁或允许某些功能的允许信号。

保护系统必须提供能对付可能发生的预计运行事件、假设始发事故工况所需要的功能，同时还需考虑对超设计基准事故的保护和事故后果缓解功能的需要，并在需要时必须正确且可靠地工作。

图 6-3-1 表示保护系统的范围和它与其他系统的关系。按照 HAD102/10 的规定保护系统包括从敏感元件（并包含敏感元件在内的）一直到安全驱动系统和安全系统的辅助设施输入端的所有电气和机械部件及回路的设备，它产生与保护任务有关的信号。

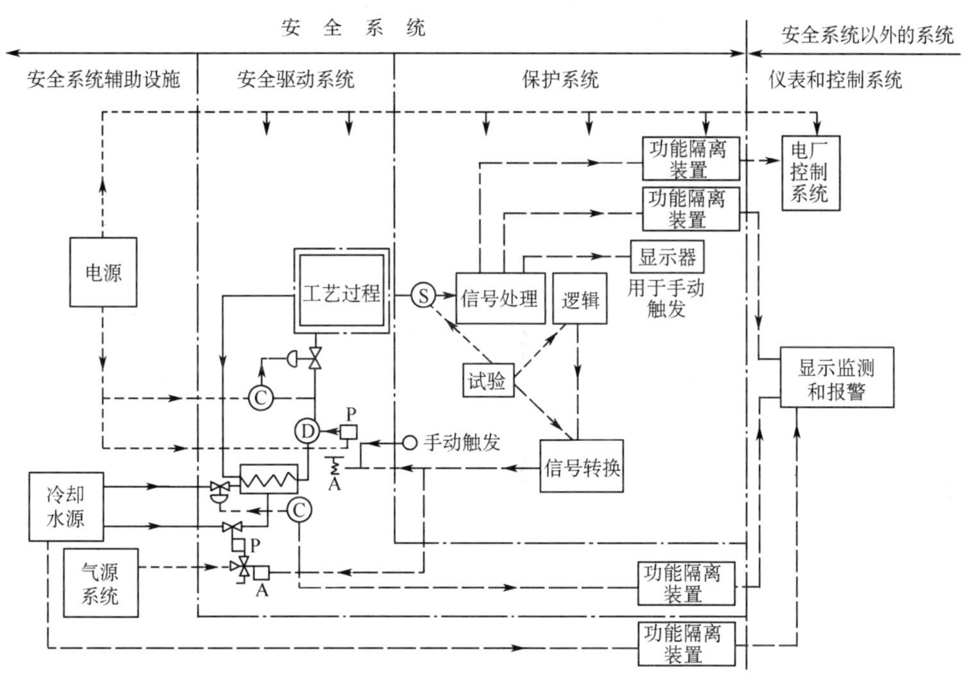

图 6-3-1　保护系统以及它与其他系统连接简图

----- 动力连接；— — — 仪表连接；D—被驱动设备；

P—原动机；S—敏感元件；C—安全驱动系统内的控制手段；A—驱动器

6.3.1　功能要求

核电厂运行过程中，保护系统的目的是保证反应堆的三道屏障(燃料包壳、一回路压力边界、安全壳)完好，避免反应堆在不允许范围内运行或是缓解事故后果，保护核电厂重要设备、环境、人员的安全。

为此，核电厂保护系统必须：

1) 能自动触发包括停堆系统在内的有关系统保护动作，以保证发生预计运行事件时，运行工况不超过规定的运行限值和条件，防止超过安全限值；

2) 能监测、判断异常事件或事故工况产生，然后能根据判断的工况按给定控制逻辑规定程序触发安全系统和/或专设安全设施动作，以防止异常事件发展成事故，或减轻事故工况后果的，这包括防止堆芯烧毁，在预计运行事件及事故工况下导出余热，维持三道屏障的完整性，其中，最为主要的要在所有的运行工况下，维持第二道屏障即一回路压力边界完整性；

3) 通过安全系统的辅助设施触发任何所要求的安全动作；

4) 抑制控制系统的不安全动作，如紧急停堆保护后的一段时间里(通常为 15～30 min)，操纵员的干预被限制最低程度，以便进行正确的分析，并不允许干预正常保护功能的实施，而且不允许立即启动反应堆，这常被称为操纵员不干预原则或要求。

一个特定安全驱动器被保护系统触发的结果是一种安全动作。通常一种假设始发事件将引起保护系统发出许多保护动作触发信号去触发同样数目的安全驱动器，并因而引起同样数目的安全动作。

在一种假设始发事件之后用于维持电厂在设计基准规定的限值以内的保护系统、安全驱动系统和安全系统辅助设施内的设备的组合称作一个安全组合。在核电厂生产过程中，这种安全组合在核电厂设计时就已经根据假设始发事件的安全分析结果完成了安全组合的设计，所以，对于每一种假设始发事件，都有一个特定的安全组合，每个安全组合需完成它设计规定的安全任务。图 6-3-2 的流程图表明保护系统的保护动作及安全任务等之间的关系。

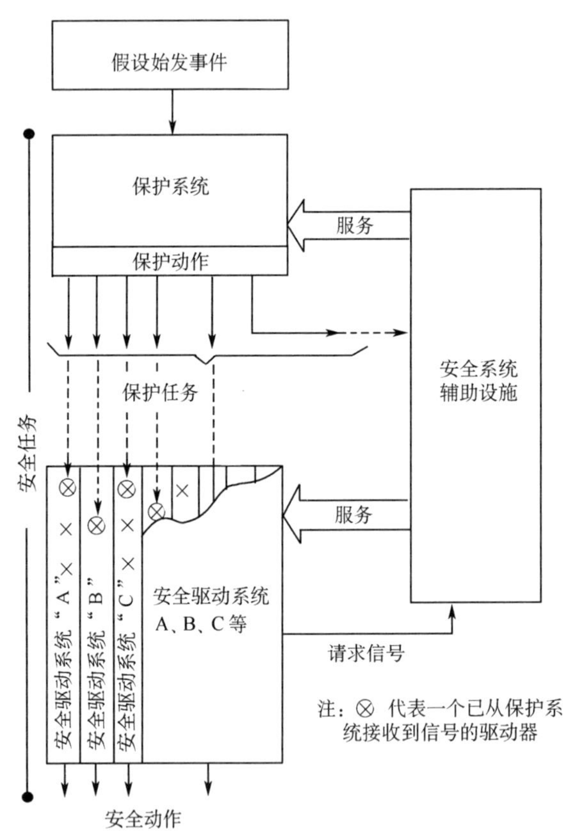

图 6-3-2 保护动作、保护任务、安全动作和安全任务的相互关系

对于每一种假设始发事件，保护系统都将触发相应安全组合的特定的安全驱动器动作，特定的安全驱动器的每一次启动，定义为一种保护动作。每一种假设始发事件的保护动作的总和是一项保护任务。因此，保护系统以一项保护任务响应于每一种假设始发事件，这项保护任务对这种特定假设始发事件是特有的，是由假设始发事件安全分析所规定的。

对于核电厂来说，设计时有多少种假设始发事件就有多少个安全组合。但因假设始发事件不会同时出现，所以一个假设始发事件的安全组合内的某些部件可以与其他安全组合共用。同样，一个保护动作可以是若干保护任务所共有的，而且由一些安全系统辅助设施提供的服务，也可以供各种不同的安全任务共用。如控制棒紧急停堆保护插入堆芯的保护动作，基本上是影响反应堆安全的各种假设始发事件所共有的保护动作。

6.3.2 保护系统的组成

（1）系统组成功能部件

如图 6-3-3 所示，保护系统包括从参数测量的敏感元件直到产生保护动作信号的所有有关的电气和机械及电缆等部件和线路。但图中只是主通道组成的示意图，并未包含其他部件，其系统组成部件主要有以下功能部件。

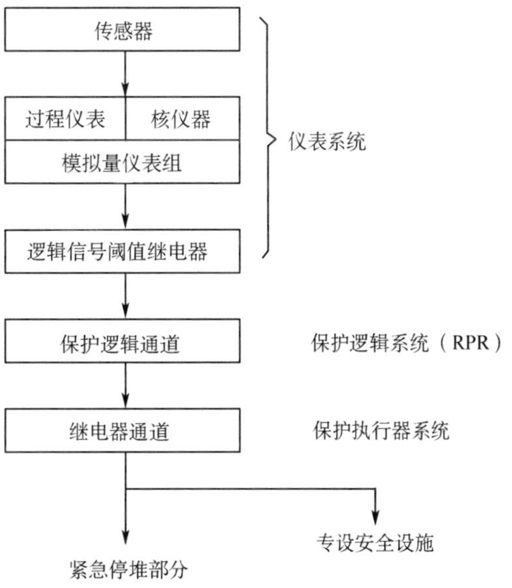

图 6-3-3 反应堆保护系统主通道组成示意图

1）监测功能部件：主要是检测各保护参数的敏感元件探测器，以完成监测功能，一般分为过程检测仪表和核测量仪表，包括测量各类物理参数的传感器、变送器等。

2）越限判断功能部件：主要有一次检测仪表用的信号处理、定值比较和报警输出等部件，用以判断监测信号是否发生超过允许运行范围达到整定值而给出安全报警信号。

3）逻辑判断功能部件：即安全逻辑装置，用以实现保护参数和保护通道的逻辑算法功能，判定发生何种假设始发事件，以便触发相应的保护动作。它一般包括 2/4、2/3、1/2 符合逻辑，“或”、“与”、“高选”逻辑，以及记忆元件等逻辑处理部件。

4）保护信号驱动功能部件：为保护动作提供输出到驱动器的信号转换装置，并为安全保护动作执行器件提供信号接口。通常采用继电器实现。在压水堆核电厂，它一般包括两部分：紧急停堆部分和专设安全设施驱动装置。

① 紧急停堆部分：

- 切断控制棒束电源，让全部控制棒紧急插入堆芯，停闭反应堆；
- 使汽轮机跳闸。

② 专设安全设施等安全动作，包括：

- 安全注入系统(RIS)；
- 辅助给水系统(ASG)；
- 安全壳喷淋系统(EAS)；
- 安全壳隔离系统；
- 主给水系统隔离；
- 柴油机应急备用电源；
- 主蒸汽管隔离。

5）手动控制人机接口功能部件：用以手动触发停堆，这是为了防止保护系统故障无法实现停堆保护功能，而需为停堆保护提供后备手动停堆保护手段。它一般包括手动停堆操作器件、信息显示器和相应控制继电器等部件等。手动停堆信号一般直接作用于安全执行器上，但为了安全可靠触发停堆，其信号也送入逻辑判断功能部件产生停堆保护信号。

6）隔离保护功能部件：保护系统一般设有隔离装置，一般分为输入输出隔离部件。用以保证不同安全设备、不同逻辑通道、不同控制驱动信号等的隔离作用，防止非安全级设备故障影响安全级设备的正常功能的执行，也防止部件失效影响整体功能的执行。它分为实体隔离和功能隔离。

7）旁通控制功能部件：由旁通控制及显示装置实现，用以实现不同运行条件和工况下，控制保护信号和条件的变更，以使系统适用范围更广，减少系统和设备及其投资。

8）安全联锁功能部件：即安全联锁装置，根据运行工况和条件，用以联锁各种控制系统程序、时序控制联锁，使系统能够有序地、按既定的运行工况和条件投入运行。

9）除此之外，保护系统还应有保护系统设备的状态监视器和 T1、T2 和 T3 自检设备，以及装有保护系统设备的控制盘、机箱、机柜，连接各功能部件的电缆，电气及仪表电缆的安全壳电气贯穿件等。

10）核电厂保护系统的完成控制保护功能的部件和设备属于核安全级，即 1E 级，而其他辅助功能，如自检设备等一般为 SR 级。保护系统在设计和加工制造过程中的质量保证属于 QAI 级，系统设备的抗震要求为 I 类。

11）自诊断检验功能部件：用以检验保护系统从仪表到安全驱动部件的控制保护通道上设备是否发生异常或故障，一般按序分仪表检测部分、逻辑部分和安全驱动部分进行检验，并分别称为 T1、T2 和 T3 检验。检验一旦发现有故障可给出提示，以便尽快修复，提高设备可靠性和可用率。但检验时，不允许产生误动作，更不允许产生拒动。

（2）保护系统子系统

以上功能部件，组成压水堆保护系统，根据其执行保护功能的不同，可分为如下 3 个子系统。

1）反应堆事故停堆系统：它的用途是实现紧急停堆功能。反应堆事故停堆系统能切断所有控制棒组件传动机构电路电源（包括安全棒电磁离合器的电源），使控制棒依靠加速弹簧和/或重力插入堆芯。

2）专设安全设施触发系统：在反应堆发生失水事故或蒸汽管道破裂事故时，触发停堆，并提供信号触发专设安全设施，如安全注入系统、安全壳隔离系统、安全壳喷淋系统以及辅助给水系统动作，防止事故扩大。

3）联锁控制系统：由允许信号系统和联锁信号系统组成，即：

① 允许信号系统：在反应堆正常启动、停闭或者提升功率过程中，或在某些特殊情况下，为运行更安全，允许保护系统改变某些设备或某些安全变化系统状态信号；

② 联锁信号系统：当出现某些异常情况而又要避免反应堆事故停堆时，这些信号限制反应堆功率以避免达到紧急停堆阈值触发停堆保护，并且像某些允许信号那样朝更安全方向改变核电厂运行状态。

6.3.3 保护系统的设计要求

(1) 设计基本原则

作为1E级设备的安全系统,有较为完善的设计法规和标准等来规范保护系统的设计要求,设计总的原则是保护系统在设计时必须考虑各种因素确保系统安全可靠,满足较低拒动率要求,每个变量在要求保护系统动作时,系统因随机故障而不动作的概率(拒动率)不大于 10^{-5},并尽量减少误动率,具体基本原则如下所述。

1) 必须满足核电厂基本安全保护功能要求,即能完成在全部正常运行工况下可能需要的保护任务;当出现假设始发现事件引起的后果时能完成必要的保护任务;当出现超设计基准事故时,能触发相关系统限制事故发展和缓解事故后果。

2) 能完成它所有必要的保护任务但又不引起过高的误动率,每个变量的系统安全故障率(误停堆率)每年不大于1次。

3) 必须考虑故障安全准则,即当设备故障时,应使设备处于有利于反应堆安全的状态下。如反应堆正常运行时,控制棒提出堆芯,当控制棒电源故障时需使控制棒插入堆芯,使反应堆停闭,确保反应堆安全。

4) 必须满足单一故障准则,保护系统的任何单一故障或单次事故均不应妨碍系统的保护功能,即在单一故障时不影响系统功能实现,能完成所要求的保护任务。为此,一般需对每一个保护参数采取冗余措施。

5) 必须考虑保护参数多重设置原则,即针对反应堆每一种事故工况,通过安全分析设置几个保护功能相同的保护参数,即使在某一保护参数的全部保护通道同时失效的最坏情况下,仍能通过其他保护信号来确保反应堆安全。

6) 设计时应考虑多样性原则,以减少共因故障,但尽管有可信的共因故障,也能完成必要的保护任务。

7) 必须考虑保护通道独立性原则,即系统设计和安装做到实体分隔、功能隔离、防止共因故障,同时还需考虑对未经许可接近的防范。

8) 必须考虑在线检查功能,能够全面地进行试验和维修,设计时就需考虑故障诊断手段,能及时发现故障并快速维修,确保它持续满足其工作性能要求。

9) 必须保护动作快速原则,即一旦反应堆出现事故危险状态,安全保护系统应尽快地投入保护动作。保护系统动作延迟时间越长,对反应堆安全将越不利。

10) 保护系统的设计应是简单的,功能单一,尽量减少器件与设备,以提高系统可靠性和可维修性。

11) 必须考虑系统设备质量,系统所使用的部件和设备,必须经过适当鉴定证明其质量合格。构成系统后,同样必须对安全系统设备进行质量鉴定,以保证该设备在需用时所出现的环境条件(如温度、压力、喷淋、辐射)下,能连续满足安全任务所需的设计基准性能要求(如范围、精度、相应等)。这些环境条件必须包括正常运行、预计运行事件和事故工况下与预期的变化。

12) 设计时应考虑人因工程要求,使运行和维修人员失误的可能性减至最小。

(2) 设计技术一般要求

在保护系统设计过程中,为了保证达到设计基准中规定的保护系统性能要求和可靠性目标，确定系统最基本的能力，满足相关法规标准要求，保护系统的设计已经形成一些比较成熟的设计技术，有相应的设计要求。

1）系统保护信号和安全功能以假设始发事件为设计依据，对保护系统的功能和性能要求首先通过核电厂的安全分析加以确定，要根据安全分析确定的假设始发事件分析结果及其确定的保护参数和安全功能来加以设计和实现安全保护功能。

2）保护系统必须能够自动触发每个预计运行事件或事故工况所要求的保护动作，必须把拒动率降低到允许值以下。这些保护动作一般由预计运行事件或事故工况的监测信号谱触发形成。

3）保护系统在保证完成保护动作要求的同时，必须考虑把误动率降低到允许的水平以下。

4）保护系统必须满足单一故障准则的要求，不管是自动触发还是手动触发都必须满足。

5）采用合适的冗余、符合逻辑：为了满足单一故障准则的要求，保护系统必须考虑设置冗余通道（即多重性原则）。对冗余通道采用一定的符合逻辑之后去触发所要求的保护动作，这即可提高触发保护动作的可靠性，又可适当降低误动率，保证核电厂有效安全运行。

符合逻辑分为总体符合逻辑、局部符合逻辑或两者的结合。

对于总体符合逻辑，当任何规定数量的输入信号满足触发条件时，就产生保护信号输出。例如：对于“四取二”逻辑，一个通道的压力信号与另一个通道的温度信号符合时，就产生有效逻辑输出。这种符合逻辑，误动率相对较高，如上述压力信号和温度信号都因有一个通道监测仪表故障给出假信号，也能给出有效信号输出。而且这种符合逻辑难以判定异常首发事件，也会影响后续安全动作的执行。但其优点是逻辑结构相对简单，部件少。

对于局部逻辑，仅当同一类型监测仪表（如温度或压力等）的规定数量的输入信号满足触发条件时，才会产生此种保护信号输出。例如：对于“三取二”逻辑，两个压力信号符合或两个温度信号符合，才会产生有效逻辑输出，而一个压力信号和一个温度信号将不能产生逻辑输出。这种符合逻辑克服了总体符合逻辑的误动率较高且无法判定首发事件的缺点，但其缺点是逻辑结构相对复杂，部件多。

当前，核电厂反应堆保护系统的逻辑设计，一般采用局部符合逻辑后再进行总体符合逻辑，即局部-总体符合逻辑，如图 6-3-4 所示。

6）必须按“故障安全”原则设计：在设计系统时，充分考虑设备可能出现的故障，出现故障时，不增加不安全动作的概率，更不能导致安全动作拒动，而应该使其导致安全动作概率增加。如系统失电，应该导致启动安全动作，而非无法启动安全动作而拒动，所以在常闭和常开触点的选择就需考虑故障安全原则做出选择。

7）设计选用设备质量必须是成熟的可靠产品：所选用的设备必须尽可能经过实际使用考验、符合可靠性目标的要求，而且必须易于标定、试验、维护和修理。必须对安全系统设备进行质量鉴定，以保证该设备在需用时所出现的环境条件（如温度、压力、喷淋、辐射）下，能连续满足安全任务所需的设计基准性能要求（如范围、精度、响应等）。

8）必须考虑运行旁通控制设计，以使保护系统能适应核电厂运行条件和工况。因为存在一种正常运行方式下的反应堆保护动作，可能会使反应堆不能转换到另一种运行工况。为了在需要时实现这种转换，有必要采用运行旁路来阻止不需要的和不希望的动作的触发。

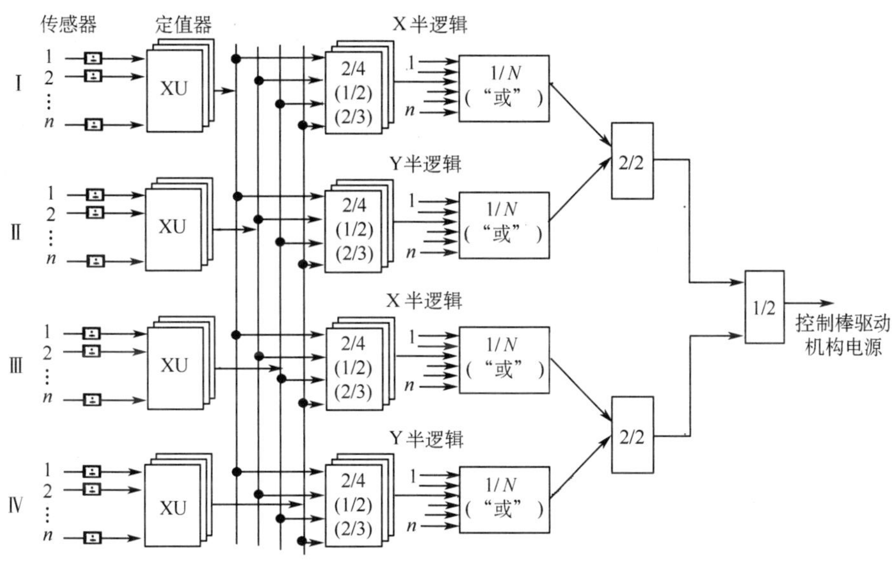

图 6-3-4　局部-总体符合混合逻辑

例如，主蒸汽门关闭保护信号，在汽轮机发电运行之前，必须被旁通屏蔽掉，以便能使反应堆启动运行，而汽轮机开始发电后，则为了防止汽轮机甩负荷，一旦主蒸汽门关闭，则需投入保护。所以，在这些情况下，必需改变安全系统的连接方式，进行必要的旁通控制，才能维持反应堆功率运行。

但是，旁通控制需要注意，一旦不满足允许条件，则保护系统不能依靠手动来完成而必须设计功能要求自动完成下列可能的动作：

① 防止运行旁路接入；

② 执行断开已接入的运行旁路；

③ 获得或保持允许实现运行旁路的条件；

④ 触发相应的保护动作。

9）需有防人因误动的技术手段的设计，这包括防止接近保护系统设备的控制，还包括防止误操作的操作器件的考虑，以及未授权的保护整定值的变更等人因问题。

接近保护系统和其他安全系统的设备必须受到适当限制，这是为防止未经批准的人员接近和经批准的人员可能的错误所必须具备的条件。因为人员接近这些设备可能会改变保护定值和标度，从而影响保护系统功能，所以，需根据监督的严格程度或设备的远近，采用实体安全措施（例如房间，机柜加锁）和行政管理相结合的方法来控制。防止误操作的操作器件，一般考虑采用两次操作发出指令的操作器件，如紧急停堆按钮，一般采用红色按钮，按按钮时，需先翻开盖子再按下发出指令，或者采用先按下再旋转发出指令，总之，需有两次操作才能发出指令，以防止人因误动作。

10）保护系统应能识别假设始发事件，所以需考虑对假设始发事件的特征变量谱的监测。在实际可行时，对所关心的电厂工况，应用直接测量来监测，而不应从其他几个间接测量来推导。检测变量或变量组合的选择，必须考虑可能出现的故障。

11）保护系统应采取故障诊断手段，能检测自己控制通道功能是否正常。这要求保护系统设备在役期间必须具备可试验性，一般都需有在役检验手段。手段可以是在线检测，也可以是定期试验，及时发现故障并报警检修，以确保保护系统设备的功能能力。

12）保护系统必须为操纵员提供手动硬操作的后备手段，防止保护拒动后无法操作。手动触发安全动作是作为自动触发安全动作的后备手段，所以，手动触发安全动作尽量直接触发保护动作。

13）保护动作触发信号，必须有自保持的功能，并需由操纵员确认满足相应条件后才能允许被复位。经过操纵员手动复位后才能投入以后的运行方式下的待保护状态。手动复位必须有相应的限制条件（包括保护停堆后需经过一段时间后才允许复位，一般 15～30 min），电厂及安全设备都恢复正常状态，才允许操纵员手动使保护系统投入待保护状态。

14）应考虑易维护、修理和校准的要求，保护系统设备设置在便于接近，易于诊断，易于维修的地方。如需要维修旁通时，则系统其余可运行的通道必须继续满足单一故障准则的要求。

15）必须有相应标识，以利于区别和保护。安全系统设备及其相互连接线，必须借用标签或色码作适当的标识，以便把该系统与电厂的其他系统区别开来。另外，安全系统内的通道也必须适当加以标识，以减少维护、试验、修理或校准时选错通道的可能性。

6.3.4 保护系统的实际例子

（1）保护目的与措施

如 1.2.4 节所述，压水堆保护系统的设计和组成是以反应堆事故分析为依据。通过对反应堆事故的分析，特别是对引起三道纵深防御屏障破坏的事故原因分析，可以确定反应堆保护系统保护的目的和应采取的措施。

1）燃料包壳：燃料包壳的破裂会引起燃料元件棒的损坏，导致放射性产物释放到一回路中去。而燃料包壳过热是引起其破裂主要因素之一。根据传热学的分析，如果功率过大，或者失去冷却剂流量，将可能使通过燃料包壳对流换热偏离泡核沸腾（DNB）发生，那么，燃料包壳表面能形成蒸汽膜，使换热效果恶化，导致包壳温度升高而可能烧毁。

2）一回路压力边界：一回路压力边界破裂的事故是因为应力过度增大造成的破裂，这些应力可能在一回路压力高或温度快速变化下产生。另外，中子注量率密度的快速变化，也将引起压力的快速变化。所以要避免这一事故，需防止一回路压力和热应力过高。

3）安全壳：当一回路管道断裂，冷却剂大量泄漏，将使安全壳内部温度、压力上升，由此可能引起安全壳的破坏，所以这也是要避免的事故。

由此可见，压水堆保护系统所要防止的事故及采取的保护措施见表 6-3-1。

（2）数字化安全监测和保护系统

如图 6-3-5 是某压水堆核电厂数字化保护系统框图，其保护系统采用数字式集成保护系统。因此保护系统按所有的保护参数传感器及相关的电子设备，将它们在总体上进行了重新组合。保护系统包括紧急停堆功能、专设安全设施（ESF）触发功能和 1E 级数据处理功能（即安全监测功能），所以此数字化保护系统还称为安全监测和保护系统，简称 PMS。安全参数经过 1E 级数据处理子系统采集与处理，经保护系统按一定的符合逻辑关系处理后给出保护动作触发信号，实施保护功能和 ESF 启动功能。

表 6-3-1　压水堆保护系统所要防止的事故及采取的保护措施

保护对象	危 险 性	原　因	采用的保护方法
燃料包壳	熔化	中子注量率密度过高	超核功率保护
		出现 DNB 烧毁	功率、温度和热流密度异常变化的保护
			一回路流量低的保护
			一回路压力低的保护
			中子注量率密度局部峰值的变化
			蒸汽发生器冷却不足的保护（给水流量低——汽轮机脱扣）
一回路	破裂	一回路压力过高	一回路压力高的保护
			稳压器水位高的保护
			蒸汽发生器冷却不足的保护（给水流量低——汽轮机脱扣）
		热应力	中子注量率密度变化过快的保护
			平均温度变化过快的变化
安全壳	破裂	安全壳压力过高	安全壳压力高的保护
			安全壳温度高的变化

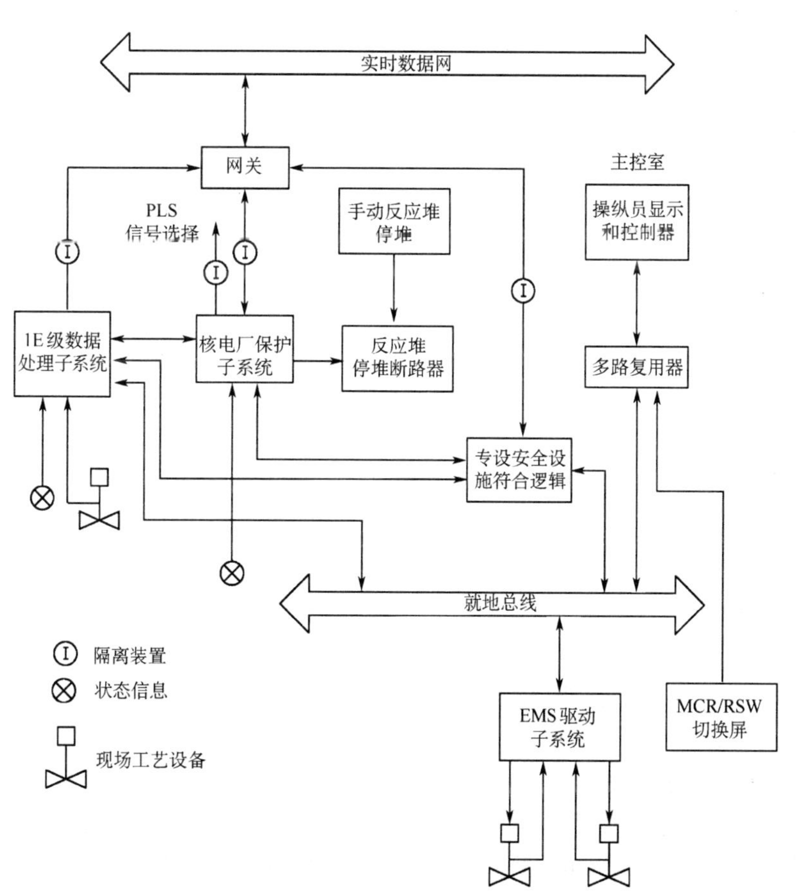

图 6-3-5　某压水堆核电厂数字化保护系统(PMS)框图

PMS 中设置四个冗余通道来执行触发紧急停堆功能。四个通道按“四取二”的逻辑实施停堆功能。图 6-3-6 表示其中一个逻辑通道的停堆保护功能结构，其他三个通道的结构与此相同。

每个停堆变量参数都通过四个相互独立测量通道探测器（传感器）进行检测，其模拟信号通过 PMS 进行 A/D 转换数据采集。

对转换后的数字信号进行必要的处理和计算得出测量值，并与整定值进行比较，以判断是否超过允许值。如果一个通道测量超过了设定或者计算的整定值，一个参数将形成该参数的局部停堆信号。对停堆变量的处理在保护系统的四个冗余段内都是同样的。每个序列的局部停堆状态都要经过隔离的多路数据通信链送到其他三个段中，然后每序列内根据是否有两个或两个以上的冗余测量通道处于局部停堆状态再产生反应堆停堆状态。

由安全监测和保护系统的四个序列中每个序列所产生的停堆信号最后送到各自相应的反应堆停堆断路器。共有四个反应堆停堆驱动段，每序列均由两个停堆断路器组成，当两个或两个以上的驱动段发出停堆信号时反应堆就停堆。该自动停堆信号触发两个动作：一个使停堆断路器上的欠压停堆附件失电，另一个使停堆断路器上的分路停堆器件供电，其中任何一个动作都会使断路器动作引起停堆。停堆断路器断开将使控制棒驱动机构线圈失去电源，从而使控制棒落入堆芯，由于这一快速的负反应性引入就产生反应堆停堆。

允许对产生反应堆停堆的参数测量通道或反应堆停堆驱动段进行旁路，即使在有一个测量通道或驱动段被旁路的情况下，单一故障准则仍然满足。但不允许旁路二个或二个以上的测量通道或驱动段。

另外，用于控制的中子注量率信号等工艺参数和信号，经隔离后送电厂控制系统（PLS）相应的实现控制功能的计算机，来完成控制和综合信息功能。

电厂保护系统监测那些与设备机械性能极限直接相关的重要变量（如压力）以及直接影响反应堆传热能力的变量（如流量、温度），某些不能直接测量的变量则是从其他参数计算而得（如超温 ΔT 整定值），反应堆停堆所需监测的变量有：

1）中子注量率；

2）主泵轴承冷却水温；

3）稳压器压力；

4）稳压器水位；

5）反应堆每条冷却剂回路中的流量；

6）每台主泵速度；

7）每台蒸汽发生器水位；

8）反应堆每条冷却剂回路入口端温度（T_{cold}）；

9）反应堆每条冷却剂回路出口端温度（T_{hot}）；

10）每个手动停堆开关的位置。

（3）常规模拟保护系统

图 6-3-7 为某核电厂的紧急停堆系统逻辑图。紧急停堆逻辑采用失电压动作的原则。X、Y 半逻辑的输出使输出继电器失激励，接点打开，给出自动停堆指令，使主断路器和相应的旁通断路器的失压线圈断电。

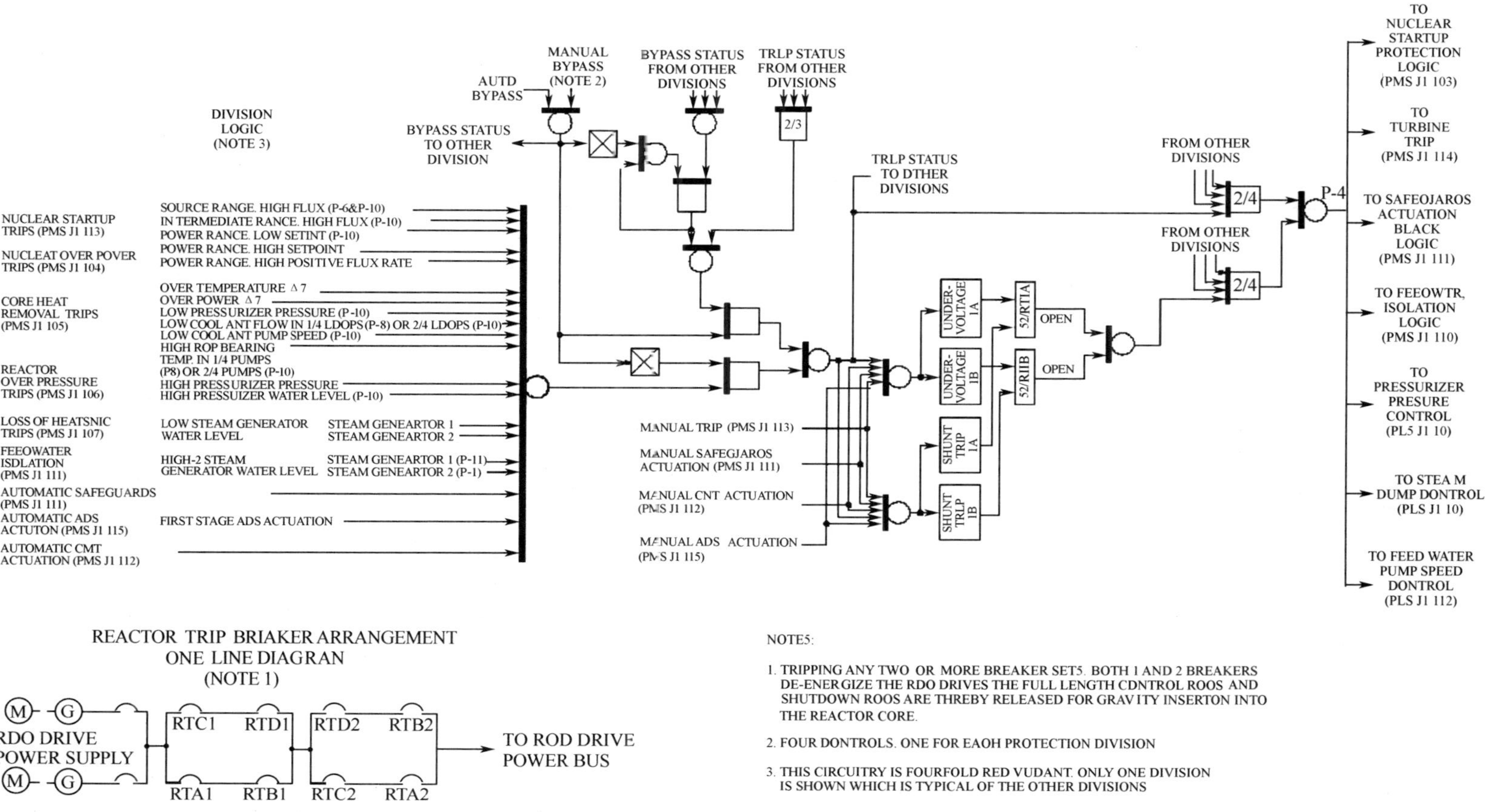

图 6-3-6 PMS一个逻辑通道的停堆保护功能结构图

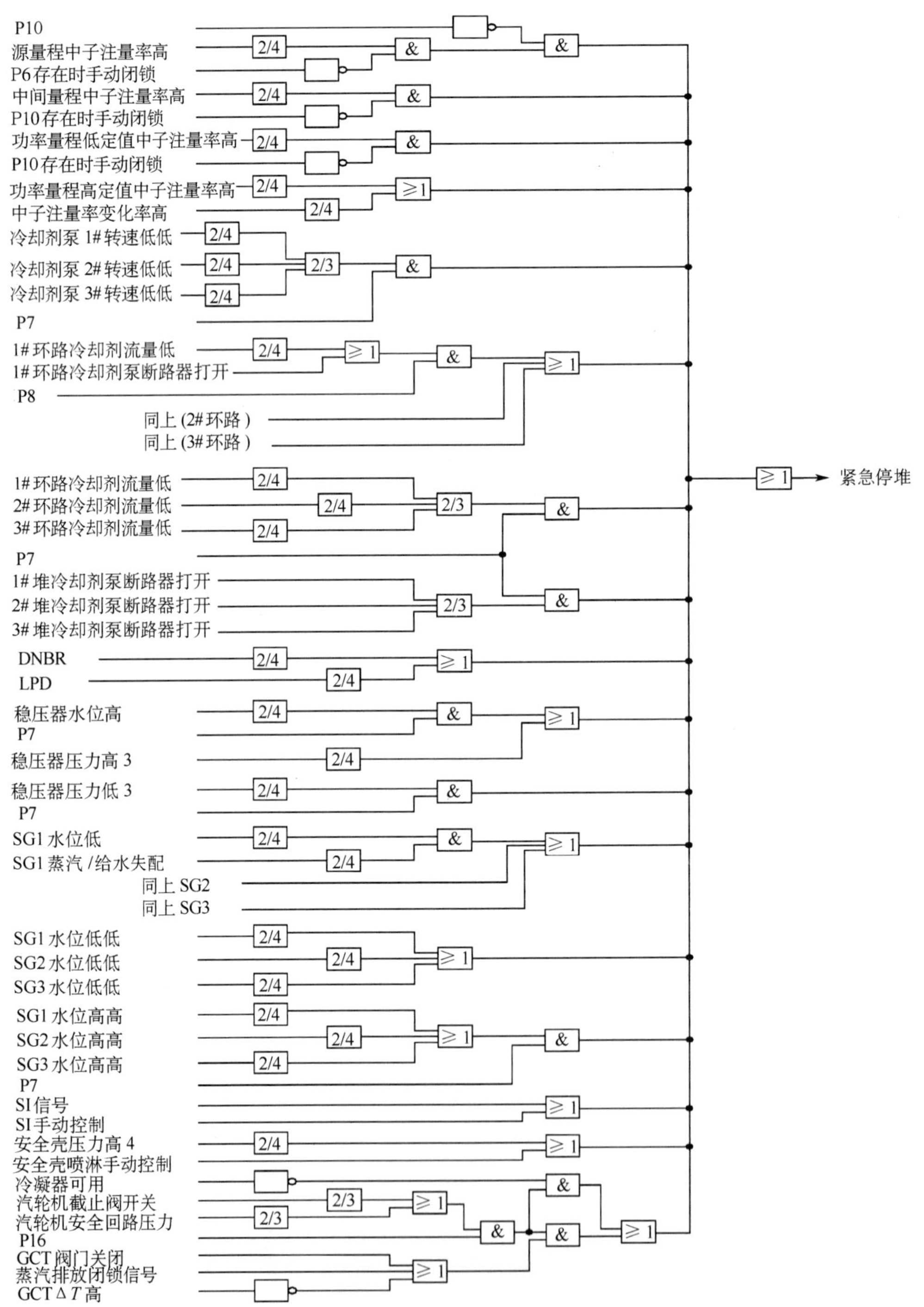

图 6-3-7 紧急停堆系统逻辑图

反应堆保护系统组成,包括两个运行上完全独立的逻辑系列,每个系列有两个部分:

1)紧急停堆部分;

2)专设安全部分。

每列有四个冗余监测通道ⅠP、ⅡP、ⅢP和ⅣP。如图 6-3-8 所示,表示模拟保护系统的

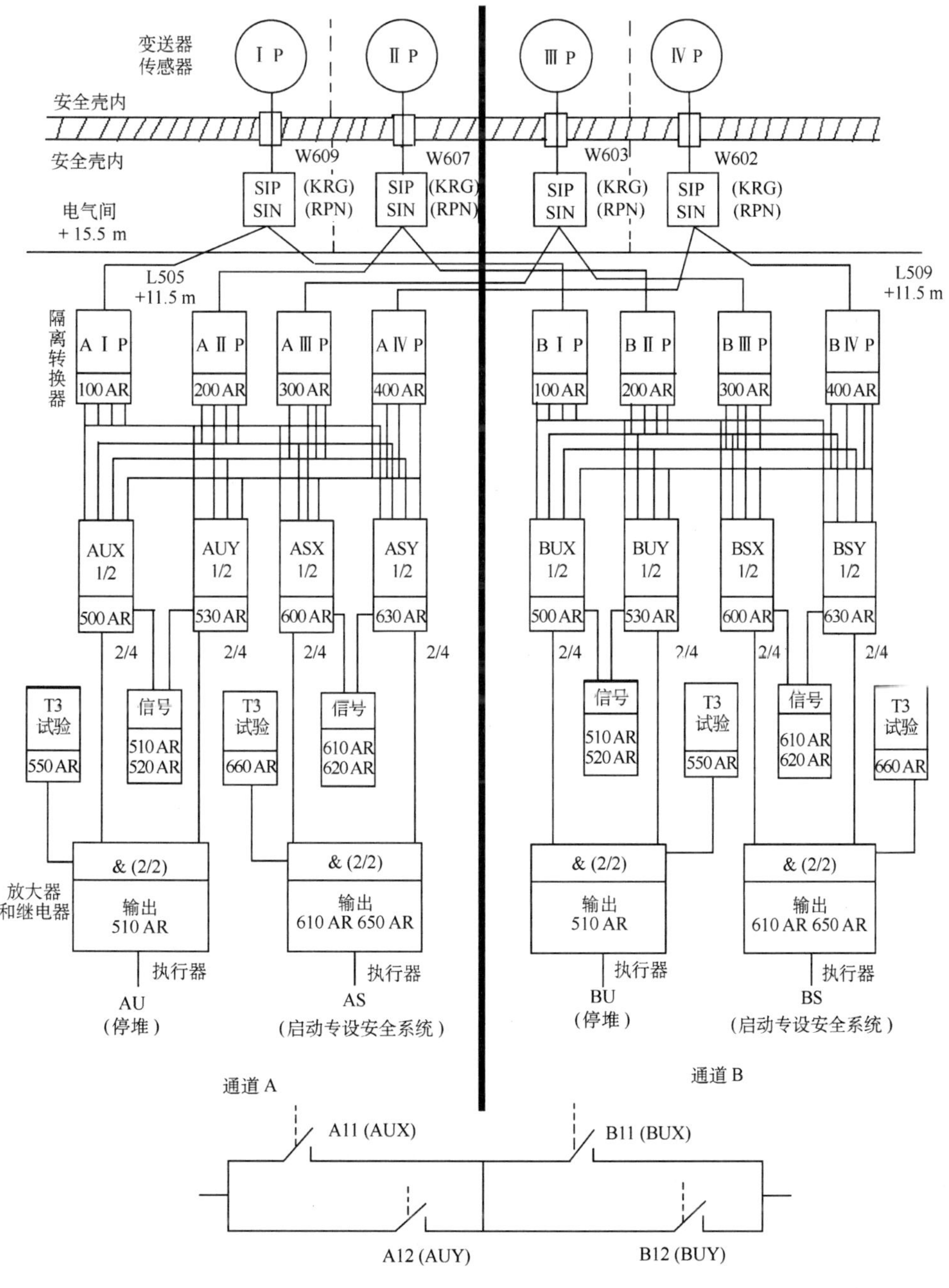

图 6-3-8 模拟保护系统的总体结构图

总体结构。全部触发保护动作的四个安全监测信号都分别送往两列逻辑通道，并按照2/4逻辑给出有效保护动作逻辑触发信号，逻辑触发信号通过AU、BU继电器使断路器断电，保证停堆断路器的释放，使控制棒依靠自重插入堆芯。保护系统的两列中，只要有一列实施保护动作，即完成系统的保护功能。

保护系统所实施的保护动作为：

1）打开停堆断路器；

2）打开反应堆冷却剂泵断路器；

3）汽轮机脱扣；

4）根据引起事故停堆的信号，按照8.3节所述触发有关专设安全设施实施安全动作；

5）给出保护系统实施保护动作的显示信号。

在控制室可以用停堆按钮给出手动停堆指令。手动停堆指令同时作用于主断路器和旁通断路器的失压线圈及分励线圈，使失压线圈失电、分励线圈得电，保证停堆断路器的释放。

紧急停堆变量如下：

1）源量程中子注量率高（由P6和P10联锁）；

2）中间量程中子注量率高（由P10联锁）；

3）功率量程低定值中子注量率高（由P10联锁）；

4）功率量程高定值中子注量率高；

5）功率量程中子注量率（正、负）变化率高；

6）任一环路反应堆冷却剂流量低或冷却剂泵断路器打开（由P7联锁）；

7）稳压器压力低（由P7联锁）；

8）稳压器压力高；

9）稳压器水位高（由P7联锁）；

10）任一SG水位低低；

11）任一SG水位低并蒸汽/给水失配；

12）任一SG水位高高（由P7联锁）；

13）反应堆冷却剂泵转速低低（由P7联锁）；

14）超温ΔT；

15）超功率ΔT；

16）汽轮机刹车信号；

17）安全注入信号；

18）喷淋和安全壳B阶段隔离信号。

具体保护参数如表6-3-2所示。

表6-3-2 核电厂紧急停堆保护参数

编号	紧急停堆保护变量	符合	保护动作整定值	联锁条件	事故
1	中子注量率高（源量程）	1/2	$10^5\ s^{-1}$（10^5个计数/秒）	由P6手动闭锁和自动复位，P10以上自动闭锁	禁止意外功率升高，防止反应性增加事故：1）次临界或低功率失控提升控制棒；2）意外的硼稀释；3）由蒸汽管道破裂或水增加等事故引起的过多热量排放

续表

编　号	紧急停堆保护变量	符　合	保护动作整定值	联锁条件	事　故
2	中子注量率高（中间量程）	1/2	25%满功率	由 P10 手动闭锁和自动复位	禁止意外功率升高，防止反应性增加事故：1）次临界或低功率失控提升控制棒；2）意外的硼稀释；3）由蒸汽管道破裂或水增加等事故引起的过多热量排放
3	功率量程中子注量率高（低整定值）	2/4	25%满功率	由 P10 手动闭锁和自动复位低整定值	禁止意外功率升高，防止反应性增加事故：1）次临界或低功率失控提升控制棒；2）意外的硼稀释；3）由蒸汽管道破裂或水增加等事故引起的过多热量排放
4	功率量程中子注量率高（高整定值）	2/4	109%满功率	无联锁	限定最高功率水平，防止意外的功率骤增：1）负荷的过多增加；2）热量的过多排放；3）硼稀释事故；4）意外提升控制棒，弹棒事故
5	中子注量率正变化率高	2/4	变化率+5%（时间常数 2 s）	无联锁	限制功率骤增，防止造成不能接受的功率分布，弹棒事故
6	中子注量率负变化率高	2/4	变化−5%（时间常数 2 s）	无联锁	落棒事故
7	超温 ΔT	2/3	4.1 ℃连续计算的变量	无联锁	防止偏离泡核沸腾比 DNBR＜1.30 的运行，防止相对来说比较缓慢的瞬态事故：1）功率运行下的失控提升控制棒；2）失控的硼稀释；3）负荷的过多增加；4）反应堆冷却系统的减压
8	超功率 ΔT	2/3	1.8 ℃连续计算的变量	无联锁	防止功率密度（Kw/m）过大。防止比较缓慢的功率骤增事故：1）功率运行下的失控提升控制棒；2）负荷的过多增加；3）硼稀释事故；4）蒸汽管线破裂
9	稳压器压力低	2/3	11.72 MPa	在 P7 以下被闭锁	由上述情况造成的反应堆冷却系统的减压事故：1）失水事故；2）蒸汽管道破裂；3）蒸汽发生器管道破裂
10	稳压器压力高	2/4	16.4 MPa	无联锁	保护反应堆冷却剂系统压力边界的完整性
11	稳压器水位高	2/3	92%满量程	在 P7（10%）以下被闭锁	防止全水运行，防止通过卸压阀和安全阀排放高能水

续表

编号	紧急停堆保护变量	符合	保护动作整定值	联锁条件	事故
12	反应堆冷却剂泵转速低低	2/3	正常转速的90%	在P7以上时，两台冷却剂泵电动机的低转速将使反应堆冷却剂泵断路器脱扣并引起反应堆停堆 在P7以下被闭锁	作为低流事故保护停堆的冗余
13	反应堆冷却剂低流量：三个环路有两个环路流量低	2/3		在P7(10%)以下被闭锁	作为低流事故保护停堆的冗余
14	反应堆冷却剂低流量：三个环路有两台主泵断路器断开	2/3		在P7(10%)以下被闭锁	作为低流事故保护停堆的冗余
15	单环路冷却故障：环路冷却剂流量低(2/3)或反应堆冷却剂泵断路器打开(1/1)	2/3 1/1 (每一环路)	90%流量开关量	在P8(35%)以上时，一条环路中的低流量或一个反应堆冷却剂泵断路器断开将引起停堆	保证有足够高的环路流量以便导出堆芯热量(有偏离泡核沸腾比裕量)
16	蒸汽发生器水位低低	2/4 (每台SG)	21%窄量程	无联锁	失去正常给水保护，防止失去热阱
17	蒸汽发生器水位高高	2/4 (每台SG)		在P7(10%)以下被闭锁	
18	低给水流量：SG低水位(1/2)与蒸汽流量/给水流量失配(1/2)相符合	1/2 (每台SG)	25%水位，蒸汽流量比给水流量大40%(按额定流量计)	无联锁	部分失去主给水保护，防止失去热阱
19	汽轮机事故保护停堆	2/3		在P16(40%)以下联锁	汽轮机脱扣，失去负荷保护
20	专设安全设施触发停堆			无联锁	触发安全设施的任何事故联锁停堆
21	手动	二取一		无联锁	操纵员启动的后备停堆手段

6.4 核电厂联锁控制

为保证核电厂反应堆的运行安全，在一定条件下应禁止其他系统的某些动作(如控制棒提棒动作)，为此应在保护系统及有关系统之间设置必要的安全联锁信号和其他控制联锁信号，只有在必要的联锁条件满足时才能进行某些操作。

这些控制联锁信号，核电厂一般分为允许信号、安全联锁信号和专设安全设施触发信号，允许信号和安全联锁信号分别简称 P 信号和 C 信号。下文将以某压水堆为参考堆来说明。

(1) 允许信号 P

反应堆在一种工况下某个保护功能可能不需要或不适合，就需要将其闭锁，而在另一种工况下，可能需要某个保护功能，就需要将其投入。因此在保护系统中需要设置一些允许功能，在一定情况下自动允许或抑制(闭锁)某些保护功能，或允许操纵员手动闭锁某些保护信号或禁止某些保护通道的动作。允许信号本身不直接完成任何安全动作。

表 6-4-1 列举了压水堆核电厂允许信号部分信号产生的条件及作用，允许信号 P 的功能是：

1) 在正常的单元机组停闭或启动运行过程中，允许手动闭锁保护系统的某些保护动作；

2) 当单元机组运行状态不危及它的安全时，保护系统某些部分实现自动闭锁。

表 6-4-1　允许信号产生条件及作用

信　号	产生条件	作　用
P4	当反应堆紧急停堆时出现	1) 汽轮机脱扣； 2) 隔离蒸汽发生器正常给水； 3) 手动停堆后抑制新的安全信号
P6	当中间量程测量通道测量值高于 $10^{-5}\%P_n$时出现	允许闭锁源量程测量通道引起的紧急停堆
P7	当有 P10 和 P12 信号时出现	闭锁冷却剂流量过低、稳压器压力过低或过高以及汽轮机脱扣等原因引起的事故停堆
P8	当功率量程测量通道测量值高于 30% P_n时出现	只有三台泵运转情况下才可运行
P10	当功率量程测量通道在 $10\%P_n$以上时出现	1) 闭锁源量程产生的紧急停堆信号； 2) 允许手动抑制中间量程及功率量程通量密度低产生的紧急停堆信号； 3) 与 P13 信号联合产生 P7 信号
P11	在稳压器内压力小于 13.9 MPa 时出现	1) 允许手动打开稳压器安全隔离阀； 2) 允许手动闭锁低温低压和稳压器低水位安全注射信号
P12	当冷却剂平均温度低于设定值时出现	1) 闭锁处在关闭状态的旁路阀； 2) 与蒸汽流量偏高信号一起产生安全注射信号
P13	当汽轮机功率 $10\%P_n$出现	与同时出现的 P10 信号合成 P7 信号
P14	当蒸汽发生器水位过高时出现	1) 汽轮机脱扣，并且与同时出现的 P7 信号一起产生紧急停堆信号； 2) 断开主给水泵并隔离蒸汽发生器正常给水回路，启动辅助给水

注：表中 P_n表示额度功率。

(2) 联锁信号C

为保证核电厂反应堆的安全运行，在一定情况下应禁止其他系统的某些动作(如控制棒提棒动作)，为此应在保护系统及有关系统之间设置必要的安全联锁信号C，只要在必要的联锁条件满足时才能进行某些操作。

表6-4-2列举了压水堆核电厂部分联锁信号C产生的条件及作用。

表6-4-2 压水堆联锁信号产生条件及作用

信号		产生条件	作用
C1		当中间量程测量通道中功率大于20%P_n时出现	闭锁控制棒提升线路，以避免继续升功率而使中间量程产生的紧急停堆信号
C2		当功率测量通道功率大于103%P_n时出现	闭锁控制棒提升线路，以避免继续升功率而使功率量程产生的紧急停堆信号
C3		当达到超温ΔT_t第一阈值时出现	1) 闭锁控制棒提升； 2) 降低汽轮机功率
C4		当达到超功率ΔT_φ第一阈值时出现	与C2同样动作
C5		当汽轮机第一级叶轮背压换算的功率小于15%P_n时出现	闭锁控制棒的自动提升
C7	A	当汽轮机负荷下降幅度大于15%P_n时出现	允许打开半数的旁路阀
	B	当汽轮机负荷下降幅度大于50%P_n时出现	允许打开另一半数的旁路阀
C8		汽轮机脱扣	1) 与P7信号一起触发紧急停堆； 2) 允许打开半数的旁路阀
C9		当凝汽器发生故障时出现	闭锁所有的旁路阀
C10		控制棒掉棒时出现	报警
C11		控制棒在高位时出现	闭锁控制棒组件自动提升

(3) 专设安全设施触发信号

在压水堆核电厂发生诸如失水事故或蒸汽管道破裂事故时，启动相应的专设安全设施，并触发停堆系统，确保事故不扩大，防止堆芯裸露失去冷却，保证堆芯安全。压水堆典型专设安全设施触发信号如表6-4-3所示，具体专设安全设施启动条件以某核电厂为例说明如下。

表6-4-3 专设安全设施触发安全信号

安全信号	保护参数	逻辑算法	联锁
安全注入信号	反应堆压力低(1/3)，且稳压器水位低(1/3)	2×1/3	P11以下手动闭锁
	两蒸汽管道间差压高	2×2/3	
	蒸汽管道流量高(2/3)，且蒸汽管道压力低	2×2/3	蒸汽管道隔离，P12允许手动闭锁
	手动启动	1/2	

续表

安全信号	保护参数	逻辑算法	联　锁
安全壳喷淋信号	安全壳压力异常高	2/3	
	手动启动	1/2	
安全壳隔离信号	安全注入信号		
	安全壳喷淋信号		
	手动启动	1/2	

1）安全注入启动条件

① 稳压器压力低：在稳压器中设有三台压力传感器，如果其中至少有两台低于安全注入（简称安注）整定值，则为稳压器压力低事故，需要启动安注系统。

如果此时产生 P11 信号（即稳压器三个压力测量通道，至少有两个低于 P11 整定值），则允许手动闭锁稳压器压力低安注启动信号。若此时置于手动闭锁状态，将不产生安注启动信号。若此时未置于手动闭锁状态，则产生安注启动信号。

如果此时没有产生 P11 信号（即稳压器三个压力测量通道，至少有两个不低于 P11 整定值），则不允许手动闭锁稳压器压力低安注启动信号，此时不管手动闭锁处于何种状态，都会产生安注启动信号。

② 两条蒸汽管线间压差：参考堆有三个环路，因此有三条蒸汽管线，其中任两条管线间各设三台压差计，这三台压差计中，任两台或三台测得压差高于整定值，将产生安注启动信号。

③ 安全壳压力高（整定值 N02）：在安全壳内设有三个压力监测点，当任两个或三个测点测得压力高十整定值 N02 时，将产生安注启动信号。

④ 手动启动：安注系统设有两个手动控制器，操作其中任一个控制器都可产生手动启动安注信号。

⑤ 任两条管线上蒸汽流量高和任两条管线压力低同时产生安注动作信号。

⑥ 反应堆冷却剂平均温度低和任两条管线蒸汽流量高同时产生安注动作信号。

当反应堆冷却剂平均温度 T 低于整定值（P12）产生时，允许手动闭锁⑤、⑥两个信号；如果没有加以手动闭锁（置于解锁），则⑤、⑥两个信号启动安注。

当反应堆冷却剂平均温度 T 大于整定值（P12 未产生）时，不管手动闭锁置于何状态，⑤、⑥两个信号都会启动安注。

上述几种安注启动信号，除自动启动本系统外，还将输出信号，作为触发反应堆停堆、安全壳隔离（第一工况）、应急柴油机启动、正常给水线隔离及辅助给水系统启动的联锁信号。

2）安全壳隔离（第一工况）启动条件

① 安注启动信号：由安注系统的逻辑输出。

② 手动启动：设有两个手动控制器，操作任一个都可以使安全壳隔离（第一工况）子系统动作。

上述两种启动信号，分别经记忆单元输出，一旦动作后，需经手动复位，才能恢复准备状态。

3）安全壳喷淋系统启动条件

① 安全壳压力高（整定点 N04）：在安全壳内设有四个压力监测点，其中任两个或两个以上测得压力高于整定值 N04 时，将产生安全壳喷淋启动信号，经记忆单元输出，驱动执行机构进行喷淋。即使当安全壳压力恢复正常值后，也需经手动复位后，才能停止喷淋。

② 手动启动：设有四个手动喷淋控制器，其中操作任两个或两个以上手动控制器，都可产生安全壳喷淋启动信号。

上述两种安全壳喷淋启动信号，除使本系统动作外，还将启动安全壳隔离（第二工况），即关闭安全壳与外部相同的所有通道，防止放射性物质外溢，同时还输出信号，触发反应堆停堆。

4）蒸汽管线隔离启动条件

① 安全壳压力高（整定点 N03）：在安全壳内设有三个压力监测点，其中任两个或三个测得压力高于整定点 N03 时，将产生由安全壳压力高引起的蒸汽管线隔离信号，使管线隔离。

② 手动启动：设有两个手动控制器，操作任何一个都可产生蒸汽管线隔离启动信号。

③ 当出现任两条管线的蒸汽流量高的同时，又出现任两条或两条以上蒸汽管线压力低信号，将产生蒸汽管线隔离信号。

④ 当出现任两条管线的蒸汽流量高的同时，又出现任两个环路的冷却剂平均温度 T 低于整定值（P12 产生），将产生使蒸汽管线隔离的启动信号。

⑤ 任两条或两条以上蒸汽管线压力低-低信号：每条蒸汽管线设有一台压力监测仪表，当任两条或三条出现压力低-低信号时，则产生一个蒸汽管线隔离的启动信号，使管线隔离。

当反应堆冷却剂平均温度 T 低于整定值（P12 未产生），或者是低于整定值（P12 产生）但手动联锁是处于解锁状态时，蒸汽管线压力低-低信号才会产生蒸汽管线隔离的启动信号。

5）正常给水线隔离启动条件

① 手动启动：设有一个手动控制器，只要手动操作该控制器，即可产生隔离的启动信号，使给水线隔离。

② 安全注入：安全注入系统动作后，输出信号自动启动正常给水线隔离系统使其隔离。

③ 任一台蒸汽发生器水位高-高：每台蒸汽发生器设四个水位监测仪表，其中任两个或两个以上测得水位高-高时，则产生蒸汽发生器水位高-高信号，自动启动正常给水线隔离使其隔离，停止向它供水。

④ 正常给水总管隔离和正常给水旁通阀门打开至固定位置：当反应堆停堆输出 P4 信号，同时又出现反应堆冷却剂平均温度 T 低信号时，则产生正常给水隔离启动信号。并使正常给水旁通阀门打开到固定位置。

当反应堆停堆输出 P4 信号，同时又出现反应堆冷却剂平均温度 T 低信号时，则产生正常给水总管隔离启动信号，并使正常给水旁通阀打开到固定位置。

6）电动辅助给水泵启动条件

① 安注系统动作输出信号自动启动电动辅助给水泵。

② 主给水泵跳闸。

③ 手动启动：设一台手动控制器，操作控制器，可直接启动。

④ 任一台蒸汽发生器水位低-低：每台蒸汽发生器设有四台水位监测仪表，当任两台或两台以上测得水位低-低信号时，经延时后产生电动辅助给水泵启动信号。

⑤ 任一台蒸汽发生器出现水位低-低信号时又出现给水流量低信号，将产生电动给水泵启动信号。

⑥ 抽吸泵母线失电：抽吸泵母线失电信号自动启动电动辅助给水泵。

7）汽轮机拖动的辅助给水泵启动条件

① 任一台蒸汽发生器出现水位低-低信号时又发出水流量低信号，则自动启动汽轮机辅助给水泵。

② 任一台蒸汽发生器水位低-低信号，经延时后，直接启动汽动辅助给水泵。

③ 反应堆主冷却剂泵速度低-低：每台泵设一个泵速测量，当任两个或三个泵速测量的测得结果是速度低-低，则产生直接启动辅助给水泵的启动信号。

④ 手动启动：设一台手动控制器，当需要时，可直接启动汽动辅助给水泵。

8）汽轮机跳闸条件

① 安注系统动作；

② 任一台蒸汽发生器水位高-高；

③ 反应堆停堆。

上述三个条件中出现任何一个都可使汽轮机跳闸。

6.5 其他控制保护

反应堆保护系统主要用以监测并保护核岛里的系统和设备，其中最大的设备当然就是反应堆。但在核电厂内，核电厂还有汽轮发电机厂房和电气厂房内很多设备，除了反应堆这个关键设备需要反应堆保护系统来控制保护外，还有许多重要系统和设备同样需要有相应的控制保护系统来监视系统、设备的运行参数是否发生越限，监测故障、异常或危险工况，然后触发相应的保护动作来保证其系统和设备安全。

这些控制保护系统，按属地分主要有：

1）汽轮发电机厂房保护系统，提供给水系统和汽轮机的机械性保护，包括如汽轮机保护和脱扣系统，凝结水泵和给水泵保护，避免向汽轮机供水或不适当的润滑，凝汽器过热，大型动机设备损坏等，主要保护动作是停止给水和汽轮机；

2）电气厂房保护系统，提供供配电系统、设备的保护，并确保在失去正常供电系统的情况下，有能力通过柴油发电机提供应急电源来保证反应堆停堆保护，使反应堆安全停堆并导出余热的用电需求。主要保护功能有发电机跳闸保护、电网故障和发电设备故障快速切除保护功能、电源切换供电功能；

3）各厂房自动消防保护系统，各厂房根据内部可燃物特性和消防要求，提供相应的自动消防保护，包括火灾监控报警系统、消防栓系统和各种消防灭火系统，如重要电气屏的气体灭火系统，汽轮机厂房泡沫灭火系统等。

电气厂房保护系统和各厂房自动消防保护系统，各有自己专业领域要求，分别是电气和消防领域，在核电厂设计一般也分属于电气工种和消防工种来设计，不属于仪表控制领域，所以下文将简要介绍汽轮发电机厂房保护系统的汽轮机保护和脱扣系统。

6.5.1 汽轮机保护和脱扣系统的功能

汽轮机保护和脱扣系统的功能是当汽轮发电机组发生任何预定的机械故障,以及调节系统失灵时,为汽轮发电机组提供安全停机的手段,防止事故发生、扩大和损坏设备。同时,汽轮发电机组脱扣信号能传送给反应堆保护系统,必要时使反应堆紧急停堆。并将汽轮机脱扣信号传送到反应堆停堆逻辑线路中。

汽轮机保护所考虑的各种机械故障限于以下可预见的事态:

1)汽轮机必须停机以防止或减轻主设备的损伤;

2)运行人员没有时间考虑另外的操作,因为任何延迟都可能迅速使事态恶化。

6.5.2 汽轮机保护和脱扣系统的组成和原理

汽轮机保护系统主要由控制器、截止阀及其操作机构组成。系统工作原理如图 6-5-1 所示,它包括执行器件(蒸汽管道上的截止阀)、传感器(测定转速,凝汽器压力,润滑油油压等相关运行关键参数)、阈值探测器、逻辑处理器(根据阈值探测器的输出状态控制执行机构)和电源等。

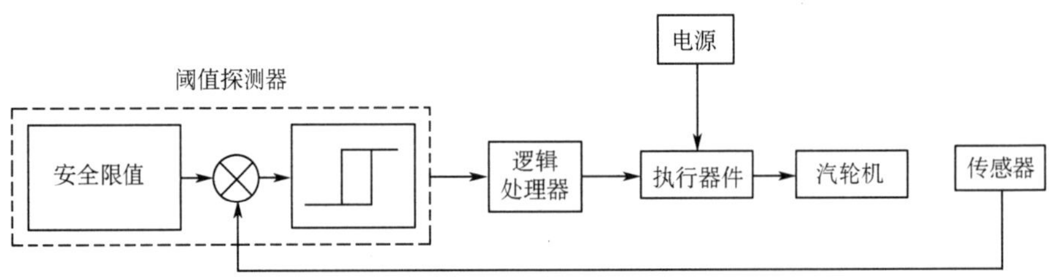

图 6-5-1 汽轮机保护系统工作原理图

当测得某些参数达到预定保护限值时,汽轮机保护系统通过关闭进汽阀使汽轮机脱扣。关闭进汽阀一般包括关闭主汽门和电动隔离蒸汽阀。主汽门一般采用液压控制,它通过紧急脱扣油门的动作使油路内失去油压时,将开启排油阀使各蒸汽阀门脱扣关闭。这种方式,将同时使有高、低压进汽阀门同时快速关闭。同时,一般情况下,油压控制的蒸汽阀门前还有一道电动隔离阀,在保护系统动作时,通过电信号同时充分这些电动隔离阀关闭,但这些电动隔离阀响应时间相对较长。

为确保汽轮机保护系统的安全性和可靠性,汽轮机保护系统设置了两个独立的保护通道,由独立的电源供电。所有的保护信号都重复配置到两个独立的通道中,而且进入单一通道的一个脱扣信号就可使两个紧急脱扣阀都动作,这样保证在任一通道出现故障时,另一个通道仍能实现保护脱扣功能。对有些保护信号可进行带负荷试验。

汽轮发电机组的脱扣是通过切断供向汽轮机蒸汽阀门操作装置的动力油,同时排出操作装置内的残留油,使蒸汽阀门在弹簧作用下快速关闭来实现的。这可独立地由下列两个途径完成:

1）使紧急脱扣阀动作；

2）使位于每个蒸汽阀门操作装置内的卸压电磁阀通电。

汽轮机保护系统脱扣工作原理如图 6-5-2 所示。从汽轮机调节油系统来的液压动力油分成两路，一路直接送往汽轮机高、低压缸截止阀和调节阀的操作装置，由汽轮机调节系统控制阀门的开度，以便根据不同的负荷要求调节汽轮机进汽量；另一路经过两个紧急脱扣阀后，作为保护油，送至高、低压调节阀和截止阀操作装置顶部的卸压电磁阀，用于控制动力油进、出阀门操作装置的油动机活塞，使高、低压截止阀和调节阀开启或关闭。

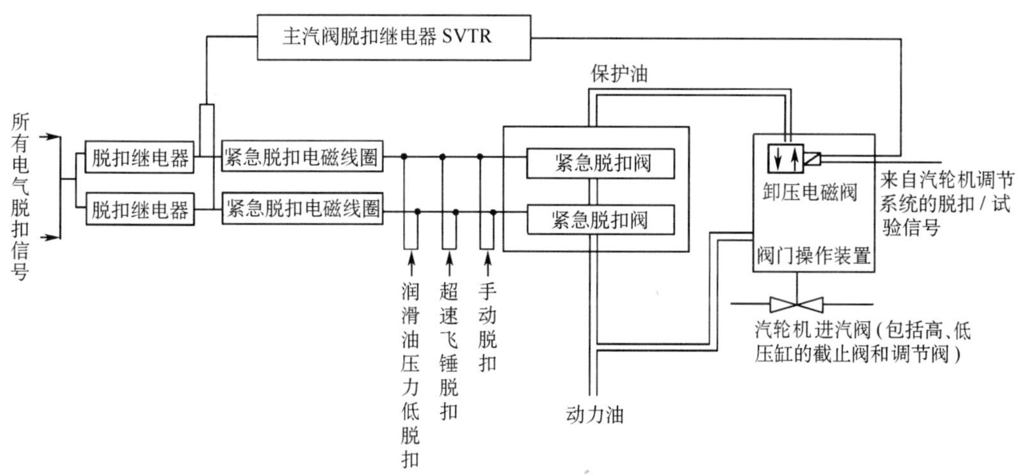

图 6-5-2　汽轮机保护系统脱扣工作原理

引发紧急脱扣阀动作的信号分两类：一类是机械／液压引发的脱扣，包括手动脱扣、超速飞锤脱扣、润滑油压力低脱扣。其特点是脱扣信号直接作用在紧急脱扣阀的触发扳机上。另一类是电气所引发的脱扣，其特点是感受机构把测出的各种保护参数先转变为电信号，经脱扣继电器使紧急脱扣线圈通电引发脱扣。另外脱扣继电器的信号经主蒸汽阀脱扣继电器（SVTR）送阀门操作装置顶部的卸压电磁阀，引发脱扣。来自汽轮机调节系统的脱扣／试验信号直接送卸压电磁阀。

6.5.3　汽轮机保护系统脱扣分级

核电厂汽轮机保护系统脱扣一般分为两级：

Ⅰ级脱扣：指汽轮机脱扣的同时，要求发电机高压出线断路器及负荷开关也跳闸。Ⅰ级脱扣大多属发电机和变压器等电气性质故障引发。

Ⅱ级脱扣：指汽轮机脱扣时，发电机负荷开关或高压出线断路器通过低正向功率联锁装置延迟断开。Ⅱ级脱扣属在电气上被认为性质不太紧急的脱扣。

低正向功率联锁装置实质上是一个在故障后检测汽轮机蒸汽阀门是否已正确动作的装置，主要用来防止汽轮机超速。它的联锁信号来自测量发电机低正向功率继电器的触点，当测得发电机功率输出降到约 $0.3\%P_n \sim 0.7\%P_n$ 时，低正向功率继电器触点闭合，才允许发电机与电网解列，不会引起汽轮机超速。如果已发出脱扣信号，但汽轮机进汽阀由于某种原因没能关闭，使发电机输出功率较大，低正向功率继电器触点不闭合，发电机输出功率被电网所吸收，则汽轮机没有超速的危险。允许低正向功率继电器触点在一定范围内动作，主要是考虑继电器和仪表变送器的误差，上限对应的蒸汽流量不能引起汽轮发电机组超速超过机组允许范围，下限则需考虑蒸汽阀门脱扣后的正常蒸汽泄漏，避免继电器被闭锁动作的危险。

核电厂各种汽轮机脱扣信号及引发脱扣的原因、分级和能否在线试验，典型内容如表6-5-1所示。

表 6-5-1　汽轮机脱扣信号一览表

<table>
<tr><th>名　称</th><th>触发原因</th><th>分　级</th><th>在线试验</th></tr>
<tr><td>润滑油压低</td><td rowspan="2">机械信号</td><td rowspan="6">Ⅱ级</td><td rowspan="6">能</td></tr>
<tr><td>超速</td></tr>
<tr><td>动力油压低</td><td rowspan="4">电信号</td></tr>
<tr><td>MSR 联合疏水箱水位高高</td></tr>
<tr><td>汽轮机推力瓦磨损</td></tr>
<tr><td>高压缸排汽压力高</td></tr>
<tr><td>手动脱扣手柄</td><td>机械信号</td><td rowspan="8">Ⅱ级</td><td rowspan="10">不能</td></tr>
<tr><td>冷凝器真空低</td><td rowspan="7">电信号</td></tr>
<tr><td>定子冷却水流量低</td></tr>
<tr><td>控制器故障跳闸信号</td></tr>
<tr><td>发电机转子冷却剂(如氢、空气)温度高</td></tr>
<tr><td>低压缸排汽温度高</td></tr>
<tr><td>紧急停机按钮</td></tr>
<tr><td>反应堆联跳汽轮机</td></tr>
<tr><td rowspan="2">发电机保护联跳汽轮机</td><td>电信号</td><td>Ⅰ级</td></tr>
<tr><td>电信号</td><td>Ⅱ级</td></tr>
</table>

需要特别说明的是，由于有旁排系统，旁排系统一般具有 $40\%P_n$ 的排热能力。所以，核电厂为了降低紧急停堆动作次数，提高负荷因子，汽轮机脱扣信号送到反应堆保护系统中，不一定会引起反应堆紧急停堆，只有超过旁排系统排热能力，反应堆失去热阱时才会紧急停堆。

总之，汽轮机保护脱扣信号逻辑控制，在压水堆核电厂的控制保护大同小异，图 6-5-3 是某核电厂汽轮机脱扣逻辑框图。

从图中可知，汽轮机保护系统的保护信号(如主冷凝器真空低等)触发汽轮机Ⅱ级脱扣，经"或门"后脱扣信号分为三路：第 1 路直接使紧急脱扣电磁线圈通电(001EA)，危急脱扣阀动作使汽轮机脱扣；第 2 路经过主蒸汽阀脱扣继电器 SVTR1，使汽轮机阀门操作机构内的排油电磁阀 GSE001EL…010EL 动作，引发汽轮机脱扣；第 3 路经过低正向功率继电器 LFPR 联锁后，去断开发电机负荷开关或跳超高压断路器，同时发电机灭磁。其中第 1 路信号和第 2 路信号是独立的，用不同的方式引发汽轮机脱扣，这是为了提高汽轮机脱扣的可靠性。

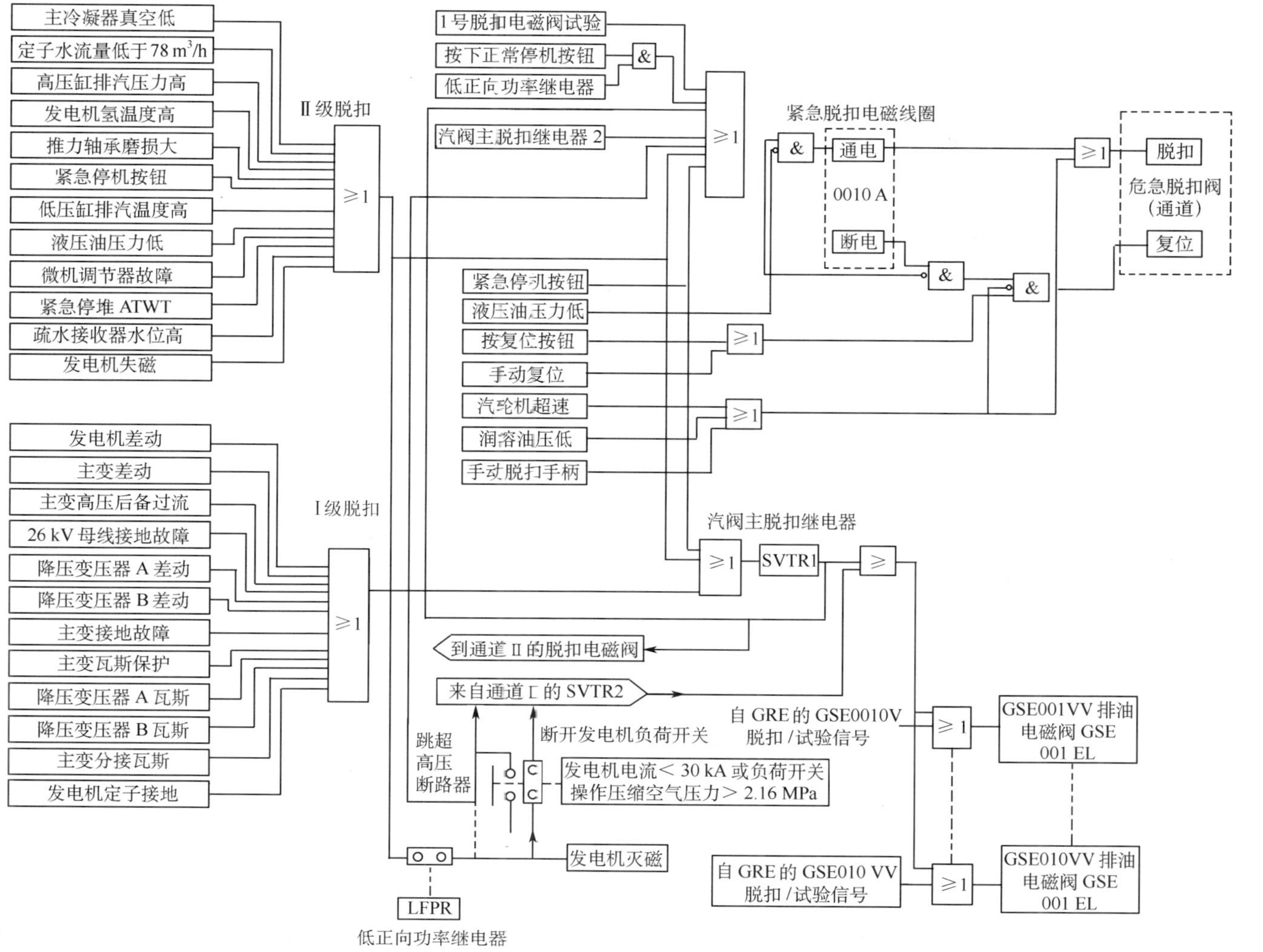

图 6-5-3 汽轮机脱扣逻辑框图

正常停机按钮经过低正向功率继电器联锁后，才使紧急脱扣电磁线圈通电，危急脱扣阀动作使汽轮机脱扣，目的是防止汽轮机超速。

紧急停机按钮直接使紧急脱扣电磁线圈和主蒸汽阀脱扣继电器通电，引发汽轮机Ⅱ级脱扣。

保护油压力低闭锁紧急脱扣电磁线圈通电，原因是出现“保护油压力低”说明危急脱扣阀已动作，汽轮机已经脱扣，这时要闭锁其他保护信号发出的汽轮机脱扣报警。

汽轮机超速、润滑油压低、手动脱扣手柄这些液压/机械引发的脱扣直接作用在危急脱扣阀上。

汽轮机脱扣后，在主控室通过复位按钮 GSE002TO 使危急脱扣阀复位。

由发电机和变压器保护系统来的保护信号（如发电机差动等），引发汽轮机Ⅰ级脱扣。经或门后信号分三路同时送到：

1）使紧急脱扣电磁线圈通电；

2）使主蒸汽阀脱扣继电器通电；

3）跳超高压断路器及断开发电机负荷开关，可见在汽轮机脱扣的同时跳超高压断路器及断开发电机负荷开关。

复习思考题

1. 正负逻辑是什么含义？对控制保护系统的设计要如何选用？
2. 定值器触发符合有哪些？各是什么含义？
3. 控制逻辑基本器件有哪些？还有哪些辅助器件？
4. 逻辑控制在核电厂控制中的作用是什么？
5. 核电厂主要有哪些控制保护系统？核电厂控制保护主要完成哪些功能？
6. 核电厂保护系统主要有哪些设计要求？其功能是什么？
7. 核电厂保护系统基本组成是什么？
8. 请说明保护动作、保护任务、安全动作和安全任务有什么关系。
9. 核电厂保护系统的保护对象是什么？其最终目的是什么？
10. 核电厂联锁控制有何作用，主要有哪些？
11. 核电厂其他控制保护有哪些？其功能、组成和原理是什么？

第七章　核电厂控制调节

7.1　核电厂主要监控内容及其监控系统

核电厂的 I&C 是为核电厂包括核岛、常规岛和 BOP 在内的全厂各系统、设备提供各种控制、保护手段及监视信息，以保证核电厂能安全、可靠和经济地运行。

核电厂约由几百个系统、上万个大小设备组成，每个系统、设备需完成一个或几个功能。而要求设备执行何种功能取决于核电厂的运行工况，如冷启动工况、热启动工况、满功率运行工况、冷停堆工况、热停堆工况等。反过来，电厂运行工况的实施有赖于相关系统及设备实施的是何种功能。所以，如 1.3 节所述，I&C 具有信息功能、控制调节功能和控制保护功能。而控制调节系统即是用来改变或维持系统和设备运行状态以执行电厂所要求的功能的手段，它既可以改变系统和设备的状态，也可以维持系统和设备的运行参数在某一指定范围之内。

核电厂的 I&C 系统是用以维持核电厂系统、设备在规定的工况下允许的稳定范围内正常运行，防止系统和设备偏离正常运行允许范围。系统一旦发生故障或偏离运行情况，则可能导致异常事件或事故发生。与常规 I&C 系统一样可根据 I&C 系统提供人机接口方便性（或自动化程度），分为以下 3 种控制方式：

1）现场控制：由人直接在工艺系统、设备现场进行手动启停或调节等控制；

2）远距离控制：非现场手动控制，也称遥控，是把操纵员的指令传递到被控设备，控制该设备响应操纵员的指令；

3）自动控制：使被控的输出量自动稳定在一个整定值范围内，或者受控设备组按规定条件或时序动作。

为了完成控制功能，核电厂设置了很多必要的控制系统，核电厂全厂控制的原理框图如图 7-1-1 所示。典型的压水堆核电厂的控制调节系统主要包括：

1）反应堆功率调节系统；

2）一、二次冷却剂过程参数监测及控制系统，如一次冷却剂平均温度调节系统；

3）稳压器压力调节系统；

4）稳压器水位控制系统；

5）蒸汽发生器水位控制系统；

6）蒸汽发生器排放控制系统；

7）汽轮机控制及保护系统；

8）发电机控制及保护系统；

9）换料控制系统；

10）核电厂信息处理系统等。

核电厂的控制调节的最主要的目的是使核电厂安全、高效地运行，将核能转化为电能，主要用以实现核电厂可用性目标。具体讲，它要完成以下三个方面的作用：

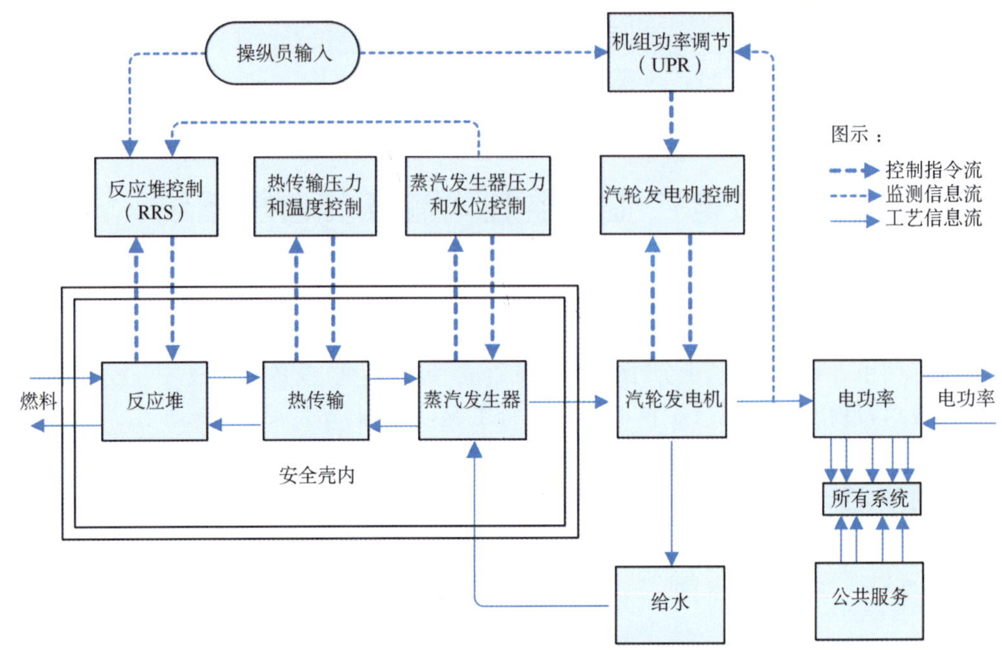

图 7-1-1 核电厂全厂控制的原理框图

1) 在核电厂稳态运行时，可靠地维持核电厂的重要参数，使核电厂的输出功率维持在所规定的范围内，并尽可能接近设计允许的最大值，以提高核电厂电力出力能力，提高经济效益；

2) 在核电厂正常运行瞬态工况，如发生±10%P_n 的阶跃负荷变化或每分钟 5%P_n 线性功率上升或下降时，应不引起反应堆停堆、稳压器卸压或蒸汽排放，以此保证核电厂抗干扰能力，以维持核电厂发电的稳定性，提高核电厂功率因子；

3) 根据电网的要求和运行上的需要，能保证操作的灵活性，除了在 10%P_n 以下控制棒允许处于手动操作外，在其他负荷水平下控制调节系统都能投入自动运行，或切换至手动，以此来减轻运行人员操作负担，减轻人员劳动强度和人因故障，提高工作效率。

核电厂控制可分为两个部分：反应堆功率控制和过程控制。反应堆控制是通过控制冷却剂中硼的浓度(即化学容积控制)和控制棒的抽出或插入堆芯从而控制反应堆的启动、功率调节、停堆和紧急安全停堆。过程控制主要是指对热传输的压力、液位、流量等控制以及二次冷却剂和汽轮机及旁排等的控制。发电机输出的功率是通过汽轮机负荷控制器控制汽轮机的蒸汽流量实现的。

7.2 核电厂常用运行方案和控制模式

7.2.1 反应堆控制的目的

压水堆核电厂反应堆控制的基本目的是使一回路所产生的功率与二回路所吸收的功率

相等，同时保证一、二回路的温度、压力等热工参数及堆芯功率分布等参数能满足各方面要求，并尽可能维持稳定运行，提高负荷因子。

这些要求包括：

1）一回路平均温度变化不能过大，以免一回路冷却剂容积变化过大，需要比较大的稳压器来补偿容积变化；

2）避免上述同样原因使一回路排出的待处理的液体容积增加，因为在容积固定的情况下，平均温度变化大，为了维持稳定压力，必然需随温度变化排出或补入更多的冷却剂；

3）蒸汽发生器出口压力不能过低，提高出口饱和温度，以免汽轮机效率降低、汽轮机末级叶片处蒸汽含水量过大；

4）反应堆功率变化的速度必须满足一定的跟踪电网负荷变化的要求；

5）避免跟踪电网负荷变化时控制棒组的移动过多，造成过大的堆芯功率分布畸变。

为了满足上述要求需要确定控制方案。

7.2.2　控制方案的选择

（1）全厂控制模式的选择

发电厂发电模式有两种模式，即参与调节峰值发电的调峰运行发电厂，和不参与调节峰值发电的额定运行的非调峰运行发电厂，也称为基本负荷运行电厂。电网用电需求有高低变化，如半夜因居民用电和工业用电需求减少，电网用电需求就跌入谷底，相反，白天工厂开工，用电需求就逐步升高到峰值。但电网无法贮存电能，只能是用户需要用多少，发电厂就发多少。所以，并入电网的发电厂，就要根据用电需求来同步跟随发电，这就是所谓调峰发电。但是，为了提高发电效率，并非所有发电厂都需要根据电网需求来调峰。一般情况，大型火电厂不参加调峰发电，除非自身出现故障或停机检修，在正常情况下总是以额定功率运行，以提高发电效率，减少故障率；而一些中、小型火电厂，水电站，蓄能水电站等发电厂，则需参加调峰发电。参加调峰发电厂，需根据电网需求按调度指令给定的发电要求进行发电，而不是以自己额定功率发电。这样，在非额定功率运行发电，其效率必然降低，故障率升高。但让大型发电厂不参与调峰发电，而让小电厂参与调峰发电，从整个电网看，这种生产调度总体提升了发电效率，降低电网失电风险。

发电厂根据其是否参与调峰发电，也必须确定相应的全厂控制模式以适应其运行控制工况的要求。因此，从全厂看，发电厂全厂控制模式也有两大类别：即调峰控制模式和非调峰控制模式。

而在核电厂，为了体现对反应堆安全的重要性，一般调峰控制模式称为“堆跟机”控制模式，即反应堆功率需跟踪发电机功率需求的变化；非调峰控制模式称为“机跟堆”控制模式，即发电机发电功率跟踪反应堆功率变化。由于“堆跟机”和“机跟堆”的控制所跟踪的目标完全不同，对于不同全厂控制模式，而厂内各控制系统控制也因此需选择不同的控制方案，选择不同的目标和控制参数。

（2）功率控制方案的选择

压水堆核电厂在发展初期，由于核电厂的高安全性要求，核电厂发电模式绝大多数是非调峰发电模式，以减少核电厂频繁变动运行工况，导致安全风险升高。所以，核电厂是作为带基本负荷电厂运行的，即采用“机跟堆”控制模式。即连续以可行的最大功率运行，所考虑的控制模式是采用强吸收中子的调节棒束（称为黑棒束），它能以较大的功率变化速度进行调节，但引起的中子注量率密度畸变很大，这种控制模式有的称之为A模式。

但是，核反应堆也并非是完全不能跟踪发电机发电功率的变化，由于核反应堆具有较好的负反应性效应，再加上反应堆功率调节等控制系统的改进设计可在一定范围内的调节，核电厂在一定范围内也具有一定负荷跟踪能力，而其跟踪范围和能力，则取决于核反应堆安全要求和控制系统性能指标。当随着核电厂发电在整个电网发电比重的增大，核电厂也必须参与实时电力生产与电力消耗相平衡的精细调节，即要求核电厂参与电网的负荷跟踪，实现调峰运行而采用“堆跟机”的控制模式。

随着技术发展，“机跟堆”控制模式的A模式因对堆芯干扰较大，也存在一定安全问题，所以，当前压水堆核电厂也多采用“堆跟机”的控制模式。由于A控制模式就不足以实现电力生产的最佳化运行，这样就产生了采用中子吸收较弱的“灰”调节棒束的G模式。G模式控制模式的目的是要确定一种核蒸汽供应系统控制方案，以改善A控制模式，特别是实现某些A模式中不可能实现的负荷快变化。由于G模式也克服了A模式容易引起通量密度畸变很大的缺点，所以当前核电厂大多采用G模式控制方案，属于“堆跟机”的控制模式。

“堆跟机”控制模式，要求反应堆功率跟踪发电机发电功率。但反应堆功率是通过蒸汽发生器传热给二回路产生蒸汽到汽轮机做功发电，也就是说，发电功率取决于一回路对二回路的传热功率 P_2，可由下式表示：

$$P_2 = hS(T_{av} - T_s)$$

式中：h——蒸汽发生器传热系数；

S——蒸汽发生器传热面积；

T_{av}——一回路平均温度；

T_s——蒸汽发生器出口的蒸汽温度。

由于核电厂蒸汽发生器在完成设计和安装后，其传热系数 h 和面积 S 可认为恒定不变，所以二回路功率仅是（$T_{av}-T_s$）的函数。当功率增加时，可用两种方法来满足二回路的功率需求：降低蒸汽发生器出口的蒸汽温度和提高一回路平均温度。根据这个关系，可以考虑三种控制方案。

1）一回路平均温度不变的方案：降低蒸汽发生器出口的蒸汽温度以满足二回路的功率需求，维持一回路平均温度不变，这对一回路有利。但这个方案受到汽轮机效率和尺寸的限制。

根据卡诺原理，汽轮机效率 η 为：

$$\eta = 1 - \frac{T_e}{T_h}$$

式中：T_e——热阱温度，即冷凝器温度；

T_h——热源温度，为汽轮机进汽温度，在忽略管道传输热损情况下，可认为蒸汽发生器出口的蒸汽温度 T_s。

当蒸汽发生器出口的蒸汽温度 T_s 降低时，相当于 T_h 降低，汽轮机效率会降低。因此 T_s 的降低受到汽轮机效率的限制。换句话说，为了使汽轮机达到设计的满功率，必须有一个足够大的进汽压力，汽轮机尺寸就是按这个最低进汽压力设计的。蒸汽发生器出口的蒸汽温度 T_s 降低，也就是蒸汽发生器压力降低，由于后者不能低于设计要求的最低值，因此 T_s 的降低受到汽轮机尺寸的限制。

这种方案需要维持一回路平均温度不变，在热传输功率发生变化时，必然使二回路进出口温度上下波动，由此产生温度变化的热冲击和压力变化的应力冲击，使二回路设备运行使用环境恶化。

2）蒸汽发生器压力不变的方案：蒸汽发生器压力不变，也就是蒸汽发生器出口的蒸汽温度不变，这对二回路有利。但这个方案必须提高一回路平均温度来跟踪二回路功率的增加，受到一回路的各种限制：

① 一回路平均温度变化过大，使一回路冷却剂容积变化过大，需要比较大的稳压器来补偿容积变化；

② 上述同样原因使一回路排出的待处理的液体容积增加；

③ 一回路平均温度变化过大，因反应性温度效应引入较大反应性变化，会使控制棒组的移动范围增大。如果二回路的功率迅速下降，由于主冷剂的温度系数是负的，会释放出大量的反应性，必须靠插入控制棒加以补偿。控制棒的过深插入会引起严重的堆芯通量分布畸变，甚至有产生热点而烧毁包壳的危险。

这种方案由于要维持蒸汽发生器压力不变，在同样稳压器情况下，将使稳压器液位变化较大、一回路压力变化较大，造成一回路压力边界较大热应力冲击，并使稳压器液位和压力控制增加难度。同时，也将引起反应性扰动较大而增加反应性控制调节频繁较大动作和堆芯功率发布畸变，从而影响堆芯核安全。

（3）折中方案

为了克服上面两种控制方案的缺点，大多数核电厂采用漂移一回路平均温度的折中方案。即随着机组功率上升，一回路平均温度逐渐增加，同时蒸汽发生器出口的蒸汽温度逐渐下降。

图 7-2-1 为某核电厂采用的漂移一回路平均温度的折中控制方案下各主要参数变化曲线。一回路平均温度 T_{av} 随负荷增加，在 291.4～310 ℃之间变化。蒸汽发生器出口的蒸汽压力 p_s 和蒸汽温度 T_s 随负荷增加而逐渐降低。图中还给出了反应堆进、出口温度随负荷增加而变化的曲线。负荷在（0～100％）P_n（P_n 表示为额度功率）的范围内，堆进口温度只变化 1 ℃，所以又称这种方案为堆进口温度不变方案。

这种方案的优点是兼顾了一、二回路。

确定了一回路平均温度控制方案后，设计的反应堆控制系统将维持一、二回路功率的匹配，即使一回路平均温度等于控制方案中的平均温度整定值。

总之，当前核电厂即使不参与调峰发电，也因考虑对堆芯中子注量率的影响而基本上都采用“堆跟机”控制模式，在此模式下还要确定功率控制方案，才能确定控制调节目标并选择适当的控制调节参数，给出全厂各控制系统的控制要求，由此再进一步完成对各控制系统的设计。下面简要介绍反应堆功率控制调节系统、稳压器压力水位控制调节系统、主蒸汽旁路排放控制调节系统、蒸汽发生器液位控制调节系统、汽轮机控制调节系统、常规岛其他主要调节系统等。

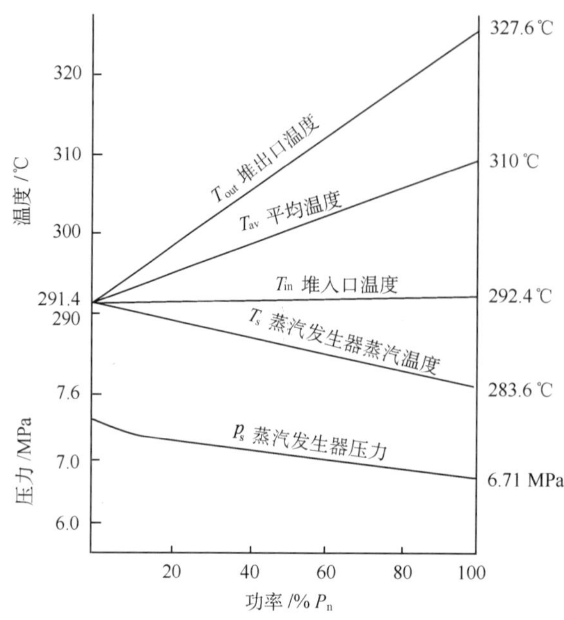

图 7-2-1 漂移一回路平均温度的折中控制方案下各主要参数变化曲线

7.3 反应堆功率控制调节系统

为了保证反应堆有一定的工作寿期，并能满足启动、停堆和功率变化的要求。堆芯装载初期，反应堆必须有一个适量的剩余反应性。为了补偿这个剩余反应性，在堆芯内必须有一个适量的可随意调节的负反应性，此种受控的反应性既可用于补偿由于长期运行产性的燃耗、温度效应等反应性变化，也可用于调节反应堆功率，还可以作为停堆手段。下面以某核电厂为例简要介绍反应堆功率控制调节系统基本原理与组成。

7.3.1 压水堆核电厂功率控制的功能与基本要求

（1）基本功能

对压水堆核电厂功率控制主要实现下列功能。

1）反应堆的启动、停堆、升功率、降功率以及维持反应堆稳态运行等功率调节。

2）在不超过额定功率时允许负荷有 10% P_n 的阶跃变化，也能适应 5% P_n/min 的功率线性变化。

3）实现功率分布的控制，使反应堆处于良好的安全性和经济性状态下运行。

4）抵消过剩反应性、补偿在运行中由于温度变化、中毒和燃耗所引起的反应性变化。

5）在保证电网要求的运行灵活性的同时，使核蒸汽供应系统能适应一定的运行暂态。电网频率控制是电力生产的重要指标之一。电网频率变化的主要原因是由于产生的功率与负荷要求不一致所致。频率偏低反映了电能生产的不足，偏高则说明电能多于需求。反应堆控制在适应电网要求的同时，其控制系统要求具有良好的调节特性。

6）在运行暂态或设备故障之后，保持主要电厂参数在正确的运行范围内，以尽量减少反应堆保护系统动作。

7）在跟踪负荷时，反应堆功率随负荷而变，这时用灰棒组补偿功率反应性效应，以保证轴向功率分布不受到较大的干扰。在功率快速变化期间，由于灰棒价值和速度关系，用R棒组辅助补偿功率效应。

8）控制反应堆轴向功率分布，常用轴向偏移控制法：功率变动时，运行点维持在运行图内；稳定运行时，保持运行点在 $\Delta I_{ref}\pm5\%$之内。

9）控制和监视安全停堆棒组S组棒的提升和插入。

10）实现反应堆的紧急停堆。

当保护系统给出停堆信号时，首先切断所有停堆棒组（S棒组）和控制棒组（R、N和G棒组）的供电断路器。使全部停堆棒和控制棒在重力作用下插入堆芯，反应堆进入次临界而停闭。全部控制棒组件，大约在2 s内掉入堆芯。事故停堆时切断给控制棒驱动机构供电的总电源。

11）棒组运行异常应报警并及时校正。当控制棒组件出现不正常滑落、卡棒、非正常提出或棒束失步时，应立即报警，并及时校正。

（2）基本要求

核电厂功率控制的基本目的是使一回路所产生的功率与二回路吸收的功率相等，同时保证一、二回路的温度、压力等过程参数及堆芯功率分布适用于二回路的功率需求能满足各方面要求。为此对核电厂功率控制的基本要求是：

1）通过对汽轮机的功率调节来满足负荷变化的需求；

2）反应堆的输出功率应能跟踪核电厂总功率的变化；

3）在稳定运行期间，维持主要运行参数尽可能接近核电厂设计所要求达到的最优值，使电厂的输出功率维持在所要求的范围内；

4）一回路平均温度变化不能过大，以免一回路冷却剂容积变化过大，需要比较大的稳压器来补偿容积变化；

5）避免由于一回路平均温度变化太大所引起的一回路排出的放射性液体容积增加；

6）蒸汽发生器出口压力不能过低，以免汽轮机效率降低；

7）避免跟踪电网负荷变化时控制棒组件移动过多，造成过大的堆芯功率分布畸变；

8）任何时候尽可能避免主蒸汽安全阀动作。

为了满足这些要求，较为理想的控制方案是控制反应堆冷却剂平均温度 T_{avg} 随核电厂功率线性变化。

7.3.2　反应性控制手段

反应堆运行中的各种反应性效应，包括：慢化剂温度效应、燃料温度效应（多普勒效应）、氙毒效应、燃耗效应、硼浓度变化、控制棒组件移动以及燃料的后备反应性。

反应性稳定工况运行，即保持一定稳定功率，就是要达到上述反应性平衡。反应性总和为：

$$\sum\rho=\rho_i+\rho_{aT}+\rho_D+\rho_X+\rho_B+\rho_{bu}+\rho_R$$

式中：ρ_i——燃料后备反应性；

ρ_{aT}—温度效应；

ρ_D——多普勒效应；

ρ_X——氙毒效应；

ρ_{bu}——燃耗效应；

ρ_B——调硼反应性；

ρ_R——控制棒引入的反应性。

上述反应性中：ρ_i、ρ_{aT}、ρ_D、ρ_X、ρ_{bu}是物理上固有的，而 ρ_B 和 ρ_R 是为了控制反应性引入的反应性控制参量。

当$\sum\rho=0$时，反应堆处于某个任意功率水平下稳定功率运行；当$\sum\rho<0$，功率下降；当$\sum\rho>0$，功率上升。

反应性控制，在压水堆核电厂常用控制棒和硼酸来控制。控制棒用于补偿温度效应和功率效应以及负荷变化引起的效应。硼用于补偿氙毒、燃耗等引起的反应性的慢变化。

控制棒则根据其用途，一般又分为安全棒、补偿棒和调节棒。安全棒用以紧急停堆的安全保护，补偿棒用以补偿燃耗等慢反应性变化，调节棒则用以补偿一些如多普勒效应、冷却剂温度负反馈等的反应性干扰引起的快速反应性变化。

核电厂一般采用漂移一回路平均温度的折中控制方案后，反应堆控制系统采用了 G 模式，其特点是设有温度调节棒组（R 棒组）和功率补偿棒组（G 棒组），通过调节 R 棒组、调节 G 棒组和调节硼浓度来协调控制反应性，使电站具有参与电网调峰、快速跟踪负荷变化的能力。

（1）功率补偿棒组（G 棒组）

功率补偿棒组（G 棒组）又称灰棒组，它一般包括 4 组棒：G1，G2，N1 和 N2，其中只有 G1 和 G2 才是灰棒。

灰棒组用以补偿和功率变化相联系的反应性变化。在一定燃耗下，对应于每个功率水平有一个棒位，由于存在功率负反馈，一般功率水平越高，棒位也越高来弥补反应性亏损。灰棒组按叠步顺序插入或提升。先插 G1 棒组，最后插 N2 棒组（见图 7-3-1）。提升

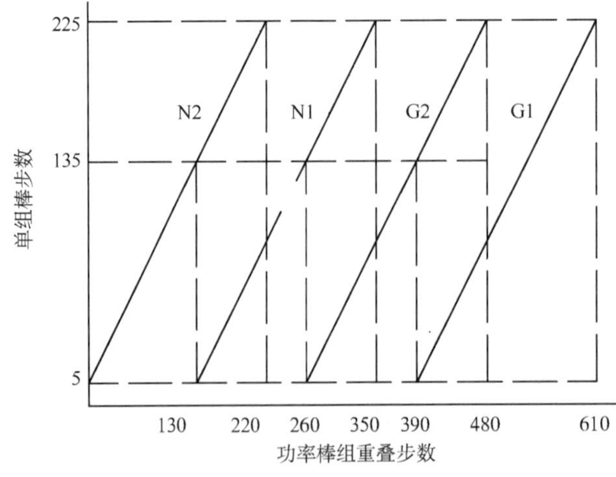

图 7-3-1　功率调节棒叠步

的顺序则刚好相反，先提 N2 最后提 G1。叠步的目的是减少堆芯轴向功率分布扰动，提高微分价值。

（2）R 棒组

温度调节棒组是黑棒组，用以控制一回路冷却剂平均温度。它可使一回路冷却剂平均温度最终达到控制方案中要求的整定值，但它不能补偿大范围的反应性变化。大范围的反应性变化是靠功率补偿棒组的提升或插入（抵消功率效应）、稀释或硼化（抵消氙效应、燃耗效应）来补偿的。

通常情况下，为了减少控制棒对堆内中子注量率干扰引起的畸变，R 棒组位于堆芯顶部一个比较窄的范围内，此范围称为调节区（或称运行带、调节带），它只有 24 步（如图 7-3-2 所示）。在负荷跟踪时，R 棒应位于调节区。在带基本负荷运行时，R 棒组应位于调节区顶部。调节区上限由实验方法确定，要求该处 R 棒的微分价值每步不小于 2.5 pcm。

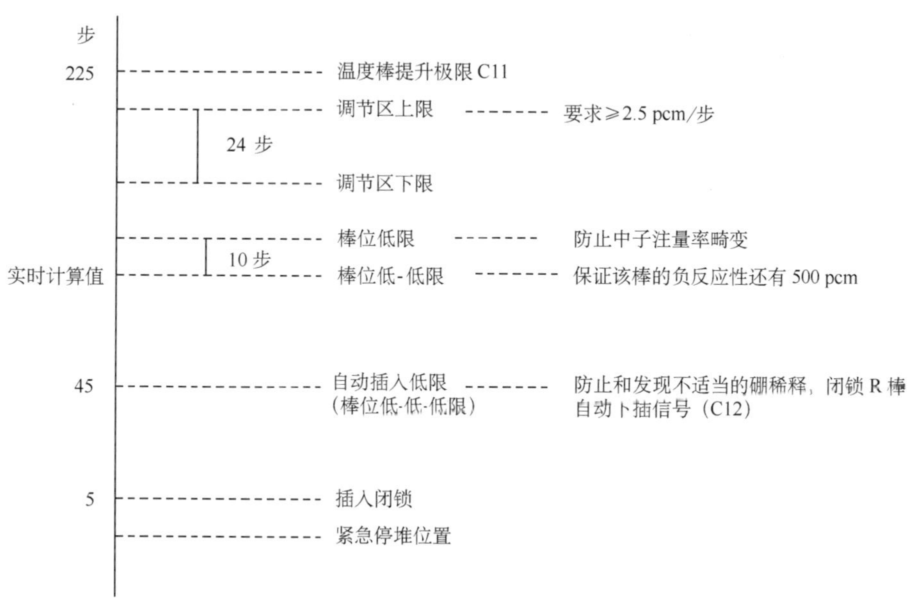

图 7-3-2　温度调节棒 R 棒位

R 棒组除了调节平均温度以外，还有两个用途。在负荷瞬变期间协助 G 棒组控制反应性，此时 R 棒组可能在短时间内超出调节区。另外为了控制轴向功率分布，可能需要将 R 棒置于调节区以外几个小时。

（3）稀释或硼化

稀释或硼化的目的是补偿燃耗引起的慢速反应性变化和氙效应引起的大范围的反应性变化。另外，通过稀释或硼化可以维持 R 棒组在调节区内。

当堆芯轴向功率偏差为正时，即堆芯上部功率大于堆芯下部功率时，可以通过稀释使 R 棒下插，减少堆芯上部功率的比例，使堆芯上、下部功率趋向于相等。当堆芯轴向功率偏差为负时，通过硼化使 R 棒提升，增加堆芯上部功率的比例，使堆芯上、下部功率趋向于相等。

选定 G 模式后，需要设置控制 R 棒组的平均温度调节系统以及控制 G 棒组的反应堆功率调节系统。

7.3.3 反应堆功率控制系统基本结构及工作原理

反应堆运行控制就是使反应堆堆芯产生的热功率适应于在蒸汽发生器中所吸收的功率，如果这两种功率相等并恒定，这时反应堆的反应性等于零，反应堆处于某一功率水平下稳定运行。

反应堆靠调节反应性来控制反应堆功率。如 7.3.2 节所述，对于因燃耗、氙毒等效应引起的慢的反应性变化，用调节一回路中冷却剂硼浓度来补偿；对于反应性快变化，则由功率调节系统调节控制棒的位置来补偿。对于硼浓度的控制，是由化学和容积控制系统实现，本教材不再做说明。

反应堆的功率控制系统有手动和自动两种工作方式。手动操作用于反应堆的启动、停闭和 0～100％P_n范围内的运行；自动操作作用于 15％P_n～100％P_n范围内的反应堆运行。

以运行灵活性比较好的 G 运行模式为例，有两个调节回路，一个为开环控制回路，它跟随汽轮发电机组功率整定值顺序控制功率补偿棒组（N2、N1、G2、G1，部分重叠）；另一个回路通过调节棒组（R 棒组）来保证平均温度调节。R 棒组主要用于对堆内反应性快变化进行微调，补偿平均温度的变化。为了使 R 棒不致对轴向功率分布产生大的影响，它只在堆芯上部一个运行带内运行。

如图 7-3-1 所示，功率棒组的提插重叠控制程序是：提棒时先提效率较高组，即 N2→N1→G2→G1；插棒则相反，即 G1→G2→N1→N2；功率水平越低，棒组插入越深。这种插棒程序，能使轴向功率分布保持均衡。

反应堆功率控制系统原理如图 7-3-3 所示。其基本原理是根据二回路负荷功率需求信号，给出功率棒的棒位定值，然后驱动功率棒按相应的位置定值改变自己的位置。下面简要描述反应堆功率控制系统原理框图如下。

（1）棒位整定值

基于二回路的功率需求和运行工况来确定棒位整定值。二回路的功率需求信号和选用条件如下所述：

1）汽轮机负荷参考值：当汽轮机调节系统投入自动运行模式时，此值是由操纵员给汽轮机调节系统设置的电功率定值，用以汽轮机调节系统自动调节汽轮机的进汽流量，以使发电机产生所需的电功率。同时，此值也送反应堆功率控制系统来确定棒位定值，根据棒位定值来移动控制棒，调节反应堆功率。

2）汽轮机进汽调节阀开度参考值：此值主要用以计算出汽轮机进汽流量从而实时得到负荷功率。当汽轮机调节系统转入手动或负荷速降时（负荷速降就是以 200％P_n的速率降功率），选择汽轮机调节阀的开度作为棒位定值的依据，以保证控制棒的移动与汽轮机进汽阀同步。此时汽轮机调节系统工作于非限荷方式，它的进汽阀开度就代表了蒸汽流量信号。

3）蒸汽流量限值和进汽压力限值：在某些时候，根据安全、计划或试验的要求，必须把汽轮机功率限制在某一数值以下。限制汽轮机功率的方法有两个：其一是限制汽轮机蒸汽流量，即由操纵员设定一个蒸汽流量的最高值；其二是限制汽轮机进汽压力，其整定值由操

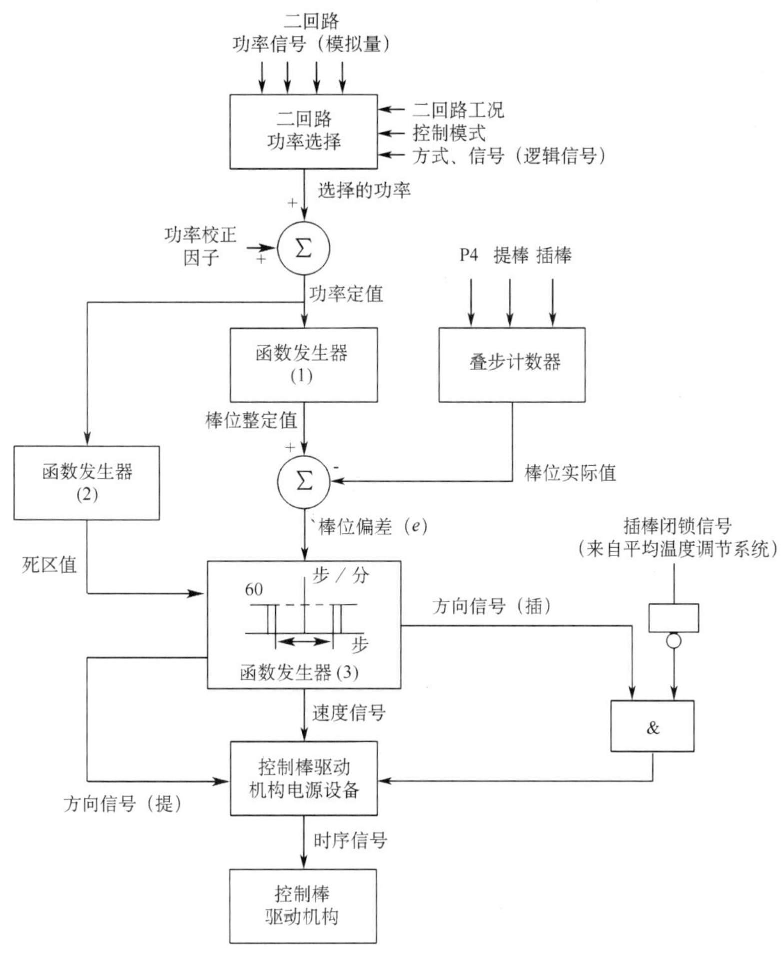

图 7-3-3 反应堆功率控制系统原理框图

纵员设定一个进汽压力的最高值。当正常方式下得到的汽轮机开度参考值比蒸汽流量限值或进汽压力限值对应的蒸汽流量高时，汽轮机调节系统即转为限荷方式：取起显著作用的那个限值（即蒸汽流量限值和进汽压力限值对应的最低蒸汽流量值）去计算进汽阀开度，使汽轮机功率等于所限定的功率。反应堆功率调节系统也选这两个限值的最低值来调节堆功率，使堆功率与汽轮机功率相匹配。

4）频率控制和频率贡献："频率控制"是汽轮机调节系统投入自动模式运行时，对电网频率波动的补偿信号。"频率贡献"是汽轮机调节系统处于非自动模式运行时，对电网频率波动的补偿信号。在相应的条件下把这两个对电网频率的补偿信号加到所选定的电厂功率信号中，通过对电厂功率的调节来补偿电网频率的波动。

5）最终功率整定值：它是在汽轮机旁路系统（GCT）投入运行（即在厂用电运行、汽轮机脱扣或低负荷下运行）时自动生成的二回路功率设定值。当汽轮机脱扣、超高压断路器断开或 GCT 置温度模式时，就要选择它作为反应堆功率的整定值。前两种瞬态发生说明汽轮机的功率需求突然减少，这时反应堆仍然维持一定的高于汽轮机需求的功率，多余的功率由排放系统排出。当汽轮机恢复用汽或用汽量增加时，先不改变反应堆功率，而是通过减少排放来满足汽轮机蒸汽需求的变化，直到汽轮机功率增加到比最终功率整定值大时，再改选汽轮机功率以跟踪之。这种运行方式的特点是比较好地保证汽轮机恢复用汽或增加用汽时的负荷跟踪性能。至于这两种瞬态发生后最终功率整定值是多大，则视瞬态前汽轮机功率而定。如果瞬态发生前汽轮机功率大于或等于 $30\% P_n$，最终功率整定值就取为 $30\% P_n$，否则最终功率整定值即取瞬态发生前的汽轮机功率值。

如果预计两种瞬态之一发生后汽轮机短时不会恢复或增加用汽，则应手动转为其他运行方式以降低反应堆功率，如改选 GCT 压力模式。GCT 压力模式是用调节蒸汽压力的方法来调节平均温度和反应堆功率的一种运行方式，常用于低负荷时升、降反应堆功率。此时最终功率整定值就是压力整定值对应的功率值。

(2) 功率校正因子

由于棒位校正值随燃耗而变化，如果由校准曲线给出的棒位有变化，可借助于功率校正因子将改正值加在棒位整定值的函数发生器之前，改正值可调，但不能小于零，以防止功率调节棒过分下插。功率校正因子是利用设置在控制室的一个开关引入的，它给操纵员提供了临时改变功率棒位的手段，在运行中非常有用。例如在功率棒手动/自动切换中，为了使切换后无扰动，就要用它使功率调节棒位与其整定值一致。

(3) 棒位整定值与实际值

功率调节棒的棒位整定值是由负荷信号决定的，负荷信号在功率选择模块里由高选单元在汽轮机控制系统用信号和蒸汽旁路系统投入工作时代表负荷设定值的信号二选一。这个信号通过棒位函数发生器 1 转换成棒位整定值。

棒位实际值由叠步计数器给出。发生紧急停堆后，叠步计数器被复零，以后每提升一步叠步加 1，插入一步叠步减 1。所以叠步计数器的数值即代表功率调节棒的实际叠步棒位。

(4) 方向、速度信号

函数发生器 3 按棒位偏差信号 e 的极性和大小生成移动功率调节棒的方向和速度信号。当偏差增大到超出死区和回环以后，产生的速度信号是固定的，即每分钟 60 步(每步 1.57 cm)。回环为 1 步，死区的大小决定于功率整定值，由函数发生器 2 给出，在低负荷时为 ± 1 步，高负荷时为 ± 3 步。设置死区和回环的目的是为了减少控制棒的频繁移动。死区随负荷改变是对调节系统的优化，它使功率棒位引起的负荷偏差与汽轮机进汽阀位置引起的负荷偏差相当。例如，假定汽轮机进汽阀的实际位置与理论位置的偏差引起的负荷偏差为 $\pm 0.25\% P_n$，这时就没有必要使功率调节棒位对于负荷的精度高于 $\pm 0.25\% P_n$。在允许的负荷偏差一定的情况下，高负荷时允许的死区比低负荷时大，因为高负荷时功率调节棒的微分价值比低负荷时小。

速度信号是模拟信号，方向信号是逻辑信号。插棒的方向信号在输出之前经过一个与门，当平均温度与定值温度偏差($T_{avg} - T_{ref}$)小于一个允许阈值时，禁止控制棒下插，以防止在平均温度过低时插入功率调节棒。

(5) 时序信号

控制棒驱动机构电源将棒向、棒速信号转换为时序电流信号，送往控制棒磁力提升装置的驱动机构的三个线圈，从而使控制棒提升或插入。

综上所述，功率棒功率控制的工作原理是：反应堆功率调节系统根据汽轮机调节系统的控制模式、控制方式和二回路工况按一定的规律选择一个待跟踪的功率，加上临时增改值，得到功率整定值。再转换为棒位整定值。由叠步计数器给出的棒位实际值与棒位整定值比较，棒位偏差经函数发生器产生棒速和棒向信号，把此信号输出给功率棒组电源设备，则功率棒的电源控制箱产生移动功率棒的时序信号，使之按叠步程序移动，以跟踪负荷。

7.4 稳压器压力、水位控制调节系统

7.4.1 稳压器压力

一回路压力通过稳压器(PZR)的水-汽平衡状态来保持。这个平衡状态由设在稳压器水空间内电加热器的加热和设在稳压器顶部的喷雾器的冷却、安全阀组的保护排放来加以控制。调节原理图如图 7-4-1 所示，根据所测得的压差，调节装置产生下列操作：在压力低于整定值时启动加热器，产生蒸汽，增大蒸汽体积；一回路压力高于整定值时启动喷淋系统，通过喷雾器喷雾降温，使蒸汽冷凝成液体而导致大幅度缩小体积(大约缩小到原来蒸汽体积的1/6)。通过这样体积缓冲，可达到稳压的目的。

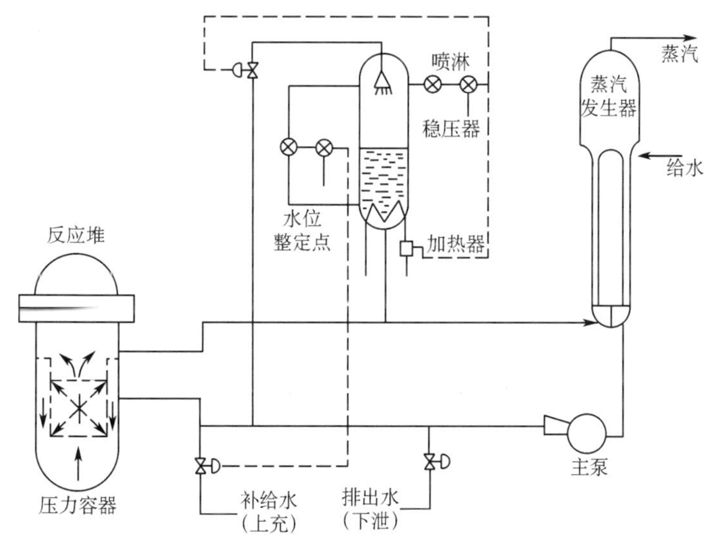

图 7-4-1 一回路压力调节原理图

目前，压水堆核电厂压力整定值基本恒定在 15.5 MPa(绝对压力)左右，当稳压器压力升高时，稳压器实际监测压力和整定值之差给出偏差信号，经调节控制喷雾器，系统因喷雾使蒸汽凝结而降压；当稳压器压力上升很大，喷淋系统不能控制压力时，按设计要求，第一个安全阀组打开，将蒸汽排放到泄压箱，如仍不能稳压时，将打开另外两个安全阀组，向泄压箱排放。在正常运行情况下，有一股很小的约 3.8 L/min 持续喷淋流量，这可使稳压器水和一回路冷却剂含硼酸浓度保持一致，并维持喷淋管线达到一定热平衡。当一回路系统压力太低时，调节装置启动加热器，使水加热汽化而升压。

影响稳压器压力的因素有两个：

1）PZR 水位的变化（活塞效应）；

2）PZR 加热和喷淋系统的调节作用。

紧急停堆后的初始阶段，稳压器水位迅速下降，引起 PZR 压力快速下降。尽管 PZR 的加热器全部投入，但是，加热的效果要延迟一段时间才能显示出来，而且加热的作用补偿不了水位突然从 62.7％下降到约 30％所引起的压力下降。紧急停堆后约 35 s 时，压力下降到最低点。

随后，稳压器水位变化比较小，加热的效果得以充分的体现，稳压器压力缓慢地回升（速率约 0.1 MPa/min），160 s 后压力升到 13.5 MPa（绝对压力），最后稳定在 15.5 MPa（绝对压力）附近。

PZR 压力的变化过程如图 7-4-2 所示（图中未给出 250 s 以后的线性变化到 15.5 MPa 的过程），稳压器压力调节系统的电加热器和比例喷雾器的控制特性如图 7-4-3 所示。

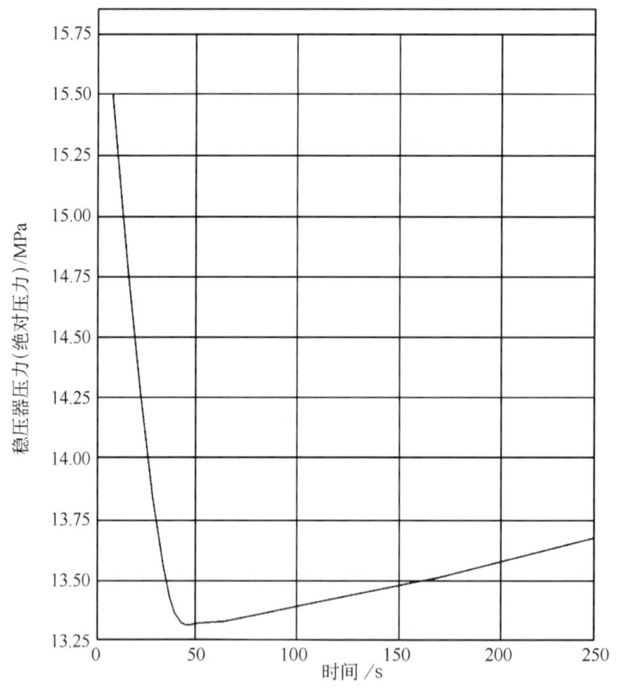

图 7-4-2　100％P_n紧急停堆时稳压器压力的变化过程

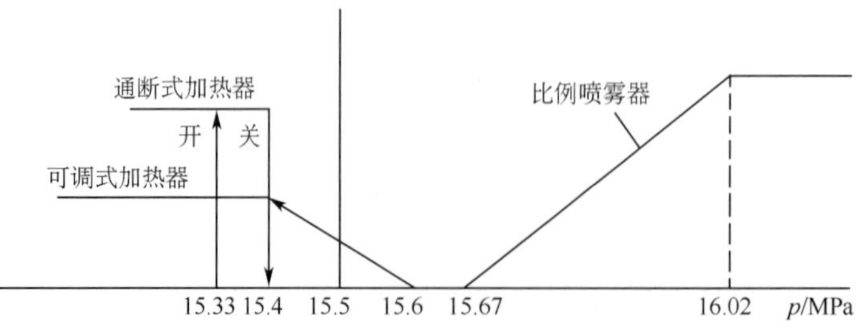

图 7-4-3　稳压器压力控制系统的控制特性

7.4.2 稳压器水位控制系统

压水堆冷却剂的容积随着温度而改变，因此也与负荷的变化有关，压水堆冷却剂的容积是用化学和容积控制系统来调节的，特别是利用容积控制箱，以保持稳压器液位在给定范围内。稳压器液位的整定值与冷却剂平均温度有关，一般随冷却剂平均温度的增加而增加，使得一回路与化学和容积控制系统有最小的交换量。稳压器水位与平均温度关系示意图如图7-4-4所示。

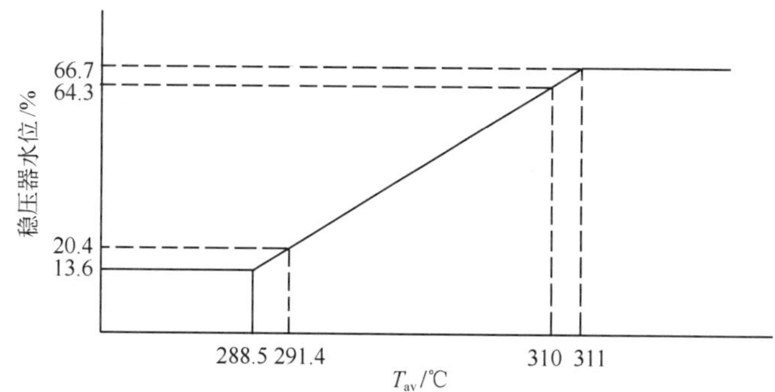

图 7-4-4 稳压器水位与平均温度关系曲线

所以，影响稳压器(PZR)水位的因素有两个：

1) T_{av}的变化；

2) 上充与下泄流量的变化。

参考水位主要是由 T_{av} 来确定的。

一回路边界内上充管线热应力应受到限制，为达到此目的，希望上充、下泄流量不要出现大的变化。一回路压力的变化，对下泄流量变化基本无影响；对由于 T_{av} 降低而产生的一回路冷却剂自然收缩，稳压器设计有足够的缓冲空间。因此水位调节系统选 T_{av} 作为水位整定值的考虑因素后，送到水位调节器的水位差值 ΔN 就不会很大，此外选择的积分时间 T_i 也较大。因此，上充流量控制阀不会频繁地开关动作，以保证上充流量不出现大的变化。因此，PZR 水位实际上只受到 T_{av} 变化的影响。水位的变化的趋势也就与 T_{av} 的变化趋势基本上相同。

在初始阶段，T_{av} 急剧下降，一回路水迅速收缩，水位也就快速下降。紧急停堆后约 35 s 时，水位下降的速率大大减小，这是因为 T_{av} 的变化也已经很小了。

PZR 水位控制系统能根据稳压器水位与稳压器水位整定值之差信号自动控制化学和容积控制系统的上充流量，当偏差信号达到低水位预定值时，本系统自动启动备用上充泵，使水位上升；当出现低-低水位信号后，本系统能立即关闭下泄阀，并使全部电加热器组自动切断，以保护电加热器电阻丝不致烧毁；而当达到高水位偏差预定值时，本系统能自动启动备用的通断式电加热器组，以加热流入稳压器的欠热水，并加大下泄流或减少上充水。

PZR 水位的变化过程如图 7-4-5 所示。

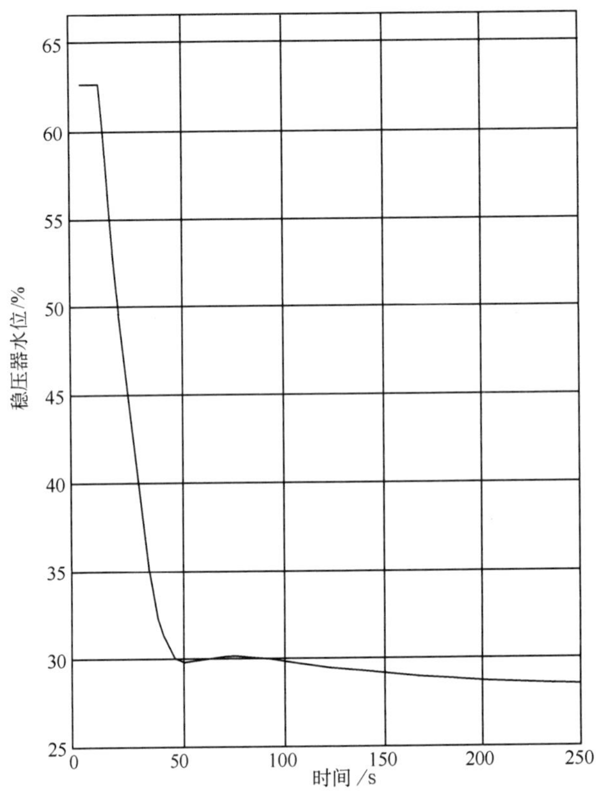

图 7-4-5 从 100% P_n 紧急停堆时稳压器水位的变化过程

7.5 蒸汽发生器水位控制调节系统

(1) 功能与要求

蒸汽发生器在管束围板内部是汽水混合物，没有清楚的两相分界面，管束间的水位就难以确定。所以，蒸汽发生器水位是指蒸汽发生器壳体和管束围板之间的环形区内的水位。

蒸汽发生器水位受很多因素影响，它取决于反应堆冷却剂温度、蒸汽流量、给水温度和给水流量。当蒸汽流量和给水流量不匹配时，如蒸汽流量大于给水流量，水位下降，相反则上升。当冷却剂平均温度升高时，引起传递到二回路热量增加，在短时间内，由于汽水混合物膨胀，引起水位上升，而后，由于蒸汽流量增加，在"机跟堆"控制模式情况下，水位下降。当给水温度下降时，与冷却剂平均温度增加情况有相反的动态过程，首先由于过冷水进入蒸汽发生器，在短时间内由于汽水混合物收缩，引起水位下降，但由于过冷水的进入，将引起蒸汽流量下降，使水位上涨。

而核电厂正常运行时，必须使蒸汽发生器保持正常的稳定水位运行范围。如水位过高，将导致流向汽轮机的蒸汽湿度过大，有可能因汽轮机内产生太多液滴而损坏汽轮机叶片，或造成阀门带水操作，也由于水的存在可能在局部区域造成闪蒸而引起水锤振动造成损坏。相反，如水位过低，则会减低换热功率，引起一回路平均温度升高，导致一回路的冷却不充分。

以上分析说明蒸汽发生器水位需稳定在一定范围内，才能确保蒸汽发生器稳定运行。但影响蒸汽发生器水位因素较多，水位控制调节系统则可自动地克服这些干扰因素，控制水位稳定在一定的允许范围内，一旦水位超过允许值还则需停止供水或停闭反应堆启动辅助给水泵补水等保护动作。

（2）控制手段

正常情况下，蒸汽发生器给水流量由给水泵和给水调节阀控制，蒸汽流量则取决于向汽轮机输送的蒸汽流量，但此流量还受到一回路传递热量而产生的蒸汽产量限制。由此可见，蒸汽发生器水位控制，一般只能选择通过给水泵转速和给水调节阀门来控制给水流量跟踪蒸汽流量，以维持蒸汽发生器流入量和流出量动态平衡，保持水位稳定。但需要注意的是，压水堆核电厂的蒸汽发生器，一般是池式蒸汽发生器，需要定期进行排污，这也能影响水位的动态平衡。

而核电厂大型给水泵，一般不采用调速电机，以减少设备投资和运行维护成本，只是根据运行工况，决定投入 1 台或 2 台给水泵来进行大范围流量控制。所以，蒸汽发生器水位调节一般只能通过给水调节阀的调节来控制蒸汽发生器的水位。

（3）系统基本结构及原理

蒸汽发生器水位控制系统示例原理见图 7-5-1 和图 7-5-2。图 7-5-1 是一个常用的三单元调节线路，根据给水流量、蒸汽流量和蒸汽发生器水位三个重要参数控制给水调节阀（或

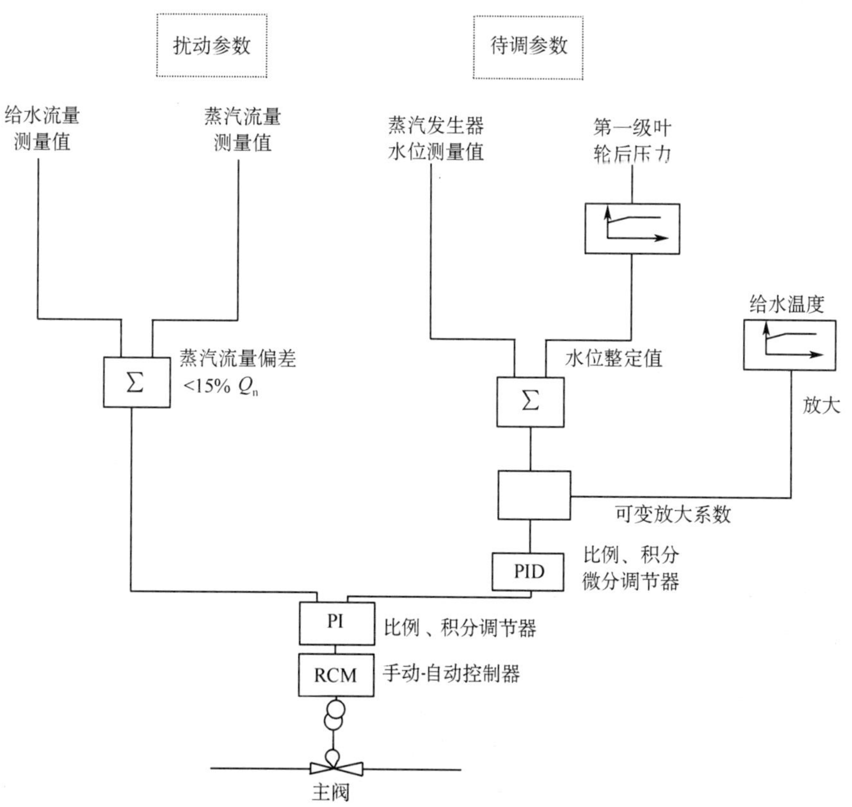

图 7-5-1　蒸汽发生器水位常用的三单元调节线路框图

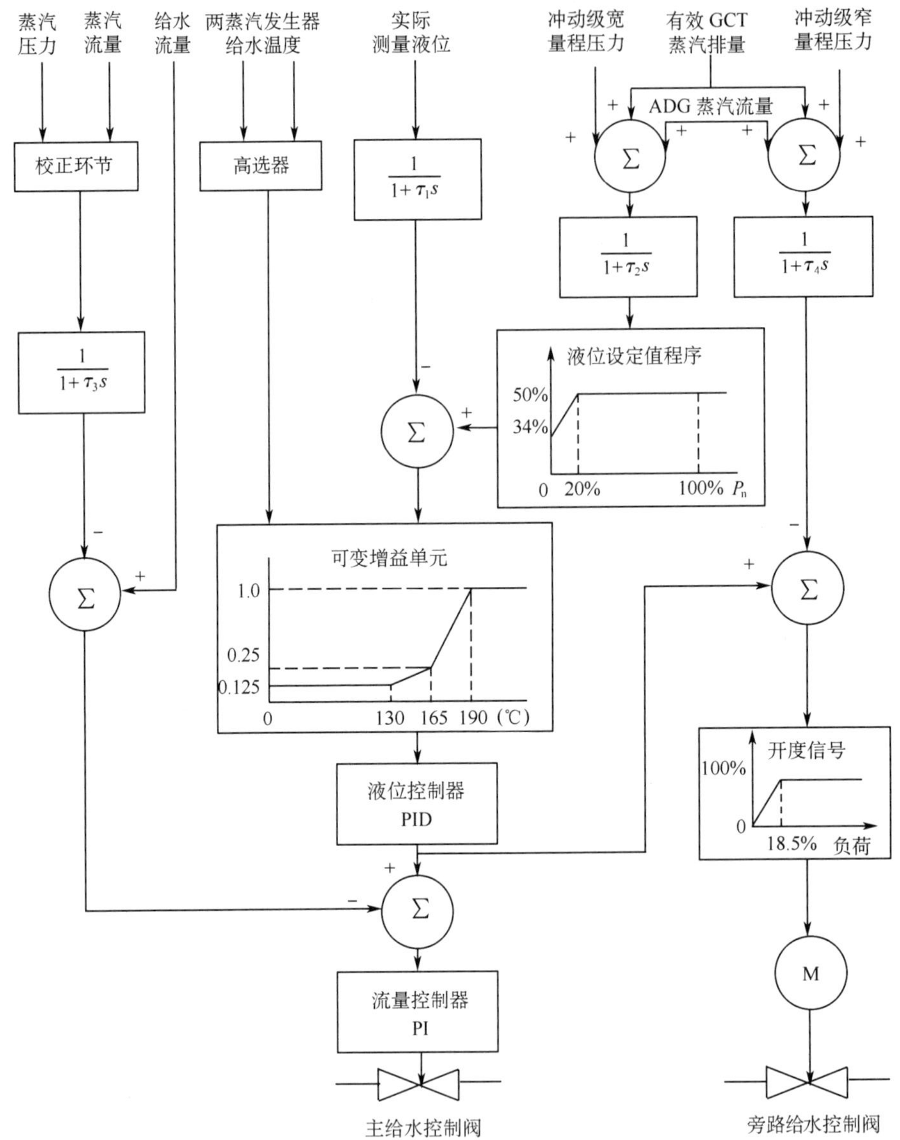

图 7-5-2 蒸汽发生器水位调节原理图

调节给水泵转速，但一般情况下不用这种方式）。水位是被调节参数，水位整定值由代表负荷大小的汽轮机高压缸第一级叶轮后的压力确定。水位测量值与水位整定值的偏差信号通过一个随负荷可变放大系数的放大器（可变放大系数根据给水温度确定），然后送到一个PID 控制器，与一个给水流量与蒸汽流量差值（限幅为 15％Q_n，Q_n为额定蒸汽流量）的扰动量作比较，比较信号通过 PI 控制器，经过手动/自动控制器控制给水调节阀的开度。图7-5-2则是某核电厂的具体示例，增加了旁路给水控制阀参与调节。

当蒸汽发生器水位异常升高超过允许值时，给水调节阀及旁路给水控制阀全部关闭，停止供水；当水位异常降低超过允许值时，反应堆自动停闭，并自动启动辅助给水泵。在低负荷时，可手动或自动使用旁路给水控制阀控制蒸汽发生器水位。

7.6　主蒸汽旁路排放控制调节系统

核电厂运行时，当负荷突然降低(汽轮机甩负荷)时，需依靠蒸汽旁路排放系统将过剩的蒸汽排向凝汽器。蒸汽排放系统中旁路阀的开启取决于反应堆冷却剂平均温度和参考温度之差值，旁路阀开启的数量和速率取决于运行状态以及降负荷的幅度；如凝汽器不能用时，蒸汽则向大气排放。

7.6.1　主蒸汽旁路排放控制调节系统的功能与基本要求

(1) 基本功能

主蒸汽旁路排放系统也称汽轮机旁路系统(简称旁排系统，GCT)，是为了适应机组的启停及事故处理需要而设置的，它能为一回路提供一个人为负荷，起以下作用：

1) 在机组启动阶段，导出堆内多余的热量，以维持一回路的温度和压力，这是由于此时汽轮机还未投入，或未高功率运行，汽轮机吸收的功率小于反应堆释放功率；

2) 在反应堆热停堆和堆冷却的最初阶段，排出主泵运转和裂变产物衰变所产生的剩余释热和湿热，直至余热排出系统投入运行；

3) 在汽轮发电机组突然减负荷或汽轮机脱扣情况下，排走蒸汽发生器内产生的过量蒸汽，以避免蒸汽发生器安全阀动作；

4) 在安全方面的作用，是导出汽轮机负荷突然变化所多余的蒸汽，防止反应堆冷却剂系统过热和二回路超压；以及当蒸汽管道破裂时，利用旁排系统有控制地导出二回路更多的热量，以防止阀门意外打开和反应堆冷却剂系统过冷，确保堆芯安全。

主蒸汽旁路排放控制调节系统(简称旁排控制系统)的功能，就是根据旁排系统工艺要求排放的控制条件，按程序控制 GCT 排放阀，完成上述功能，以维持反应堆的热能使蒸汽发生器产生蒸汽产量与蒸汽消耗量(进入汽轮机发电或旁排系统)的平衡。

(2) 基本要求

旁排系统基本要求要满足以下工艺系统的运行要求。

1) 正常运行：核电厂带功率稳定运行时，冷凝器和除氧器的蒸汽排放系统以及大气蒸汽排放系统都是正常关闭的，反应堆冷却剂系统的温度由温度棒控制系统进行控制。

2) 特殊的稳态运行：当反应堆处于热备用、热停堆、正常中间停堆和两相中间停堆而余热排出(RRA)系统未投入的状态下，由汽轮机旁路系统工作在压力模式下，导出堆芯余热和主冷却剂泵的产热量。若 GCT 排冷凝器不可用，可使用 GCT 排大气来完成此功能。若 RRA 系统投运，则 GCT 作为备用。

3) 特殊的瞬态运行：机组正常运行时的温度变化由温度控制棒系统来调节，但有些瞬态变化很大，如超过 $10\%P_n$，仅靠温度棒难以匹配一、二回路的功率平衡，故这些瞬态就需 GCT 来起作用，平衡一、二回路。如图 7-6-1 所示，当由二回路规定值 T_{ref}(温度参考值)与一回路的实测参考值 T_{avg}之差大于动作整定值 ΔT(即 $T_{avg}>T_{ref}$)时，GCT 就动作响应；而当 $T_{avg}<T_{ref}$时意味着一回路过冷，则闭锁 GCT 的各排放阀。GCT 排冷凝器和除氧器的控制系统工作原理见图 7-6-2。

① 汽轮机甩负荷：在汽轮机甩负荷时，堆芯提供的功率与汽轮机吸收的功率之间发生

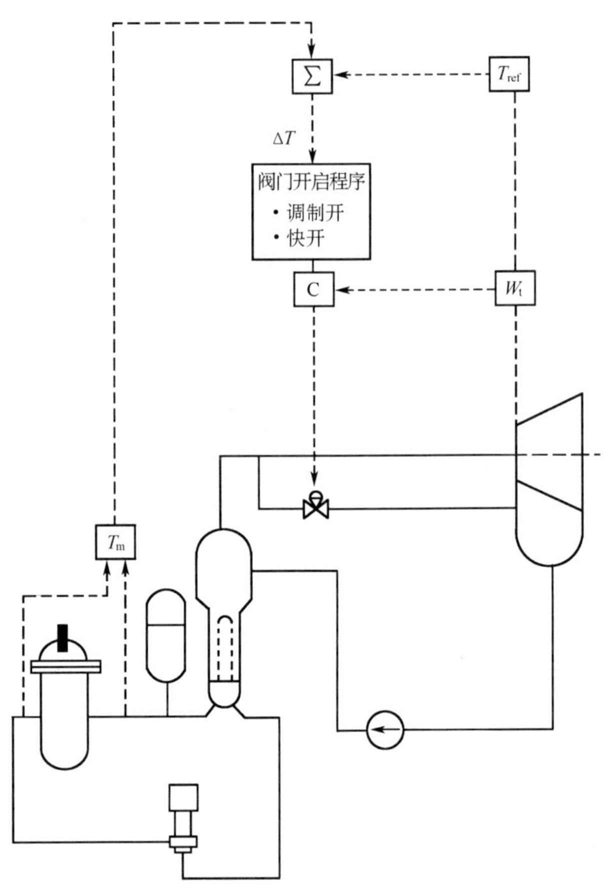

图 7-6-1 GCT 原理图

暂时的不平衡，因为调节棒的调节能力有限。一般情况，调节棒调节设计能力在 10%P_n范围内。在阶跃甩负荷幅度大于额定负荷的 10%P_n或线性变化每分钟超过 5%P_n 时，GCT 就要投入运行，根据反应堆冷却剂平均偏差信号，根据温度偏差信号 ΔT 的大小，结合各组阀门定值，如果满足快开条件就依次快开各组阀门，否则就分组依次地开启，直至全部打开各组阀门。这样通过自动调节排放阀开度使多余的蒸汽排入冷凝器，把多余的一回路热排出，使一、二回路恢复到平衡稳定状态，以保证反应堆控制系统和稳压器的压力调节系统的安全运行。

② 带厂用电运行：机组带厂用电运行（一般在 5%P_n～8%P_n左右）时，反应堆功率一般降到 30%P_n运行，所以其多余负荷则由 GCT 带走。

③ 汽轮机脱扣而反应堆未紧急停堆：核电厂为了快速启动反应堆发电，提高负荷因子，汽轮机脱扣时并非都引起反应堆紧急停堆。在此情况下，与汽轮机甩负荷和带厂用电运行时的情况类似，多余的蒸汽由旁排系统排出，反应堆维持在最终功率整定值确定的水平上。这样，一旦汽轮发电机组解决异常问题即可较快地发电运行。

④ 反应堆紧急停堆（P4）：反应堆紧急停堆将引起汽轮机脱扣而使蒸汽发生器压力升高。如果冷凝器是可用的，GCT 动作就可以避免蒸汽发生器安全阀的动作。反应堆紧急停

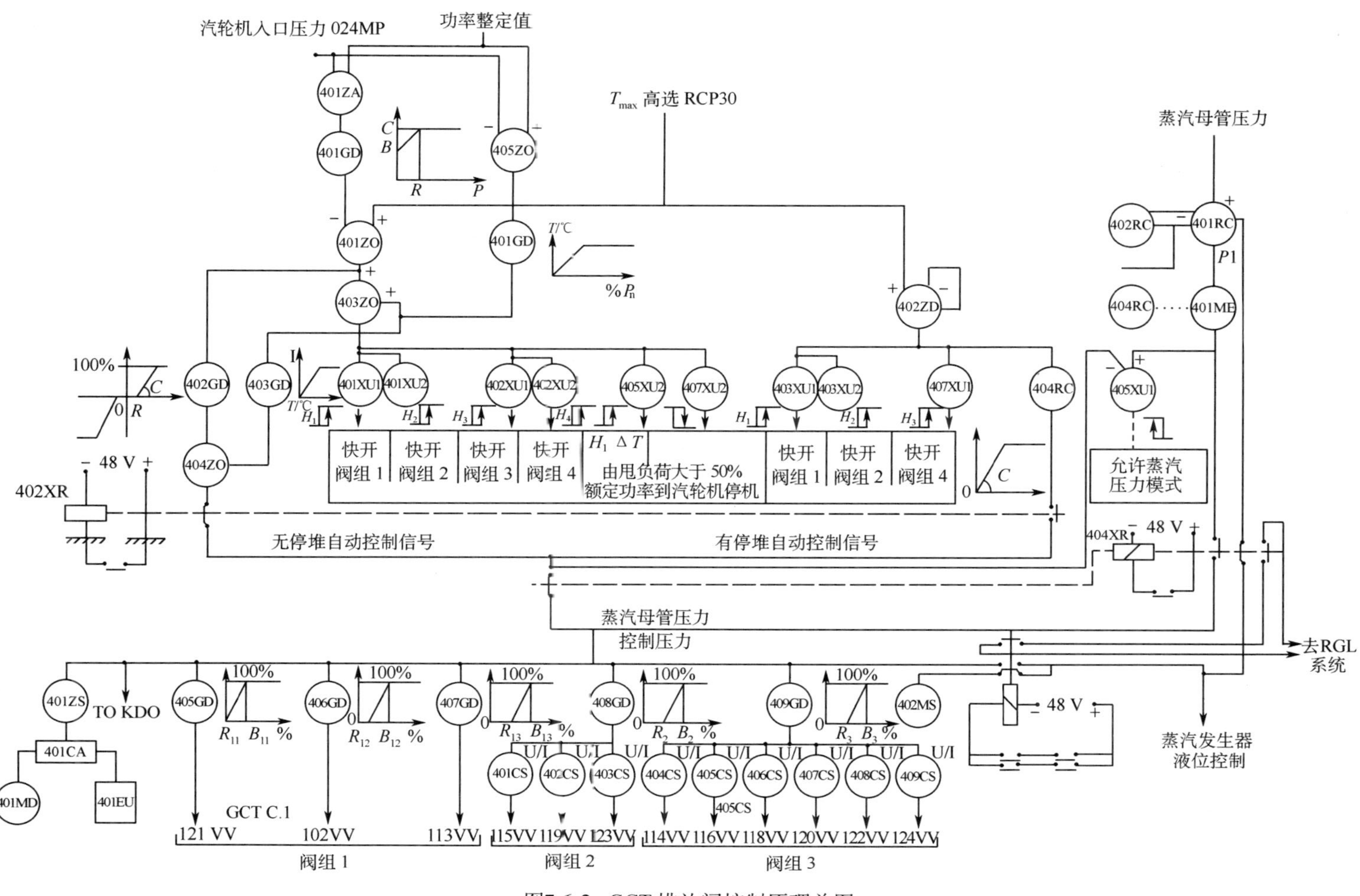

图7-6-2　GCT 排放阀控制原理总图

堆引起 GCT 的排放是由冷却剂平均温度与控制回路产生的零负荷时的参考温度 $T_{ref,0}$ 之差来控制的，GCT 阀门打开的规律则是根据紧急停堆引起控制棒下落，一回路剩余功率与整定的零负荷之差所确定的。在紧急停堆时，为防止一回路过冷而使安注动作，闭锁第 3 组阀开启，第 1、2、4 组阀的开度由模拟开启信号和快开信号及逻辑信号复合控制。第 4 组阀没有闭锁是为了维持给水泵的最小净压头，并作为第 1、2 组阀的备用。

⑤ 低负荷情况：以上各种情况下，当负荷降低到一定程度时，GCT 排放控制模式采用压力模式。

4）启动和正常停堆：如果 GCT 排冷凝器和除氧器可用，则在压力模式下。此时，GCT 只根据实测母管压力与整定压力之差来控制 GCT 阀门的开启，压力模式下无快开信号。靠此完成机组正常启动和停闭。当 $T_{avg}<284$ ℃时，GCT 第 1 组阀可以解锁，以完成堆的正常启动和停闭。

机组启动时，随着反应堆临界及功率增加，汽轮机冲转、并网、带负荷，当反应堆功率大于 $10\% P_n$（C20 信号），则控制棒功率调节系统可投入自动控制方式，则旁排排放阀可以关闭，排放控制模式从压力控制模式改为温度控制模式。

机组停闭时，机组逐渐减负荷到 $15\% P_n$ 左右时，在此过程 GCT 是在温度模式下。当机组负荷降到 $15\% P_n$ 以下时，操纵员调整压力定值，将 GCT 从温度模式切到压力模式下，此时 GCT 并没有开启，只作跳机后的准备。随着反应堆降功率，反应堆开始降温降压，通过手动降低排放压力整定值，使冷却应在反应堆冷却剂系统的降温率限制以内（一般 30 ℃/h 左右）。当汽轮发电机组的电功率低于允许发电参数对应的最低功率，汽轮机脱扣，机组与电网解列，GCT 在压力模式下维持蒸汽发生器压力在一定压力（压水堆大约在 7.6 MPa）。压力模式下只开 GCT 第一、二组，在热停堆以下状态，可只靠 GCT 第一组阀将一回路冷却到 RRA 投运的状态。

5）GCT 排大气（大气排放阀 GCT-a 与安全阀）

GCT 排大气只有压力模式，它在 GCT 排冷凝器不可用时，完成 GCT 的上述功能。正常运行，GCT 排大气系统的压力定值为 7.85 MPa。只要 GCT 排冷凝器和除氧器可用，GCT-a 一般是关闭的，否则 GCT-a 就要打开，在蒸汽发生器的安全阀动作之前，有排放 $10\% P_n$ 左右的能力。

如果瞬态变化太大，旁排系统进入凝汽器和除氧器的旁排排放和大气排放都不能抑制压力的上涨，则压力上涨到安全阀起跳压力整定值时，安全起跳动作，打开排放。

6）GCT 运行有关的限制条件：从安全的角度来看，有以下闭锁保护：

① 防止反应堆过冷：所有阀门在接受到低冷却剂平均温度信号（T_{avg} 小于低限温度，即 P12）后闭锁，但第 1 组阀能够手动解锁，以便于堆启动的升温过程或停堆后的降温过程能够进行。第三组阀在反应堆紧急停堆时闭锁，以防止堆过冷引起安注。

② 防止蒸汽发生器烧干：第三组阀接受 ATWT 信号后闭锁，因为在 ATWT 的事故分析中，得出此时闭锁 GCT 第三组阀（最大一组）再加上其他条件，可使事故后果控制在可接受的范围内。

7.6.2 旁排控制手段

旁排系统由凝汽器排放系统、除氧器给水箱排放系统和大气排放系统组成。

除氧器给水箱排放系统是通过蒸汽母管引出管道到除氧器加热用的新蒸汽管道抽气管相连接，进入除氧器给水箱下部。大气排放系统则在蒸汽发生器主蒸汽管线隔离阀上游安装有排放阀和安全阀直接排放到安全壳外的大气环境中。而凝汽器排放系统，则是从主蒸汽母管主汽门之前引出管线通过比例排放阀、减温降压阀，旁通汽轮机直接进入凝汽器。

为了起隔离和快速启动排放的目的，一般排放管线都设有电动隔离阀和气动排放阀，其中电动隔离阀主要用以检修隔离作用，在正常运行时处于常开状态，而为了在需要排放时快速打开，气动排放阀正常运行时处于关闭状态，一旦达到启动排放条件，则通过控制系统的比例控制，按程序逐步打开一组到全部排放阀，以实现上述功能。

当前压水堆核电厂典型旁排系统一般设有四组排放阀和大气排放阀与安全阀。其中大气排放阀与安全阀都以压力为起跳压力和回坐压力来控制排放阀和安全阀的打开和关闭，控制比较单一，不再细述。

四组排放阀，前三组排放到凝汽器，而第四组则是排放到除氧器的排放阀。第一组阀门是逐个开启的，其余三组阀门都是各阀一起开启的。排放控制阀的开启方式见图 7-6-3 所示。第一组三个阀全开占总开度的 21%左右，各阀渐次顺序开启各占 1/3 部分，第二组三个阀全开将 GCT 总开度从 21%增加到 43%左右，第三组六个阀全开将 GCT 总开度由 43%增加到 85%左右。

GCT 排放阀的控制，则需根据工艺系统所需完成的功能，进行相应的控制，相对比较复杂。下文将以典型核电厂为例简要说明其控制系统基本结构及工作原理。

GCT 有两种控制模式：

(1) 压力控制模式

此模式用于维持蒸汽集管压力接近于给定的手动预定值，控制回路是比例积分回路。此通道用于低负荷手动控制棒期间或蒸汽排放开启情况下，以及低负荷长期运行及堆的启动和停闭中(此时事故余热排出系统 RRA 已退出)。

(2) 温度控制模式

GCT 开启信号正比于反应堆冷却剂实测温度与由汽轮机负荷而整定的冷却剂参考温度之差，此回路用于自控运行(如甩负荷、甩到厂用电、汽轮机脱扣、反应堆紧急停堆)。

每个 GCT 的气动控制排放阀接受两类控制信号：一类是启动控制信号，包括调制开启信号及快速开启信号，另一类是逻辑允许联锁信号。

这两类信号用途分别如下：

(1) 启动控制信号(包括调制开启信号和快速开启信号)

1) 调制开启信号：主要用以温度控制模式下，根据温差大小，给出相应阀门开度控制信号，控制排放阀开启开度的大小；

2) 快速开启信号(快开信号)：主要用以压力控制模式，根据蒸汽压力的大小，控制第一组到第三组的各个排放阀是否全开。

(2) 逻辑允许联锁信号

由于运行工况复杂，GCT 运行有相应于各种工况的限制条件，如上节所述的防止反应堆过冷，蒸汽发生器烧干等，这些需要有相应的联锁信号，防止不合适打开而投入排放。

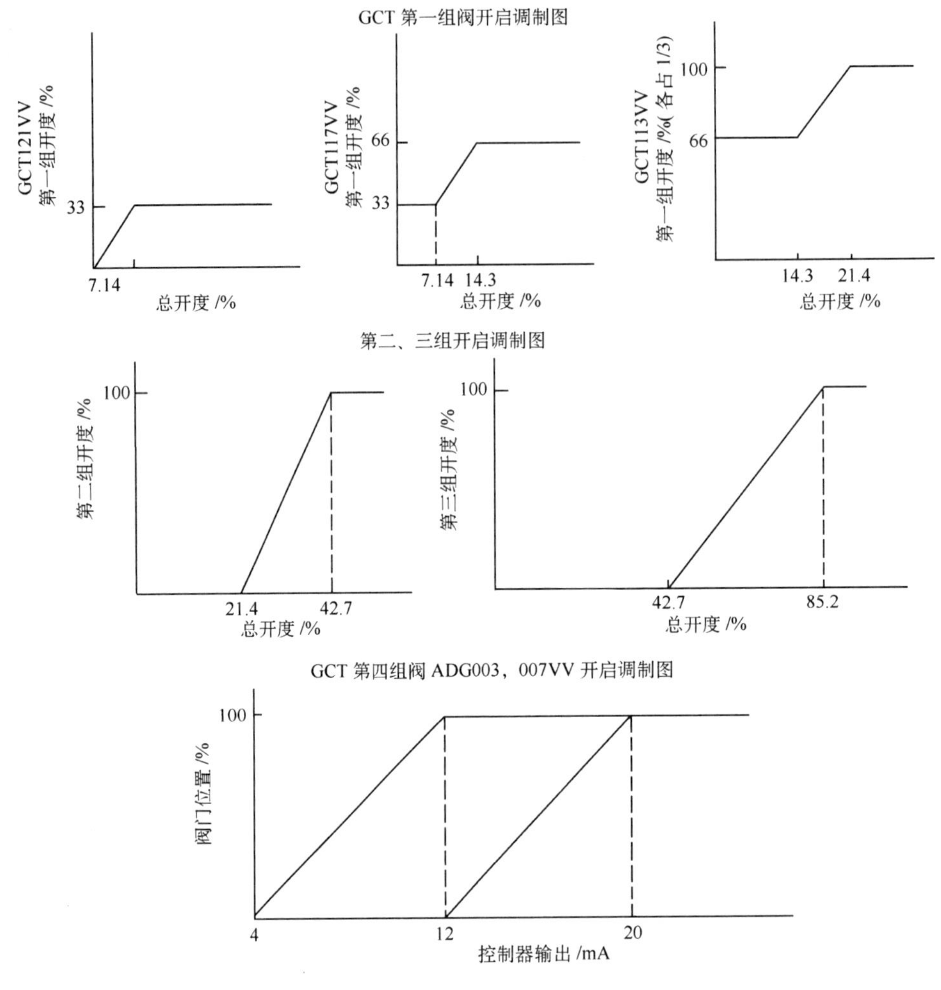

图 7-6-3 排放阀开启曲线图

7.6.3 旁排系统基本结构及工作原理

GCT 的气动控制排放阀的控制原理如图 7-6-4 所示。在气动排放阀的供气管线上有 3 个电磁阀及一个气动定位器,电气转换器来的调制信号经气动定位器转换为开启排放阀开度的比例的气压,此空气源由压缩空气系统供给,经过 3 个电磁阀允许后去打开 GCT 排放阀。在某些瞬态情况下,快开信号直接作用在电磁阀 S_3 上,使压缩空气经 S_3 的 2-3 路通,再经逻辑允许信号电磁阀 S_2、S_1 的 1-3 路通,将 GCT 排放阀全打开。

考虑安全的因素,使用了一些逻辑允许闭锁信号,此信号具有冗余,分 A/B 列,任一列信号产生,均导通电磁阀 S_2、S_1 的 2-3,使阀门排气后关闭。

(1) 控制模拟信号和逻辑信号

目前,压水堆核电厂旁排系统排放控制模拟信号和逻辑信号,主要有以下相关控制信号。

1) 调制开启信号:此信号为模拟信号,是根据在压力控制模式(或温度控制模式)下蒸

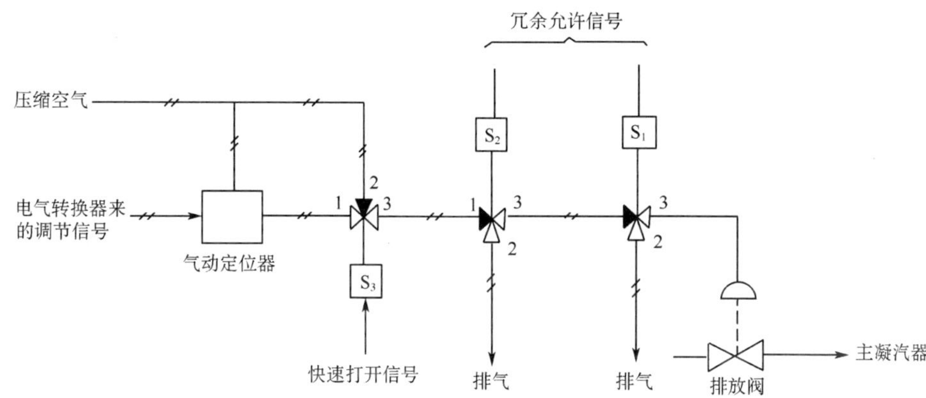

图 7-6-4　GCT 的气动控制排放阀控制原理图

汽压力（或蒸汽温度）与整定值偏差的大小，决定给排放阀开度的控制模拟信号。

2）工况相关控制信号：工况控制信号，是根据核电厂运行工况，已经控制模式的选择，确定旁排系统投入排放方式，这些信号主要有：

① 反应堆紧急停堆信号（P4）：用以给出反应堆是否已经紧急停堆，确定排放方式和排放延时时间，防止反应堆过冷；

② 温度模式：GCT 控制模式选择开关选在温度模式。

3）温度越限触发排放信号（XU）：此信号是蒸汽温度超过各排放阀相应的温度定值阈值触发继电器动作，用以触发快开排放和排放阀之间联锁。但其中 406XU1 称为短时电网故障的控制，当电网故障导致汽轮机负荷低于某一定值（一般取 50%P_n）发出此信号。当短时电网故障发生时，GCT 为匹配一、二回路功率而快速开启，而当故障消除，汽轮机功率又大于 50%P_n时，GCT 阀门还来不及关闭，从而使二回路的蒸汽流量大于对应的一回路功率，而引起一回路过冷，因此这样设计就防止了此种瞬态对一回路的影响。

4）汽轮机甩负荷速率信号（C7A、C7B）：给出汽轮机甩负荷速率阶梯大小的信号，用以联锁排放阀开启模式，两个信号含义如下：

① C7A 表示两分钟之内汽轮机甩负荷不小于 5%P_n；

② C7B 表示两分钟之内汽轮机甩负荷不小于 50%P_n。

5）一回路平均温度低信号（P12）：一回路温度低于给定温度值时给出 P12 信号，如小于 284 ℃，则出现此信号，联锁排放阀、截止排放阀打开，防止反应堆过度冷却。

6）冷凝器可用信号（C9）：冷凝器是否可用，决定蒸汽旁排排放是否允许排放到冷凝器内，如果冷凝器不可用，即 C9 为 0，则禁止前三组排放阀打开使蒸汽排放到冷凝器内。

7）手动解锁/闭锁开关信号（CC）：有些排放阀设有相应的手动解锁/闭锁开关逻辑控制信号，使某些工况下，可以由操纵员进行手动控制，是否允许排放阀自动打开。

8）ATWT 闭锁信号：发生 ATWT 事故后，用以闭锁第三组阀门打开排放，减少总排放开度，防止过快排放加剧失水速度。

9）除氧器信号联锁：由于 GCT 第四组排往除氧器，除与前三组类同的信号外，由于排往除氧器，并参与除氧器的压力调节，增加以下闭锁信号：

① 除氧器水位高，以保护除氧器；

② 到除氧器的凝结水丧失(CEX006VL 关闭)，防止排放蒸汽时高温导致设备损坏。

各核电厂旁排系统控制调节系统大同小异，具体设计有所差别，但基本控制原则就是要保证蒸汽发生器带走的排热功率与反应堆释放的核功率相匹配，既要防止反应堆过热导致超温超压，破坏系统压力边界，又要防止反应堆过冷却，引起波动较大。

如图 7-6-5 和图 7-6-6 是某核电厂第一、二组 GCT 排放阀逻辑信号的控制原理图，以此

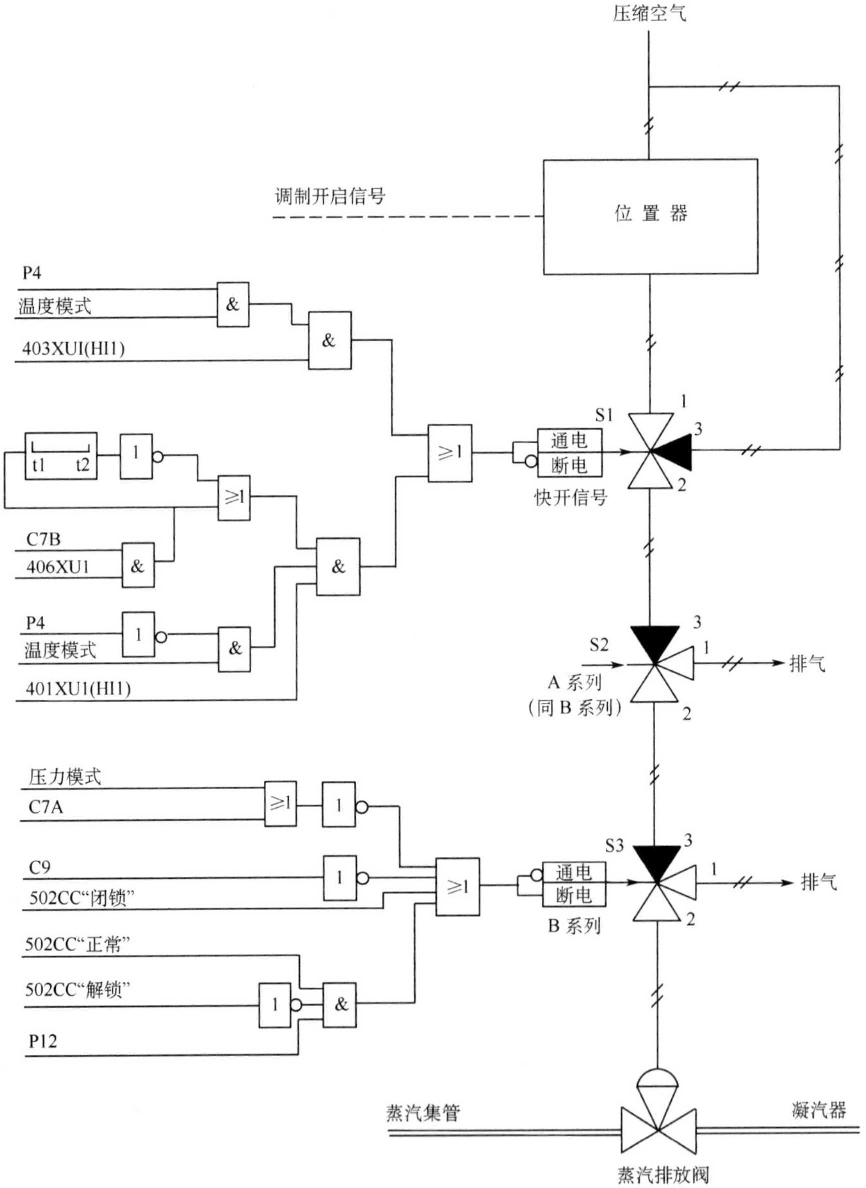

图 7-6-5 GCT 排放阀第一组阀控制原理图

注：通电(ENERGIZED)意味着“3”通“1”不通；断电(DE-ENERGIZED)意味着“1”通“3”不通；501CC 用于 A 系列闭锁信号

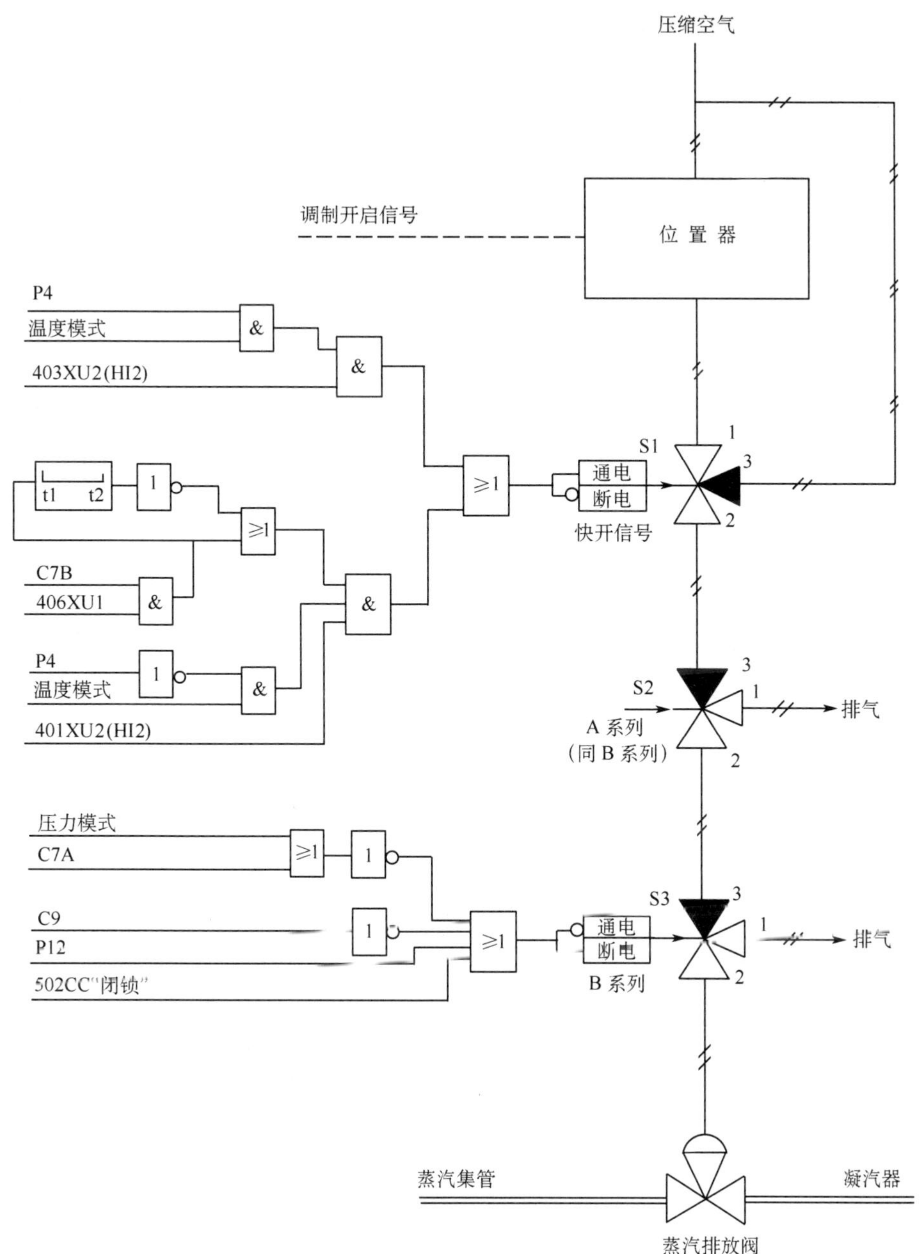

图 7-6-6　GCT 排放阀第二组阀控制原理图

注：通电(ENERGIZED)意味着"3"通"1"不通；断电(DE-ENERGIZED)意味着"1"通"3"不通；501CC 用于 A 系列闭锁信号

为例，我们可以看出，第一组排放阀除了调整开启信号外，还有以下两种快开信号：

① 有紧急停堆时，GCT 选在温度模式，403XU1 给出动作信号而产生 GCT 第一组阀快开信号。

② 没有紧急停堆时 GCT 选在温度模式，401XU1 给出动作信号，同时产生甩负荷信号 C7B 和 406XU1(短时电网故障信号)动作，或 C7B 与 406XU1 相与的信号在一时间段内起

作用时,也给出 GCT 第一组阀门的快开信号。

另外,有 4 种逻辑闭锁信号:

① GCT 不选在压力模式或甩负荷信号 C7A 没有出现;

② 冷凝器不可用,意味着冷凝器不能接受蒸汽排放;

③ 502CC 放在闭锁位置,即手动闭锁;

④ 502CC 放在正常位置,同时有 P12 信号,意味着一回路过冷,也闭锁 GCT 第一组阀门,但可用 502CC 解锁第一组阀门的开启。

排放阀第二组阀门的控制信号类同第一组,只是温度动作整定值不同而已,见下面介绍。

(2) 排放阀的开启整定值

GCT 阀门开启逻辑控制调节原理基本一致,因此其开启整定值的大小不同决定了各阀门的响应顺序及程度。目前,核电厂一般通过整定值使第一组排放阀逐个开启,之后再开第二组到第四组阀门。一般情况下,当前核电厂旁排排放温度整定值如下。

1) 在有紧急停堆且温度模式下:

① 第一组阀的调制开启范围 3~5.5 ℃(403XU1);

② 第二组阀的调制开启范围 5.5~8.1 ℃(403XU2);

③ 第四组阀的快速开启范围 20 ℃(407XU1)。

第四组在 GCT 控制方式时,只有快开信号,且优先于除氧器压力控制系统的调制信号。第三组禁止开启,以避免过冷。

2) 在没有紧急停堆且温度模式下:

① 第一组阀的调制开启范围 3~5.5 ℃(403XU1);

② 第二组阀的调制开启范围 5.5~8.1 ℃(403XU2);

③ 第三组阀的快速开启范围 8.1~13.1 ℃(402XU1);

④ 第四组阀的快速开启范围 14.9 ℃(402XU2)。

3) 在压力模式上时可手动调整,对应于低功率负荷(如 0~30%P_n)功率的压力。

GCT 各组阀门的快开信号阈值取其调制开启范围所对应的上限,即对应着阀门 100% 开启。

7.7 汽轮机调节系统

7.7.1 汽轮机调节系统的功能与基本要求

汽轮机调节系统是根据机组负荷(即发电机有功负荷)的变化,调节进入汽轮机蒸汽量,在稳定工况下,保证转速不变并达到规定值(全速发电机组的转速为 3 000 r/min,而半速发电机组的转速则为 1 500 r/min),以保证发电频率满足电网并网发电频率 50 Hz 的要求;当负荷变化时,保证转速的偏差不超过所规定的范围。机组转速一般只允许在很小范围内变化,以保证供电质量和安全运行。并确保汽轮机设备免受热力和机械损伤,使它们处于安全状态。所以,汽轮机调节系统需具有相应功能要求:通过调节汽轮机进汽阀对机组实施功率控制、频率控制、压力控制和应力控制,并对机组的负荷和转速实施超速限制、超加速限制、负荷速降限制和蒸汽流量限制，使机组安全和经济地运行于各种工况，满足供电的质与量的要求。

所谓功率控制是指根据电网功率需求自动或手动地调节进汽阀开度，以调节发电机有功功率。

所谓频率控制是指对电网频率偏离额定值进行补偿。

所谓压力控制是指限制汽轮机进汽压力或限制汽轮机进汽压力的增长速率。

所谓应力控制是指限制升速和升荷速率，使高压转子和高压汽柜的热应力不超过允许值。

所谓超速限制和超加速限制是指当汽轮机转速或转速加速度达到限值以后，按超过的比例关小汽轮机进汽阀门，以保护汽轮机。

所谓负荷速降限制是指发生某些异常工况时将汽轮机负荷由现有负荷开始以每分钟 2 倍的速率迅速下降，以防止反应堆保护系统动作以及保护发电机。

所谓蒸汽流量限制是指操纵员可以在必要时限制汽轮机进汽流量，以保证汽轮机功率不超过相应的水平。

7.7.2　控制手段

汽轮机的调节系统有许多种类型，但都是通过控制汽轮机进汽调节阀来调节汽轮机进汽量，使蒸汽作用于汽轮机转子的主动力矩和发电机转子的磁阻力矩平衡，从而达到稳定汽轮机转速的目的。

汽轮机进汽调节阀一般包括有高压调节阀、高压截止阀、低压调节阀和低压截止阀。高压调节阀和低压调节阀可连续改变位置，参与调节。高压截止阀和低压截止阀只有开、关两个位置，不参与调节。

日前，大部分汽轮机进汽调节阀调节驱动方式，绝大多数都采用液压驱动方式，液体一般就是汽轮机 EH 油，其控制动作原理见图 7-7-1。图中的调节阀是由一个双向作用的油动

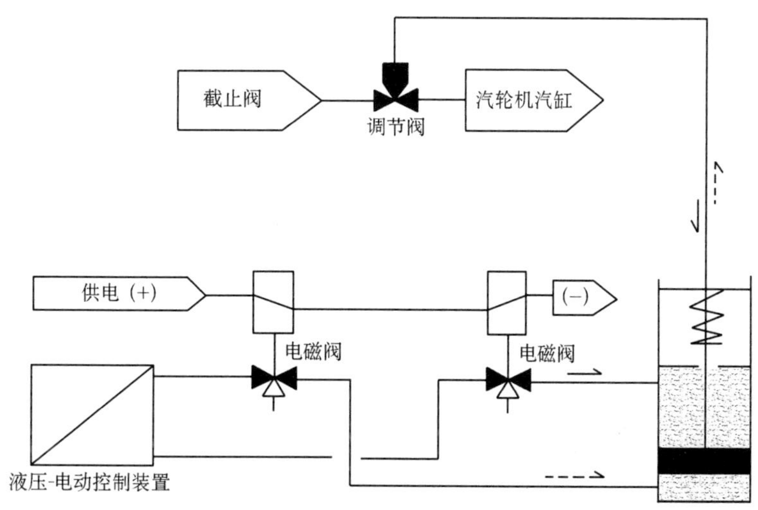

图 7-7-1　汽轮机调节阀控制动作原理图

机通过活塞连杆来控制的，通过控制上下进油油压，即可控制调节阀的开度。图中的液压-电动控制装置是利用电动控制实现电液转换控制来实现对调节阀开度的控制，从而实现对进入汽轮机蒸汽流量的控制。图中的两个电磁阀则是汽轮机保安控制的安全保护电磁阀，失电后，左边电磁阀开启将下油室排空，右边电磁阀关闭使上油室与高压油联通，同时在弹簧作用下，使活塞下移关闭调节阀。

7.7.3 系统基本原理及结构

(1) 基本原理

如上述，汽轮机的调节系统有许多种类型，但工作原理大体相同，并都以转动惯量平衡为理论基础。用 I 表示汽轮发电机组的总转动惯量，单位为 N·m·s^2，ω 表示转子的角速度，单位为 s^{-1}，M_t、M_{ge}分别表示任意负荷下蒸汽作用于转子的主动力矩和发电机转子的磁阻力矩，则汽轮发电机组转动平衡微分方程为：$I\frac{d\omega}{dt}=M_t-M_{ge}$，这表明，当 $M_t=M_{ge}$时，汽轮发电机组才能以稳定转速运行。

汽轮机调节系统原理图如图 7-7-2 所示。监测装置 1 测量汽轮机转速的变化，并将信号送到控制器 2，控制器 2 根据控制算法给出控制指令送执行机构 3，通过操作调节阀 5 的开度改变进入汽轮机的蒸汽流量，以适应负载的变化。在执行机构动作的同时，反馈装置 4 对根据反馈信息送控制器 2 进行调整，使机组在新的负载下等速运行。

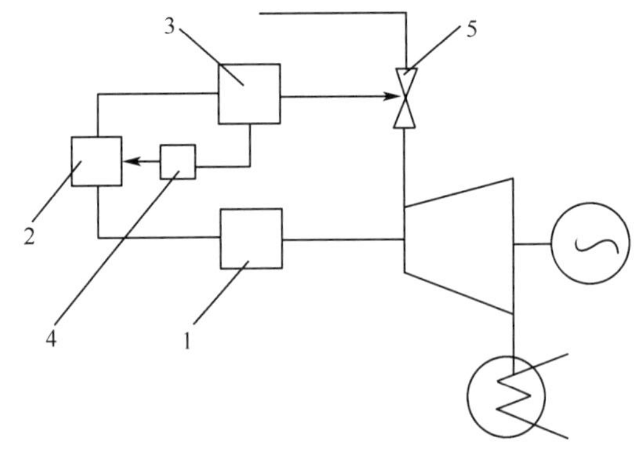

图 7-7-2 汽轮机调节系统原理图

1—监测装置；2—控制器；3—执行机构 DEH；4—反馈装置；5—进汽调节阀

(2) 系统基本结构

典型汽轮机调节系统有机械式调节系统，液压调节系统，电液调节系统或数字电液调节系统(DEH)等类型。随着科技发展，尤其是全厂综合自动化水平的提高，国外自 20 世纪 50 年代起研制和发展了汽轮机的电子-液压调节系统，60 年代发展了电液模拟调节系统，70 年代发展了数字式电液调节系统。目前基本淘汰了纯粹的机械式调节系统和液压调节系统，大部分以电液调节系统为基础，在核电厂，尤其是目前大型核汽轮机组，已经开始广泛采用数字电液调节系统。

典型的数字电液调节系统，如图 7-7-3 所示，一般由微机调节器、操纵员终端、维护终端、转速探测设备和汽轮机进汽阀等组成。

1) 微机调节器：包括软硬件，硬件一般配有冗余的数字式可编程序的专用微处理器、控制通道和必须的控制软件。一方面，用以提供转速和负荷调节，另一方面，还要提供人机接口，以提供操纵员用以工况选择、定值输入等手动控制手段。

2) 操纵员终端：操纵员终端置于主控室，包括显示器、上位机键盘和下位机键盘，用以提供人机接口的输入输出通道。

3) 维护终端：包括维护终端包括键盘、打印机和程序装载器，这是为控制工程师对调节系统的修改和完善的提供手段。

4）转速探测设备：转速探测设备由转速探头（探测器）和前置放大器组成。转速探头一般为电涡流式，安装在轴承座上以感应轴的旋转，监测出轴的转速。

5）汽轮机进汽阀：汽轮机进汽阀是汽轮机调节系统的执行机构。

（3）主汽门开度微机调节器控制

为了调节汽轮机转速，主要还是需要根据需求确定进入汽轮机的蒸汽量，从而给出调节蒸汽调节阀的开度，再由执行机构执行打开相应开度。图 7-7-3 中虚线范围内控制器的典型原理方框图如 7-7-4 所示，控制器根据以下不同的运行工况来持续计算汽轮机运行要求的蒸汽流量需求，以此来确定调节阀的开度。

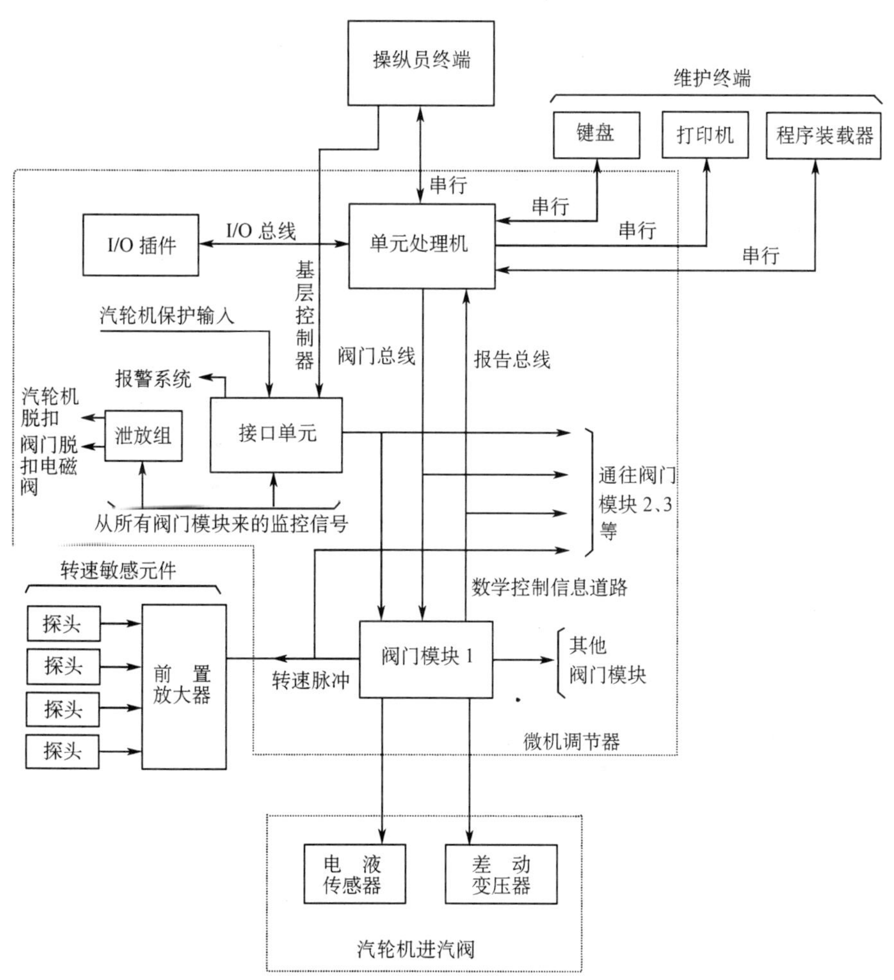

图 7-7-3　典型的汽轮机数字调节系统结构框图

1）非同期工况：在非同期方式下，求出实际转速和给定值之间的转速偏差，这个转速偏差除以非同步倾斜度，给出蒸汽需求的增量变化，这些增量的累积产生升速时总蒸汽需求量。需要指出的是在非同期的不同阶段，转速偏差计算是不同的：

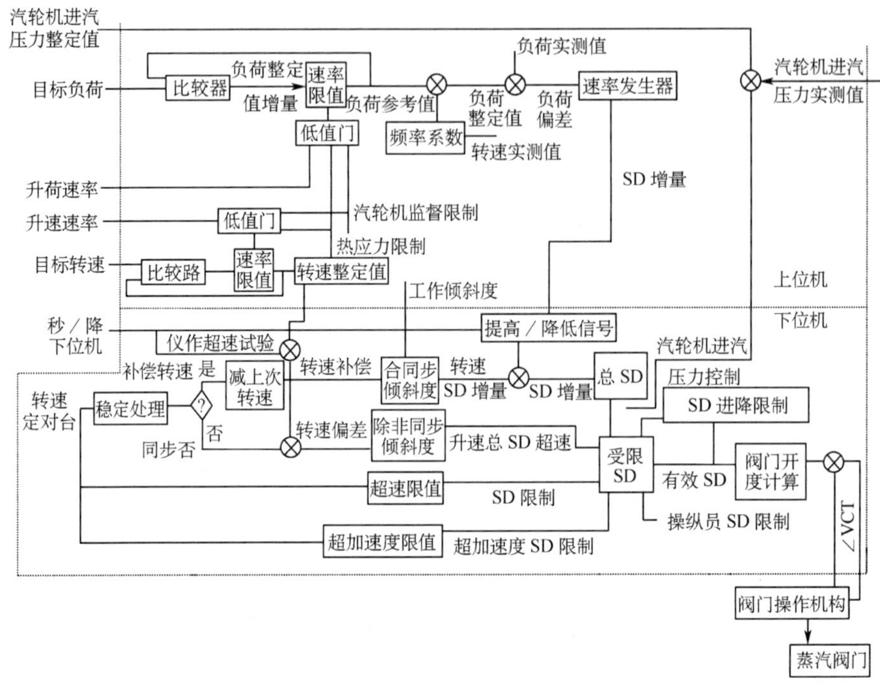

图 7-7-4 调节器典型原理方框图

SD—进汽需求；∠VCT—差动变压器

① 在冲转初始转速小于可测量转速时，转速偏差是由转速整定值与最小可测转速之差来确定的；

② 在正常升速过程中，转速偏差是由转速整定值与测量的转速之差来确定的；

③ 在并网前，有时操纵员会用升/降按钮将转速调到额定转速，这时的转速偏差是由转速整定值加上手动转速增量再减去测量的转速来确定的。

2）同期发电工况：在同步方式下，蒸汽需求的增量变化量由下列三个变化量之和来确定：前后两个程序周期转速的改变量除以同步倾斜度、手动升/降按钮的变化量及负荷回路工作因子产生的蒸汽变化量。蒸汽需求的增量变化量被加到现存的蒸汽需求量上，产生新的总蒸汽需求量。

在计算完成后，最终总蒸汽需求量可能会因各种原因而受到限制，经过限制后的蒸汽需求才是有效蒸汽需求量。

7.8 常规岛其他主要调节系统

常规岛控制调节系统，除了汽轮机调节系统外，主要还有发电机励磁和电压调节系统，汽水分离再加热控制系统、冷凝器水位控制系统、除氧器水位和压力控制系统、加热器水位控制系统、给水泵控制调节系统及发电机和输电保护系统等。这里简要介绍前几个系统。

(1) 发电机励磁和电压调节系统

本系统励磁调节系统，其作用是保证发电机的励磁建立转子旋转磁场，发电机并网前用以调节同步所需的空载电压，发电机并网后用以调节与电网交换的无功功率。

励磁调节系统一般由同步发电机、励磁功率单元和励磁调节器共同组成。励磁功率单元向同步发电机转子提供直流励磁电流。励磁调节器最基本的功能是调节发电机端电压，它根据输入信号和给定的调节准则控制励磁功率单元的输出。根据励磁电流是否有通过碳刷与旋转轴送到旋转线圈，分为无刷励磁调节系统和有刷励磁调节系统。目前大型发电机，为了提高运行可靠性，一般采用无刷励磁调节系统，系统原理图如图 7-8-1 所示，主要由主励磁机、副励磁机、可控硅整流桥、自动励磁调节器、电流互感器、电压互感器、二极管桥等部件组成。

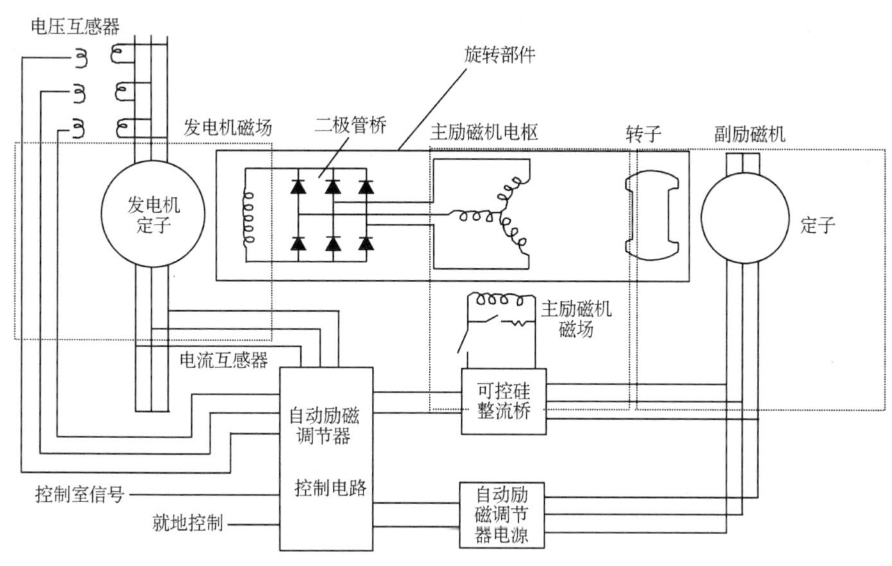

图 7-8-1　发电机励磁系统原理图

图中三个点画线虚框，左边虚框是发电机组的发电机；中间虚框是主励磁机的发电机，是为发电机提供旋转磁场所需的直流电流；右边虚框是副励磁机的发电机，是为主励磁机提供旋转磁场所需的直流电流。发电机必须有导线切割磁力线才能发电，在切割速度一样的情况下，磁场强度越大，发电电压越大。由此可见，当主、副励磁机的励磁电流增大时，必然使发电机旋转磁场强度增大，并使发电机端电压增大。而端电压的波动主要是由无功负载引起的。例如感性负载对发电机产生去磁电枢反应，使磁场减弱、端电压降低，要使端电压维持不变，就需要增加励磁电流以补偿无功的去磁电枢反应，所以电压变化时应调无功使之恢复正常。也就是说，励磁电流只用于调节受无功影响的发电机端电压。

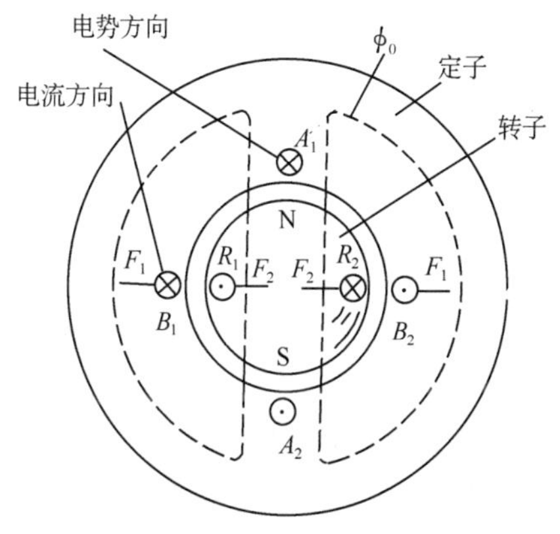

图 7-8-2　无功电流作用示意图

现以感性负载为例解释如下，如图 7-8-2 所

示,当发电机流过无功电流时:

1) 当转子转到图示的瞬间,在 A_1-A_2 中感应电势达到最大值,由于感性负载电流落后电势 90°,电流最大值出现在 B_1-B_2 中;

2) B_1-B_2 绕组受力 F_1 的方向是向外,线圈两边所受的力作用在同一直线上,不会在转子上产生阻力矩。可见增加无功电流并不需要增加主力矩来克服它;

3) 然而感性无功电流起去磁作用(容性无功起助磁作用)使发电机端电压降低(容性无功使端电压升高),要保持端电压不变,应调励磁。

(2) 汽水分离再加热控制系统

蒸汽在高压缸内膨胀做功后,所含湿度大为增加,如不去湿,低压缸末级排汽的湿度将超过允许值。所以压水堆核电厂一般还设有汽水分离再加热器(MSR),布置于高压缸与低压缸之间,可分离高压缸排汽中的水分并使蒸汽获得一定再热,从而增加蒸汽在低压缸内的有效焓降,使低压缸能够提供更大的出力,提高热力循环效率。

以某核电厂为例,MSR 控制器必须把热再热蒸汽温度控制在限值内,见图 7-8-3。MSR 控制原理如图 7-8-4 所示,它设有一台专用控制器自动控制:

1) 启动和停运期间由 MSR 供向汽轮机低压缸的再热蒸汽的温度;

2) 在汽轮机升速期间,控制器控制进入抽汽再热器和新蒸汽再热器管束的加热蒸汽进汽量,保证进入低压缸的热再热蒸汽不带任何水分;

3) 在同步并网和负荷升到约 5%额定负荷之后,控制器根据汽轮机升速前测得的低压缸金属温度来设定热再热蒸汽温度的初始值,然后,控制器通过增加进入每台汽水分离再热器的新蒸汽流量,使热再热蒸汽的温度以预定速率升高,直至达到正常运行时的蒸汽参数为止。

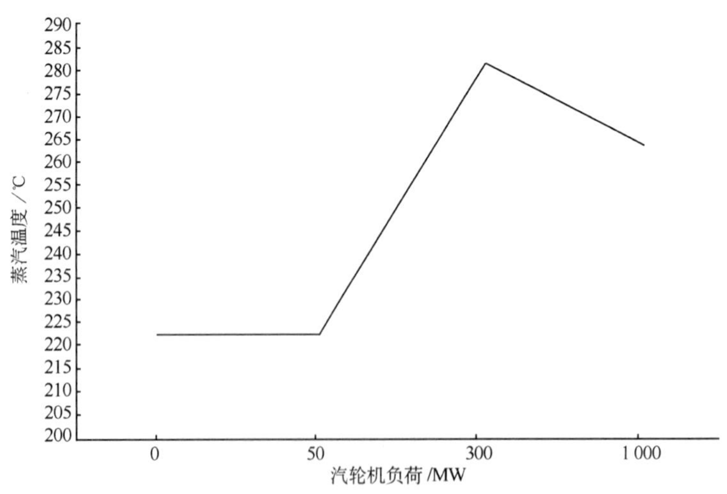

图 7-8-3 热再热蒸汽温度整定值限值曲线

同时控制器还具有以下功能:

1) 机组在冷态启动时预热抽汽和新蒸汽再热器;

2) 控制抽汽再热器的新蒸汽后备系统,以维持稳定的供汽压力;

3) 控制新蒸汽和抽汽再热器的 15%放气阀,以防止事故工况下可能发生的超压。

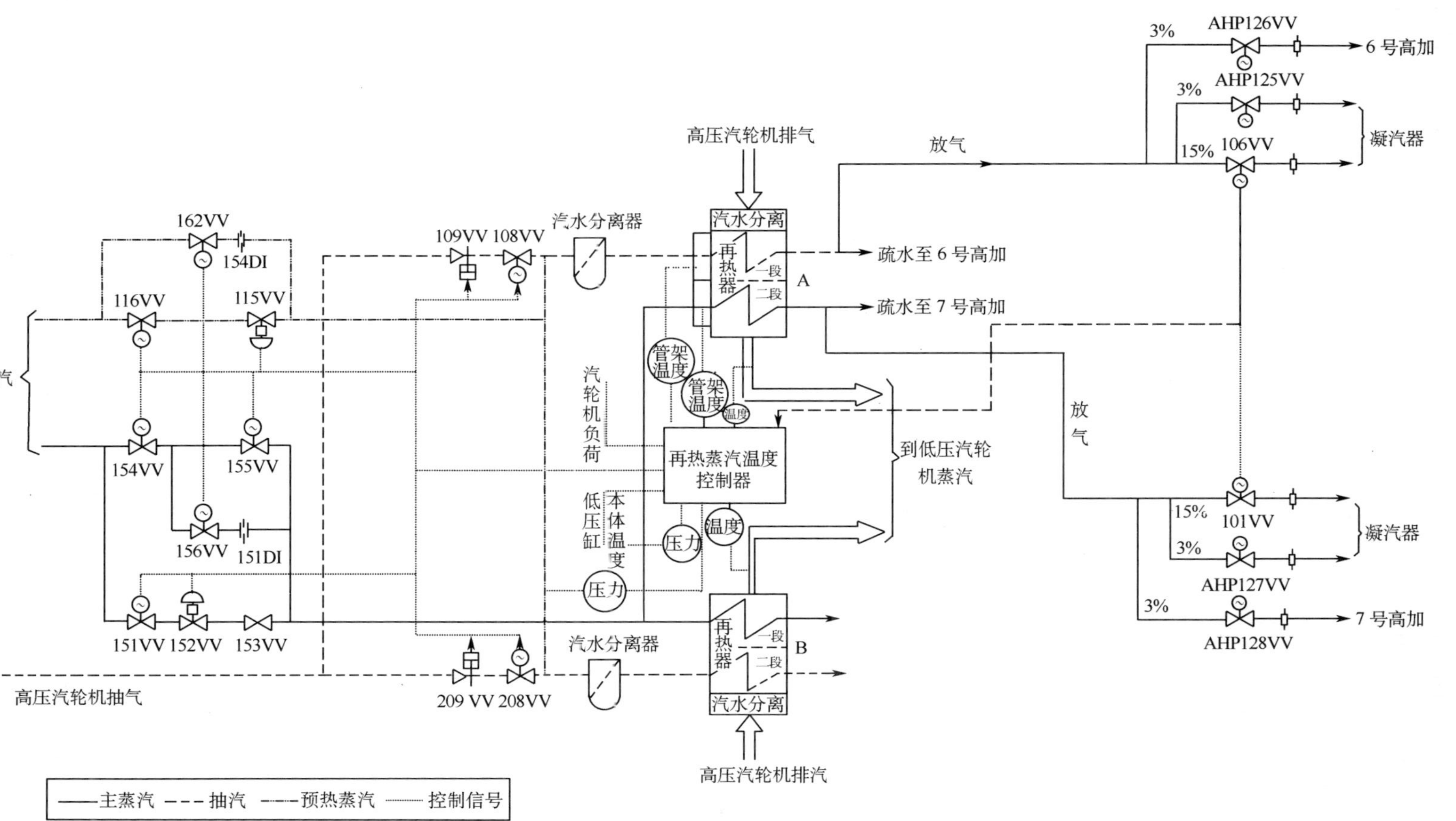

图 7-8-4 汽水分离再热器控制原理图

其中，新蒸汽再热器供汽压力是通过控制阀 152VV(162VV)把进入新蒸汽再热器的新蒸汽供汽压力控制在汽轮机刚开始升速前测得的新蒸汽再热器管板温度相对应的饱和压力，控制回路原理如图 7-8-5 所示。

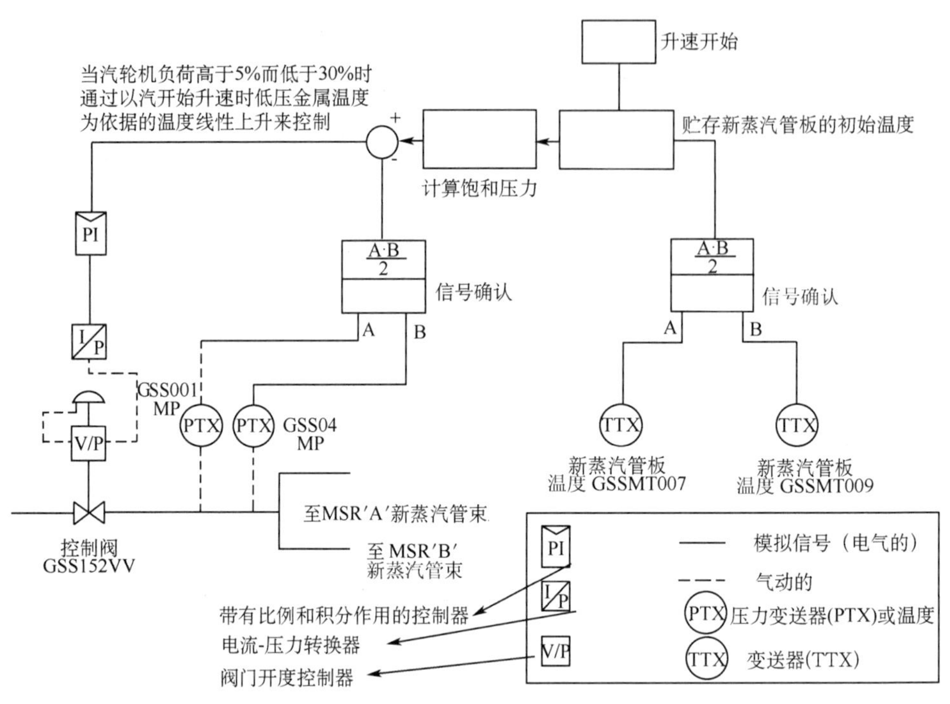

图 7-8-5　新蒸汽再热器供汽压力控制回路简化原理图

为了限制再热器 U 型管中的过冷度(即使 U 型管的上部和下部之间的温差保持在 30 ℃以内)，新蒸汽再热器和抽汽再热器设有放气系统，由控制器自动控制放气阀，放气系统的控制要求如图 7-8-6 和图 7-8-7 所示，放气量分别为 3％和 18％。

(3) 冷凝器水位控制系统

现代压水堆核电厂采用表面式凝汽器，用以接受汽轮机和旁排系统的排汽，以及热力系统的各种疏水，排汽加热凝汽器同冷凝管子外表面接触冷凝而凝结成水，建立所要求的背压，并为凝结水泵提供水源送往除氧器。

核电厂正常运行时，必须保证凝汽器有一定的冷凝气空间，水位不能太高，否则将因换热不良导致背压过高过热发生；但也不能水位太低，否则不能保证凝结水泵有足够的吸入压头。所以，对凝汽器水位需进行控制，一般设有水位计，高水位 900 mm，低水位 300 mm，正常水位在 280～600 mm 左右。

如某核电厂每台冷凝器装有一个水位计。由于三台冷凝器的热井由连通管相连，从整体上来看，冷凝器构成了一式三套水位测量装置。每个水位计设有四个水位开关报警点，分别是高高水位(HHWL)、高水位(HWL)、低水位(LWL)、低低水位(LLWL)。冷凝器水位的实测值由三个水位计(001MN、005MN、006MN)的测量值经低选后产生。冷凝器的水位由水位控制器自动控制补给水阀来满足水位的要求，其原理见图 7-8-8。

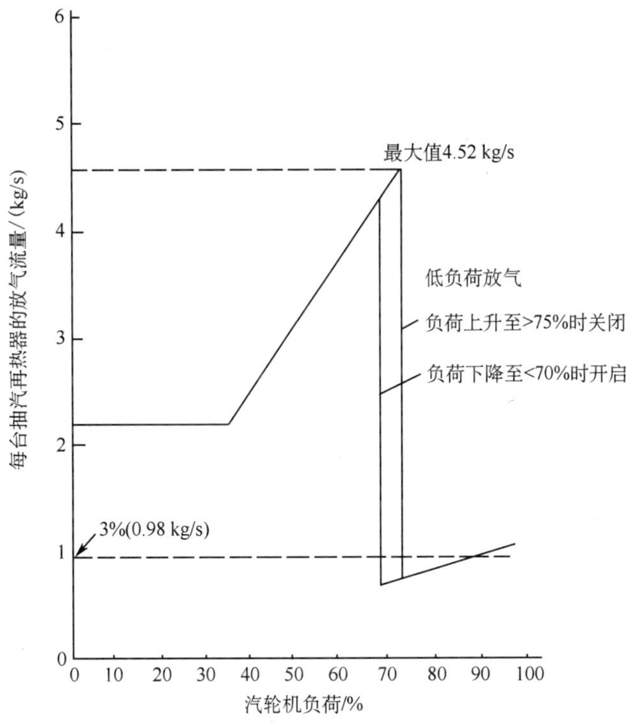

图 7-8-6 抽汽再热器放气量控制曲线

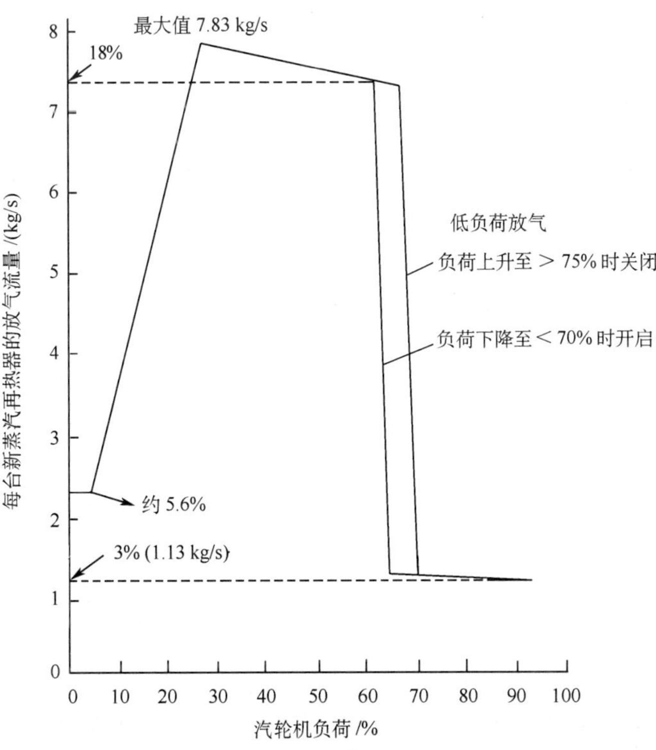

图 7-8-7 新蒸汽再热器放气量控制曲线

冷凝器水位的整定值是一条随负荷变化的直线，在零负荷时为 0.28 m，满负荷时为0.6 m。冷凝器水位之所以要求随负荷线性增长，是因为正常运行时，二回路的水容积是一定的。在零负荷时，蒸汽发生器中尽管水位低，但水质量大，密度高，此时在蒸汽发生器容纳的水质量大于高功率负荷时的水的质量，因此对应冷凝器中零负荷时水位为 0.28 m。同样道理，满负荷时蒸汽发生器水中汽泡多，密度小，所容纳的水质量相对较少，要求在冷凝器中存贮较多的水，所以在满功率时，冷凝器中水位整定值为 0.6 m。

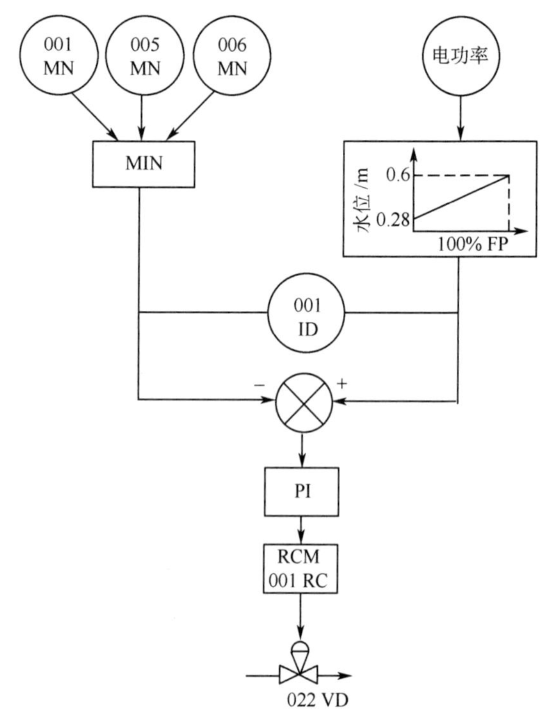

图 7-8-8 冷凝器水位调节原理图

如图 7-8-5 所示，当实测水位与整定值水位有偏差时，送 PI 调节器，调节器的输出再经手动/自动控制站 RCM001RC 去控制补给水阀 022VD 的开度，向冷凝器补充除盐水，使实测值等于整定值。冷凝器的初始充水也是经补水阀来完成的。在 PI 调节器故障等危急情况下，可以通过 RCM001RC 操纵员手动直接控制补给水阀。在主控室有水位记录仪 001ID 记录冷凝器水位的实测值和整定值。

在正常运行时，维持冷凝器水位等于整定值。当达到高水位时，所有进入冷凝器的外部系统水管道(包括补给水管道)将自动隔离。如果水位继续上升，将触发高高水位报警，同时操纵员应尽快使汽轮发电机减负荷并监视冷凝器水位，如果水位没有下降，快速停运汽轮发电机组。

造成冷凝器高水位的原因主要有：

1) 凝结水泵故障；

2) 除氧器水位控制系统或相应的控制阀失灵；

3) 冷凝器水位控制系统失灵。

冷凝器低水位报警是一条低于定值 0.08 m 且与定值线平行的可变低水平报警线。当达到低低水位时，运行的凝结水泵自动脱扣。

(4) 除氧器水位和压力控制系统

除氧器是利用汽轮机的抽汽将进入除氧器的凝结水加热，并除氧到规定状态，同时为给水泵提供一定的压头，以便向蒸汽发生器供给满足一定温度、压力和杂质指标等要求的合格水。可见，除氧器水位和压力控制也是常规岛比较重要的两个控制系统。

1) 除氧器水位控制：凝结水泵的凝结水输送流量是按除氧器的水位要求控制的，在汽轮机负荷 0～100％P_n范围内，一般压水堆核电厂的除氧器水位要维持在规定水位，典型凝结水控制系统简图见图 7-8-9 所示。所以除氧器水位控制主要有凝结水系统再循环阀和凝结水主管道阀门来控制，它们的控制原理如图 7-8-10 和图 7-8-11 所示。除氧器水位实测值由水位计 002MN 给出，整定值为 2.5 m，两者的偏差送调节器，调节器的输出经自动/手动

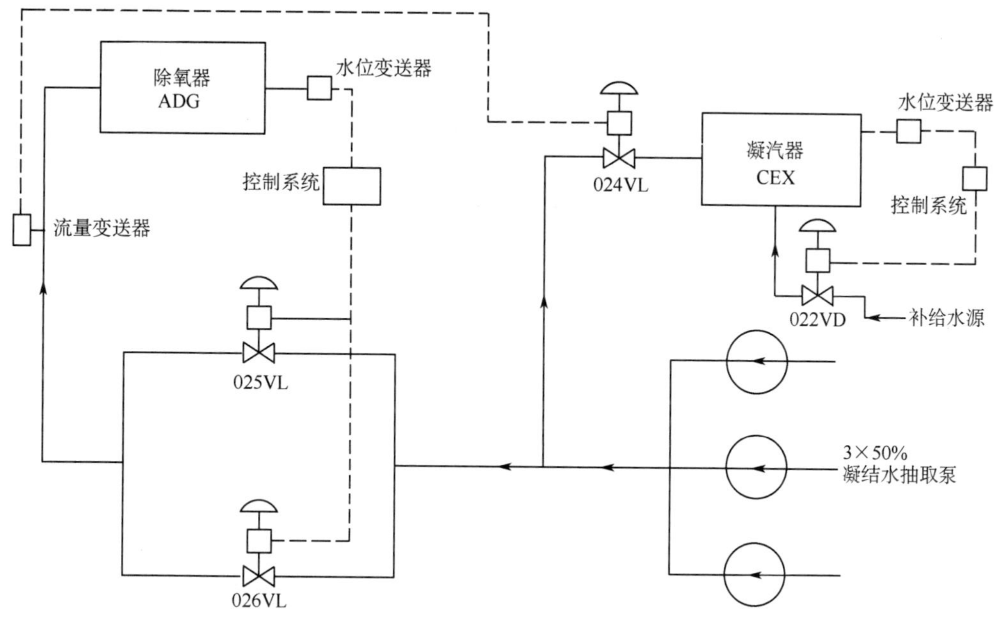

图 7-8-9　凝结水控制系统简图

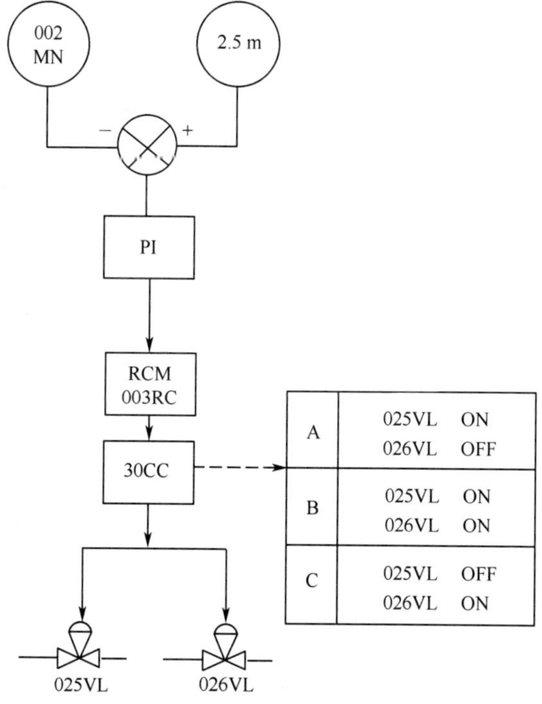

图 7-8-10　除氧器水位控制原理图

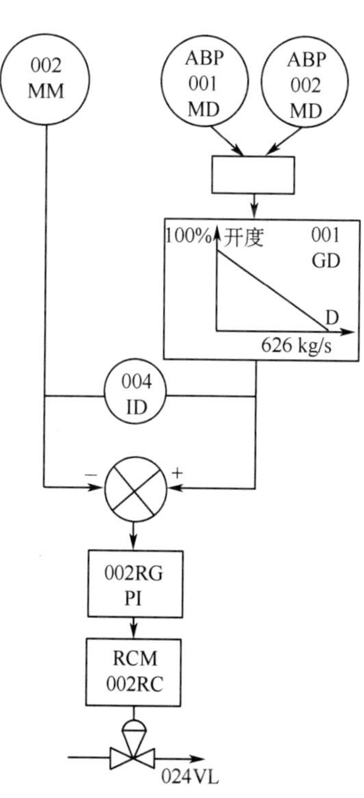

图 7-8-11　凝结水再循环阀开度调节控制原理图

控制站 RCM003RC,将阀门开启到要求的位置。在主控室还有一个可供操纵员选择的控制方案选择开关 30CC,可任选 A、B、C 三个方案之一。由于凝结水泵不调速,所以多余的凝结水流量通过再循环阀门回流到凝汽器里。

在运行过程中,造成除氧器水位低的原因主要有:

① 除氧器水位控制阀或相关控制回路故障;

② 汽轮机大幅度甩负荷;

③ 凝结水抽取泵运行不正常。

除氧器水位低的后果是所有的主给水泵将跳闸或被禁止启动。

2) 除氧器压力控制:控制除氧器内的压力,一方面是保证除氧器正常工作,另一方面保证主给水泵入口有一定的吸入压头,以防止主给水泵汽蚀。除氧器压力的控制主要通过控制进入除氧器系统(ADG)的加热蒸汽流量来控制,如某压水堆核电厂除氧器压力控制原理如图 7-8-12 所示,图中,009VV 是控制辅助蒸汽供应系统(SVA)的蒸汽进入除氧器的阀门,而 003VV、005VV 和 007VV 则是控制主蒸汽系统(VVP)的新蒸汽进汽阀门。

009VV 阀门是在无负荷下除氧器加热汽源由 SVA 供应时进行控制。003VV 用以低负荷下从 VVP 来供汽的除氧器压力控制,其定值压力较低,当负荷升高后(如 $20\%P_n$ 以上),则 003VV 全开,改由 007VV 调节。而 005VV 为电动调节阀门,可用以手动调节。

当调节器失效时,操纵员在主控室利用自动/手动控制站 001RC,可直接手动控制 003VV 和 007VV 在要求的开度。在负荷小于 $50\%P_n$ 时,会闭锁 005VV 和 007VV。

(5) 加热器水位控制系统

为提高热力循环效率,压水堆核电厂一般设置加热器,而且根据汽轮机抽汽分段情况,设置多级加热器,以回收汽轮机抽汽热量并加热给水。所谓加热器中水位控制实质是加热器疏水的水位控制。控制疏水的目的一方面是保证加热效果,另一方面是防止水经抽汽管进入汽轮机。

一般每台加热器设有一式两套水位开关,以保证下列功能:

1) 当高水位时报警,提醒操纵员处理,必要时自动或手动隔离受影响的加热器;

2) 在一个加热器可重新投入使用以前,双重地证实水位已恢复正常;

3) 如可能,可开启通向冷凝器的应急高水位疏水控制阀;

4) 对水位开关进行带负荷试验。

需要说明的是,有些加热器,由于其疏水不受控制地以"逐级自流"的方式直接排到下一级加热器或冷凝器内,这种加热器不存在水位控制问题。

对于设有一个疏水系统(ACO)的加热器,则存在水位控制问题,见图 7-8-13。低压给水加热器系统(ABP)的 3 号低加疏水不受控直接送往疏水箱,4 号低加疏水经水位控制阀控制后送往疏水箱。疏水箱设有水位开关,当箱内的贮水升高至设定的低水位以上时,疏水泵自动启动以再循环方式运行。当水位进一步升高到正常水位以上时,输出控制阀开启,再循环阀关闭,把疏水排入 3 号和 4 号低加之间的给水管内。当水位低于正常水位时,输出控制阀关,再循环阀开。这样维持疏水箱在正常水位。若疏水箱的水位达到高-高水位,自动开启应急疏水控制阀,疏水直接送冷凝器,同时自动停运疏水泵以保持应急管线为溢流满水状态,防止疏水泵汽蚀。当疏水箱水位下降至高水位以下,应急疏水控制阀自动关闭,疏水泵自动启动。

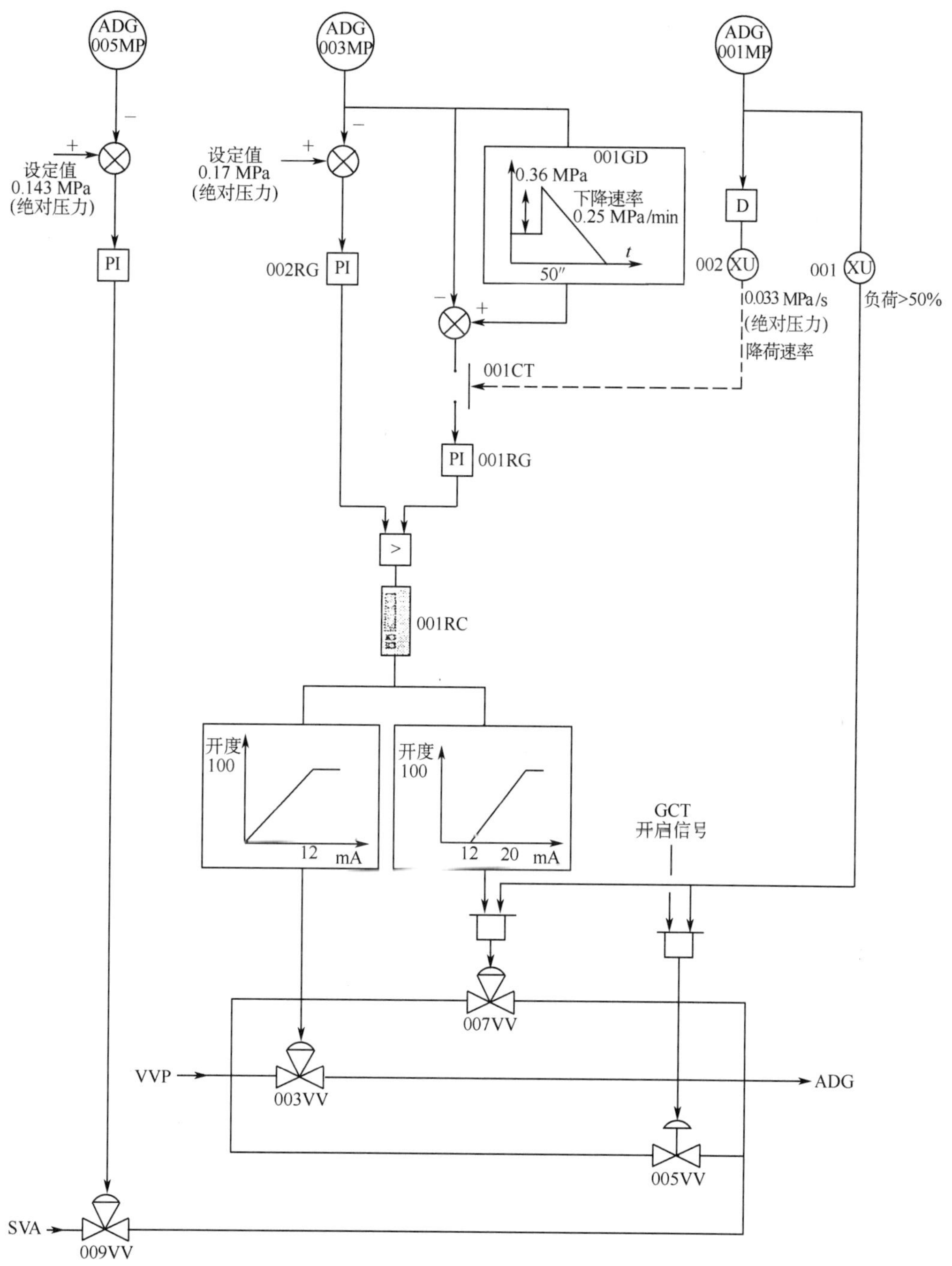

图 7-8-12 除氧器压力控制原理图

在下列情况下，疏水泵将自动脱扣：

1）扬程损失至额定的 50%以下（经 1 min 延迟）；

2）疏水箱水位低低；

3）失去密封供水；

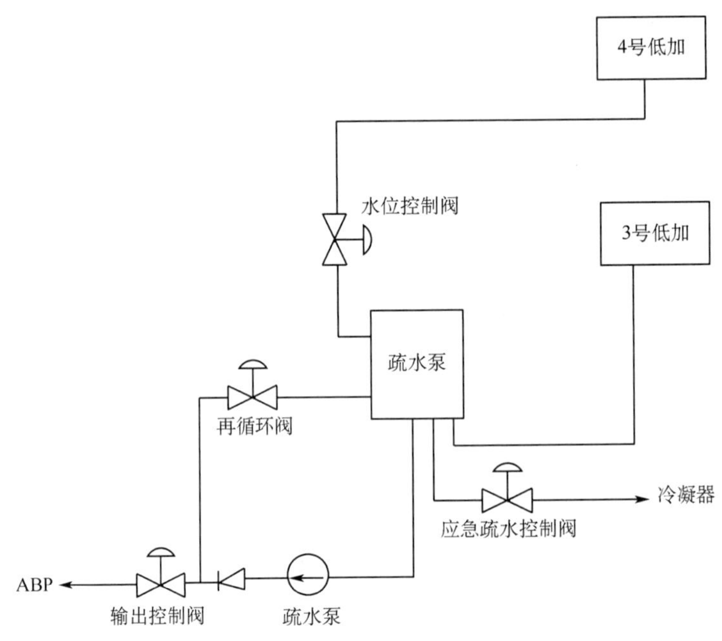

图 7-8-13　加热器疏水控制原理图

4）主汽轮机脱扣信号。

如果水位继续上升超过应急水位，则发生“高-高水位”报警并自动隔离相应的加热器组。

复习思考题

1. 核电厂主要监控内容及其监控系统有哪些？有哪些控制方式？
2. 核电厂反应堆控制目的是什么？
3. 核电厂运行方案有哪些？常用什么方案？为什么？
4. 压水堆核电厂反应性控制手段有哪些？各有何特点？
5. 压水堆核电厂功率控制要求主要有哪些方面？
6. 简要说明稳压器工作原理，说明影响稳压器压力的有哪些因素。
7. 简要说明旁排系统功能与基本要求。
8. 简述蒸汽发生器水位控制原理。
9. 简要说明旁排系统控制手段、控制基本原理。
10. 汽轮机调节系统功能是什么？
11. 简要说明汽轮机调节控制手段，其基本结构及原理。
12. 常规岛主要调节系统有哪些？它们各自的控制基本原理和作用是什么？

第八章 核电厂仪表控制系统数字化介绍

自20世纪40年代末发明了计算机，50年代末美国首次将计算机用于工业过程控制。70年代末微处理器和固态存贮器出现，数字通信技术得到快速发展，1975年美国推出了第一台全数字化的分布式控制系统TDC-2000。自此，世界工业控制领域进入了以数字化仪控系统全面淘汰模拟式仪控系统的局面。截至到目前为止，模拟仪控技术只剩下现场级的传感器和执行器一小块领域，预计在未来的5～8年也将被智能化的数字传感器和执行器取代。届时，模拟仪控技术将彻底退出工业控制领域的历史舞台。实践证明，数字化仪控技术具有强大的系统功能与数据处理和传输能力，安全可靠效率高。现在，国内火电厂已全面采用数字化仪控技术，国外新建核电厂也大规模地采用数字化仪控系统。

核电厂仪表系统数字化，是利用当代数字化、集成化和软件化等计算机技术来实现对核电厂常规模拟控制升级换代。数字化仪控系统，除了一次仪表（或探头）和执行机构与常规仪控系统类似之外，其他内容都有本质的区别。监测信号处理集成化、数字化；信号通信也不再是一对一的模拟信号通信，而是数字化、网络化的数字通信。控制设备也是集成化、数字化、逻辑化、软件化，其控制算法不再是常规的微积分等模拟电路来实现，而是由计算机程序来实现，算法也更先进，可以采用常规模拟电路无法实现的复杂优化算法、智能算法。另外，还有常规操作显示器件，都可以利用计算机终端来模拟和替代，使操纵员不用移动就能更方便简单地获取大量信息和执行动作。

总之，数字化仪控系统与常规仪控系统有本质的区别，它不再把被控对象当成一个简单而孤立的一个被控对象，而是把核电厂看成一个有机的整体、一个完整而需相互协调的被控对象来进行设计，这是数字化仪控系统发展的必然趋势。而数字化产品中，硬件可只是一个通用的基础平台，可以采用成熟的PLC、工控机、普通计算机等普通的工业成熟产品。但“软件”产品，则是各核电厂仪控系统必须根据其运行工况设计自己的产品，这也是未来核电厂仪表和控制系统设计的主要工作量。

随着数字化仪控系统的实现及其数字化仪控技术和信息技术的发展，需要采用更新的成熟的控制技术，如操纵员支持系统、专家系统、故障诊断系统等，来改善和提高核电厂运行的安全性和可靠性，设计出更加满足人因工程需求的人机接口，更加先进的控制室，降低人因故障率，保证安全，提高效率，以达到更好的经济效益。

核电厂数字化仪控技术发展的核心就是用高性能和可靠成熟的计算机化的软件和硬件取代传统的模拟设备系统。众所周知，一个完整的核电厂控制和管理系统分为四个层级，即现场工艺系统接口层，自动控制和保护层，操作和信息管理层及电厂技术管理层。

8.1 数字化基础

8.1.1 数字控制特点

数字化技术，来自于电子计算机技术的发展，它的出现使科学技术产生了一场深刻的革命，特别是自 1971 年以来，随着大规模集成电路的发展，相继出现了微型机到超级计算机的发展。它对于发展现代化的工农业、国防和科学技术具有巨大的推动作用。从早期只用于科学计算，到当前大规模应用于各行各业实时监控和生产管理。

数字化计算机监控系统具有以下特点：

1）随着电子技术的发展，集成电路的集成度越来越高，可靠性逐步提高，成本越来越低。因而，使计算机体积越来越小，特别是可编程逻辑控制器(PLC)、单片机的出现和发展，其功能逐步增强，使原来一台计算机直接数字控制系统(DDC)模式，发展到可以用 PLC、单片机或微型计算机分布控制的集散控制(DCS)模式，进一步细分监控计算机的功能，计算机监控系统实现网络化控制，越来越像人体的神经网络一样监控工艺过程，使系统可靠性、性价比大大提高。

2）系统采用模块式结构，系统可大可小，系统组态设计如同搭积木式的，非常方便。目前，计算机监控系统常用的模块有交直流电源模块、各种 I/O 模块、CPU 模块、网络通信模块等，这些模块可以根据工艺系统对监控设计需求，灵活组合成各种计算机监控系统。

3）控制精度高，系统功能强，控制算法灵活。随着大规模集成电路的发展，模数(A/D)、数模(D/A)转换的精度越来越高，从 8 位、10 位、12 位，特殊要求还可达到 32 位，甚至更高。而 CPU 的位数也越来越长，从 8 位，发展到目前普遍使用的 64 位机等，由于可以通过更多字节运算，提高精度，使系统精度大大提高。而且，与模拟系统相比，微型计算机除了具有算术运算功能外，还具有逻辑运算功能，可进行各种逻辑判断及模拟各种逻辑电路。在控制算法上，它不仅可以实现常规的 PID 调节，还可以实现采样数字控制。特别是根据需要可以进行复杂的控制，如串级控制、前馈控制、比率控制、选择性控制、自适应控制、模糊控制以及生产管理优化控制。

4）速度快，实时性强，可实现一个 CPU 模块控制多个回路，并能与其他控制回路交换信息，实现实时网络控制。这由于 CPU 主频和各模块控制频率等时钟频率的快速提高，从早期的几 MHz，发展到现在的几 GHz，计算速度大大提升；同时，计算机的计算控制，从串行计算，发展到并行计算，实现单任务到多任务计算。这些计算机计算技术的发展，使其计算速度已经远远小于过程控制所需的最低响应时间，不仅可以实现实时控制，而且还有余力与其他控制回路实现信息通信，使网络化控制、生产管理实时优化控制成为可能。

5）功耗低，性价比高。从早期上万元一台 186 计算机，到目前几千元、性能远远高于 186 的计算机，性价比提高巨大。

6）硬件和系统软件已经成为一个通用的计算机监控平台，监控系统的设计，已经逐步过渡到模块化搭积木式的选型设计和各种监控软件、网络通信软件的开发工作。

7）计算机对生产过程进行监控，与常规模拟监控相比，其主要优点是：

① 帮助操作人员选择最优工艺和最佳操作参数；

② 实现用传统方法难以完成的控制规律，尤其是一些复杂的、综合性的生产管理目标控制；

③ 降低原料和能源的消耗，减少生产成本，提高生产可靠性和生产效率；

④ 使人机接口更加人性化，容易增加防人因联锁，降低人因故障的发生概率；

⑤ 提高产品的产量和质量。

8.1.2　模数和数模转换基本原理

数字化计算机监控系统必须把被监测参数的模拟量转换成数字量才能被计算机所接收，而其发出的指令则是数字量或逻辑量，而执行机构一般只能接收模拟量，所以，为了能对执行机构进行控制，一般也需把数字化的控制指令转换成模拟量输出，才能控制执行机构。由此可见，数字化计算机监控系统为了完成监测并控制被控对象，必须具有模拟量与数字量相互转换的功能，才能实现其监控功能。为此，下面重点说明模数和数模转换的基本原理。

将数字转换为模拟量的电路称为数字-模拟转换器（Digital-to-Analog Converter，简称D/A 转换器或 DAC）。而能够把模拟量转换为数字量的电路称为模拟-数字转换器（Analog-to-Digital Converter，简称 A/D 转换器或 ADC）。随着大规模集成电路的发展，现在的转换器已经全部由集成电路组成，应用最多的有 8 位、10 位和 12 位，特殊高精度的可用 16 位或 24 位的转换器。

各种工艺过程的参数测量和控制信号，除了两种状态、位置等开关信号外，都是计算机不能直接使用的模拟量，必须进行模拟量和数字量之间进行相互转换才能被计算机和工艺过程所接受。由于 A/D 转换是在 D/A 转换为基础实现的，所以，先介绍 D/A 转换，再介绍 A/D 转换。

（1）D/A 转换基本原理

数字量是用代码按数位组合起来表示的，每一位代码都有一定的“权”值。为了将数字量转换成模拟量，必须将每一位代码按其“权”值转换成相应的模拟量，然后，将代表各数位的模拟量相加，所得的总和的模拟量便是与数字量成正比的模拟量。如果转换器将数字量的各位代码同时进行转换，称为并行 D/A 转换器，并行转换器相当于另外一种串行转换器，其转换速度比较快，转换时间只取决于转换器中电压（或电流）的建立时间和求和时间，这些时间都是很短，一般仅仅几十纳秒，但给出输出时，还因驱动信号不同而时有差别，电流输出型的建立时间较快，为几十到几百纳秒，而电压输出型需几百纳秒到几微秒。

DAC 的输出电压 V_O 与数字量 N 的一般关系式为：

$$V_O = kN$$

式中：k——比例系数，为常数；

N——n 位二进制数对应的十进制数字量。

即有：

$$N = \sum_{i=0}^{n-1} a_i 2^i$$

例如，四位二进制 D/A 转换器的 N 值是从 0 到（2^4-1），如要求输出电压 V_O 从 0 V 变化到 $V_{Omax}=5$ V，则：

$$k = \frac{V_{Omax}}{2^4-1} = \frac{1}{3} = 0.333\ (\mathrm{V})$$

那么，数字-模拟转换器的输出电压与数字输入之间的关系如表 8-1-1 所示。

表 8-1-1　数字-模拟转换器的转换关系

十进制数 N	二进制数输入 N				输出电压 V_O/V	与 k 关系
	a_4	a_3	a_2	a_1		
0	0	0	0	0	0	0
1	0	0	0	1	0.333	1
2	0	0	1	0	0.666	2
3	0	0	1	1	1.0	3
4	0	1	0	0	1.333	4
5	0	1	0	1	1.666	5
6	0	1	1	0	2.0	6
7	0	1	1	1	2.333	7
8	1	0	0	0	2.666	8
9	1	0	0	1	3.0	9
10	1	0	1	0	3.333	10
11	1	0	1	1	3.666	11
12	1	1	0	0	4.0	12
13	1	1	0	1	4.333	13
14	1	1	1	0	4.666	14
15	1	1	1	1	5.0	15

从表 8-1-1 可见，当输入四位二进制数从 0000 变化到 1111 时，输出电压从 0 V 变化到最大值 $V_{Omax}=5$ V，同时也可以看出，其输出模拟量只能是比例系数 $k=0.333$ V 为单位的离散的累进值，如同阶梯一样，也就是说，从数字转换成模拟量，其量值是离散的量，而非连续的量。而比例系数 k 与二进制数字位数有关，二进制位数越多，在同样最大输出电压情况下，k 值越小，说明精度就越高。

表 8-1-1 中表示了数字-模拟转换器的转换关系，但数字电路如何实现这种 D/A 转换，其种类有权电阻型、权电流型、权电容型和树状开关网络型等。现以权电阻为例简要说明 D/A 转换基本原理。

并行 D/A 转换器根据电阻网络的不同，可分为权电阻译码 D/A 转换器、T 型 D/A 转换器、倒 T 型 D/A 转换器以及变形权动作译码 D/A 转换器等。并行权电阻 D/A 转换器，它由四部分组成，分别是：

1）电子开关 $K_1 \sim K_n$；

2）电阻网络；

3）负载 R_L（或放大器 A）；

4）基准电压 V_R。

每一位二进制数 a_i 连接一个动作开关，并用二进制数 D 控制电子开关。但 $a_i=1$ 时，基准电压接入电阻网络，而 $a_i=0$ 时，开关断开接地。如图 8-1-1 所示，每一位的电阻阻值与这一位的“权”相对应，该位的“权”越大，其对应的电阻阻值越小，即网络中电阻的取值是按 2^n 规律变化的，所以称为权电阻解码网络。因为，“位”的权越大，电阻值越小，所以当其开关接到基准电压 V_R（即该位代码为 1）时，该支路所能给出的电流越大，在负载 R_L 上造成的压降也越大，并且负载 R_L 上的压降大小恰与该位数码的“权”成正比，这样，电阻网络根据数字量把标准电压转换成相应电流，并将其求和放大输出负载 R_L 上形成总压降，从而实现了数字-电压的转换。

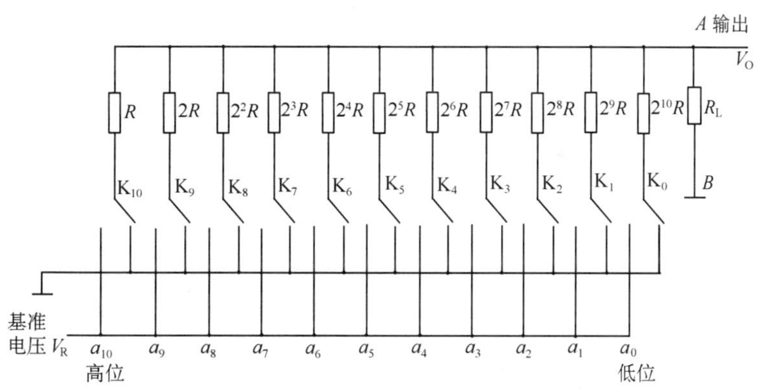

图 8-1-1　D/A 转换器权电阻解码网络示意图

下面具体分析图 8-1-1 网络输出电压 V_O。根据诺顿定律，不管图 8 1 1 中电了丌关 K_n 接地还是接标准电压（即对应的 a_i 是“0”还是“1”），其等效电路如图 8-1-2 所示。图中 i_{eq} 的大小等于 A、B 两端短路时流过 AB 短路线的电流值，由于该电路是线性电路，可利用叠加定理求 i_{eq} 值为：

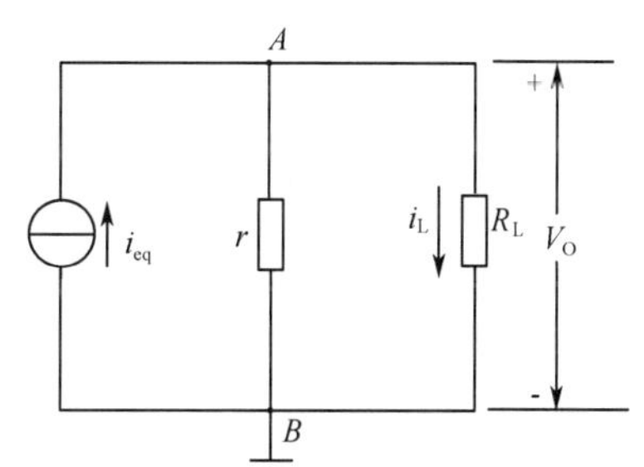

图 8-1-2　权电阻网络等效示意图

$$
\begin{aligned}
i_{eq} &= \frac{a_{10}V_R}{2^0R}+\frac{a_9V_R}{2^1R}+\cdots+\frac{a_0V_R}{2^{10}R} \\
&= \frac{V_R}{2^{10}R}\sum_{i=0}^{10}a_i2^i=\frac{V_R}{2^{10}R}N
\end{aligned}
$$

式中，$N=\sum\limits_{i=0}^{10}a_i2^i$，是输入二进制数的等效十进制数值。

等效电阻 r 则是 AB 两端除了 R_L 之外的网络电阻值，即：

$$
\frac{1}{r}=\frac{1}{2^0R}+\frac{1}{2^1R}+\cdots+\frac{1}{2^{10}R}=\frac{2^{11}-1}{2^{10}}\cdot\frac{1}{R}
$$

从而可得到负载 R_L 上的输出电压 V_O 为：

$$
V_O=\frac{rR_L}{r+R_L}i_{eq}=kN
$$

式中 k 为比例系数，它是一个常数，且有：

$$k = \frac{rR_L}{r+R_L} \frac{V_R}{2^{10}R}$$

由此可见，输出电压 V_O 与 N 成正比。

（2）A/D 转换基本原理

A/D 转换器主要有两种类型，一种是由 D/A 转换器、计数器及比较器组成的，如计数器式 A/D 转换器和逐次逼近型 D/A 转换器；另一种是由比较积分电路及其他逻辑电路组成，如双积分式 A/D 转换器，并行 A/D 转换器，以及串行 A/D 转换等。现以广泛应用的逐次逼近型 A/D 转换器为例，说明 A/D 转换器的工作原理。

逐次逼近型 A/D 转换器的原理，如图 8-1-3 所示。

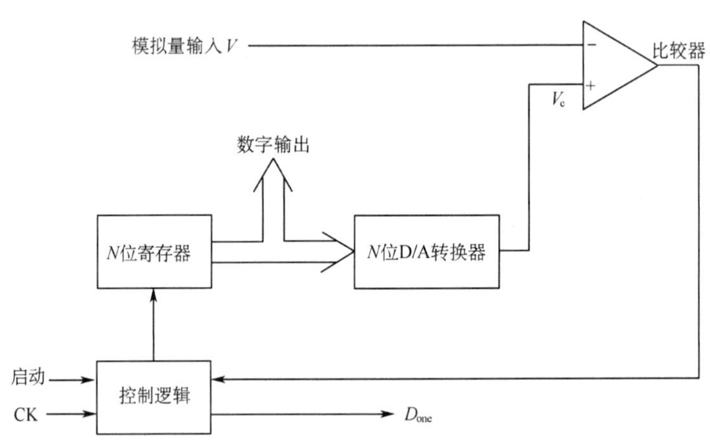

图 8-1-3 逐次逼近型 A/D 转换器原理示意图

由图中可见，逐次逼近型 A/D 转换器，由 N 位寄存器，N 位 D/A 转换器、比较器以及控制逻辑四个部分组成。其工作原理如下：

1）由高位到低位，预设相应位数“权”对应的比较基准模拟信号 V_c：当启动信号作用后，时钟信号 CK 在控制逻辑作用下，首先使寄存器 $D_{N-1}=1$，N 位寄存器的数字量一方面，作为输出用，另一方面，经过 D/A 转换器转换成比较基准模拟量 V_c 后送比较器（此时，因为从最高位 D_{N-1} 输出 V_c 相当于 V_{max} 的一半）。

2）比较：在比较器中，V_c 与输入模拟量 V 进行比较，控制逻辑根据比较器输出后进行判断。如 $V \geqslant V_c$，则保留这一位；如 $V < V_c$，$D_{N-1}=0$。

3）逐位逐次所有位数：D_{N-1} 比较完后，再对下一位 D_{N-2} 进行比较，使 $D_{N-2}=1$，与上一位 D_{N-1} 位一起进入 D/A 转换器，转换后 V_c 再进入比较器与 V 比较，依此类推，V_c 累加了包括被比较位 D_{N-i} 的 i 位加权值再与 V 比较，如此反复比较，一位一位继续下去，直到最后一位 D_0 比较完毕为止。

4）比较完成后，此时的 N 位寄存器的数字量即为输入模拟量 V 所对应的数字量。

这种比较方法类似于对分搜索。一个 N 位 A/D 转换器只需比较 N 次，即可得到结果，比较速度相对计数式 A/D 转换器较快，得到广泛应用。目前，很多集成电路 A/D 转换器，大都是采用这种原理，如 8 位的 ADC0801、ADC0804、ADC0809、10 位的 AD7570、12 位的 AD574 等。

并联比较型 ADC 的最大优点是转换速度快。适用于要求高速、低分辨率的场合。

逐次逼近型 ADC 的电路规模比并联比较型 ADC 小得多，是目前集成 ADC 产品中用得最多的一种电路。

双积分型 ADC 最突出的优点是工作性能比较稳定，抗干扰能力比较强。在对转换速度要求不高而对转换精度要求较高的场合（例如数字式电压表）应用得十分广泛。

各种类型 ADC 转换速度比较如下：

① 并联比较型 ADC：数十纳秒；

② 逐次逼近型 ADC：数十微秒；

③ 双积分型 ADC：数十毫秒。

8.1.3　数据采样基本定律

计算机系统是把连续变化的量变成离散后再进行处理。因此，叫做离散系统，也叫采样数据系统。这种离散系统与连续系统的区别仅仅在于离散系统的信号是以采样数据形式，而连续系统则采用连续信号进行控制。由于两者的概念不同，所以研究问题的方法和使用的数学工具也不同。

离散系统的采样形式有：

1）周期采样：就是以相同的时间间隔进行采样，即 $t_{k-1}-t_k=$常量$(T)(k=0,1,2\cdots)$，T 采样周期；

2）多阶采样：在这种形式下，$t_{k-r}-t_k$是周期性重复，即 $t_{k-r}-t_k=$常量，$r>1$；

3）随机采样：采样周期是随机的，不固定的，可在任意时刻进行采样。

以上三种，以周期采样用得最多。

模拟信号经过（A/D）变换转换为数字信号的过程称为采样，周期采样原理如图 8-1-4 所示，采样器可以看成是一个调制器，模拟输入量作为被调制信号，而采样开关的单位脉冲串作为调整频率，称为单位脉冲函数，对于单位脉冲函数，其周期为 T_c，脉冲宽度为 T_s。可见，在 T_c周期内采样，采样脉冲的重复周期为 T_c，而 $f=1/T_c$则称为采样频率。从图中可以看出，一个连续变化的信号，经采样后变成一个离散的脉冲序列，从理论上看，其采样结果应该如图 8-1-4(b) T_s 脉冲宽度内也是一个连续变化的，这不适合于 A/D 转换需要维持输入模拟信号稳定以便于信号比较的要求。为了解决比较时信号稳定的问题，一般情况下在比较电路前增加保持电路。如图 8-1-5(b)所示，图中给出了取样-保持电路的输

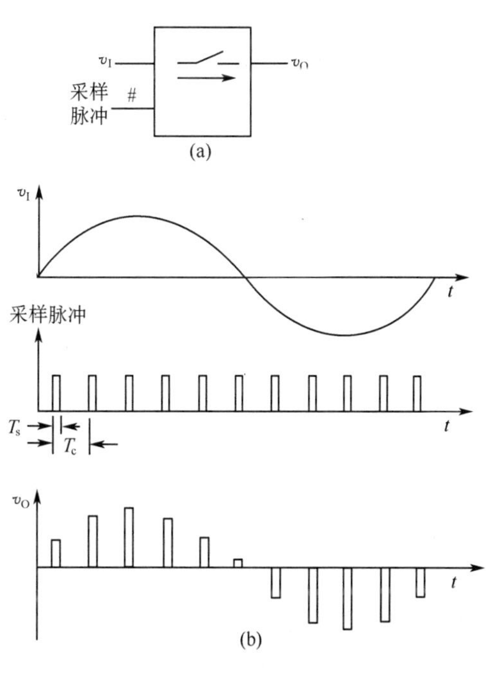

图 8-1-4　采样原理图

(a) 方框图；(b) 波形图

入 v_I 的输出 v_O 的波形。在采样期间（T_s），$v_O=v_I$；在两次采样的间隔期间（T_c-T_s），v_O 应保持不变，以便 A/D 转换器进行模拟电压到数字的转换。

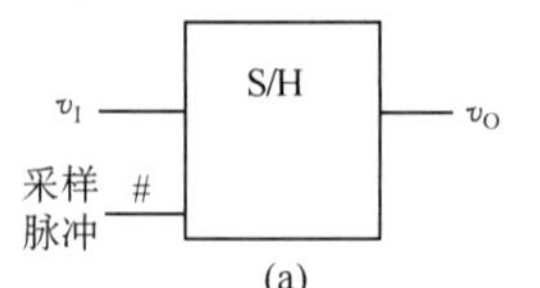

(a)

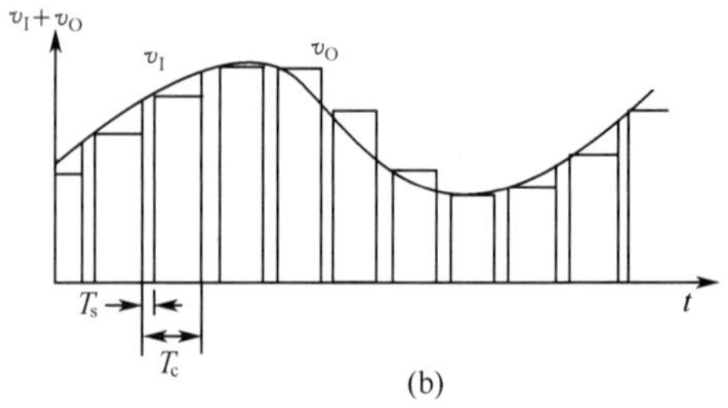

(b)

图 8-1-5 采样-保持电路简图
（a）方框图；（b）波形图

在解决了采样转换问题后，现在问题是采样是否准确地反映了实际连续信号？如图 8-1-6所示，如果有一个固定频率的正弦模拟信号，如果采样频率较高，如图中（a）所示，则其采样点（图中黑点）基本反映了正弦模拟信号。但如果采样频率过低，则其采样结果就如图中（b）所示已经严重失真，不能真实地反映实际正弦模拟信号。经验告诉我们，采样频率越高，取样结果的离散模拟信号转换成的数字信号就越接近输入模拟信号。但是，如果采样频率过高，在实时控制系统中将会把许多宝贵时间用在采样上，而失去了实时控制机会。因此，如何确定采样频率，使得采样结果既不失真，又不至于采样频率太高而浪费时间，这就是需要介绍香农（Shannon）采样定理。

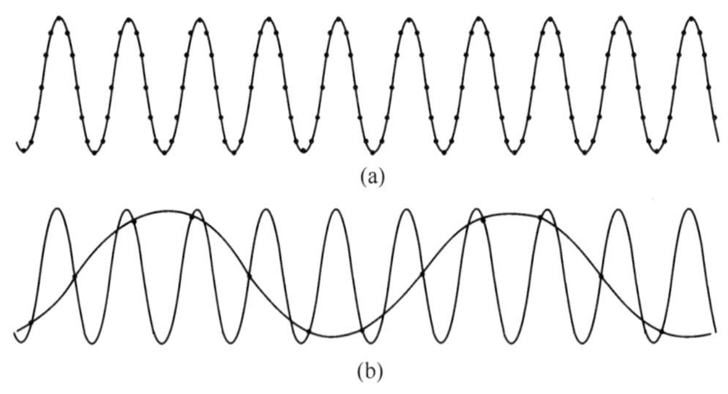

图 8-1-6 采样信号的频混现象
（a）采样频率正确；（b）采样频率过低

采样定理是 1928 年由美国电信工程师 H. 奈奎斯特首先提出来的，因此称为奈奎斯特采样定理。1933 年由苏联工程师科捷利尼科夫首次用公式严格地表述这一定理，因此在苏联文献中称为科捷利尼科夫采样定理。1948 年信息论的创始人 C. E. 香农对这一定理加以明确地说明，并正式作为定理引用，因此在许多文献中又称为香农（Shannon）采样定理。采样定理有许多表述形式，但最基本的表述方式是时域采样定理和频域采样定理。采样定理在数字式遥测系统、时分制遥测系统、信息处理、数字通信和采样控制理论等领域得到广泛的应用。

根据香农采样定理的理论证明：在时域上有无穷个取样脉冲情况下，如果采样频率 $f=1/T_c$ 大于输入信号 v_I 的最高（有效）频率 f_{max} 的两倍，则采样后的信号 v_O 可以精确地复原原来连续的输入信号 v_I。这就要求计算机监控系统，为了不失真地恢复模拟信号，其采样频率应该不小于模拟信号频谱中最高频率的 2 倍，即 $f \geqslant 2f_{max}$。而采样率的提高要求转换电路必须具有更快的转换速度。

为保证采样后信号的频谱形状不失真，采样频率必须大于信号中最高频率成分的两倍，这称之为采样定理。从理论上看，采样频率越高，失真越小。但是，从控制器本身看，大都是依靠偏差信号 $e(k)$进行调节计算。当采样频率太大时，信号基本没有变化，计算出来的偏差信号也会过小，此时计算机将会失去调节作用，造成机时浪费；采样频率太小将引起误差而失真。因此，采样频率必须综合考虑。

影响监控系统采样频率(或采样周期)的因素主要有：

1）加到被控对象的扰动频率：扰动频率越高，则采样频率也要求越高；

2）被控制对象的动态特性：主要是与被控对象纯滞后时间及时间常数有关，当纯滞后时间比较显著时，采样周期与纯滞后时间基本相等；

3）数字控制器所使用的算法及执行机构的类型：如采用随动的大林算法及应用气动执行机构时，其采样周期比较长，而最快无波纹系统及使用步进电机时，采样周期就比较短；

4）控制的回路数：由于同一主机需分时巡检计算并控制，所以计算机监控系统控制的回路越多，其采样周期就需要越长，否则就可以越短；

5）对象所要求的控制质量：一般讲，控制精度要求越高，则采样周期越短，以减少系统的纯滞后时间。

采用周期的选择方法有理论计算法和经验法。计算法由于较复杂，尤其是被控系统各环节时间常数难以确定，所以工程上用得较少。工程上常用的还是经验法。所谓经验法是一种凑试法，一般根据如表 8-1-2 所列举经验数据，再根据实际试验来确定。当前，由于计算机技术的发展，集成度提高，控制计算频率大大提高，所以，对于一般工业采样频率要求都已经不存在问题，一般实际应用中保证采样频率为信号最高频率的 5～10 倍，就可以保证较好采样质量，并能满足监控系统控制质量要求。

表 8-1-2　采样周期的经验数据

被测参数	采样周期 T/s	备　注
流量	1～5	优先选用 1～2 s
压力	3～10	优先选用 6～8 s
液位	6～8	
温度	15～20	或纯滞后时间，串级系统：副环 $T=(1/4\sim1/5)T_{主环}$
成分	15～25	

8.2　数字化监控系统组成

现以一台计算机为例，简要说明系统组成，因为从原理角度看，计算机监控网络可以认为是一台监控计算机多用于连接监控计算机和现场生产对象的网络组成的。

计算机监控系统包括硬件和软件。硬件是指计算机本身及其外围设备，软件是指管理计算机的程序以及过程控制应用程序。硬件是计算机控制系统的基础，软件是计算机系统的灵魂。计算机控制系统本身是通过各种 I/O 接口及外围设备与生产过程发生关系，并对生产过程进行数据处理及控制的。典型单台计算机监控系统原理如图 8-2-1 所示。

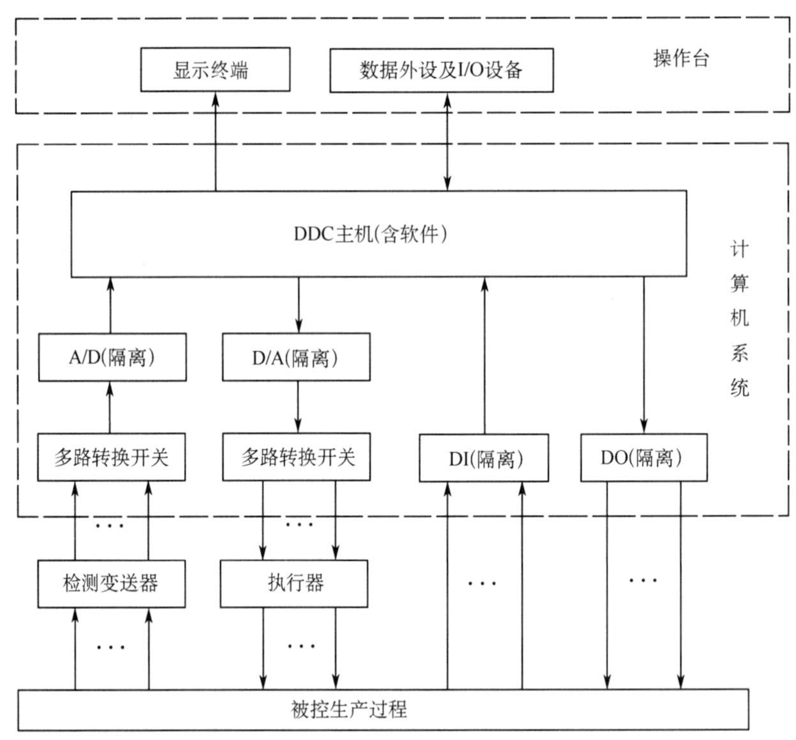

图 8-2-1 单台计算机监控系统原理图

硬件是由主机(俗称 CPU)、I/O 接口设备及外围设备组成。由于系统不同，组成计算机系统的硬件多少不同，一般根据监控系统的需要进行设置。

(1) 主机(CPU)

它是整个控制系统的核心控制部件，是系统的指挥部，通过接口向系统各个部分发出各种指令，同时对系统的各参数进行巡回或中断请求检测，数据处理以及控制计算、报警处理、逻辑判断等。

(2) 接口与输入输出通道

它是主机与被控对象进行信息交换通信的纽带。主机输入数据或向外部发送指令、输出数据，都是通过接口及收入输出通道进行的。但由于计算机只能接收数字量，而一般的连续化生产过程大都是以模拟量为主。因此，为了实现计算机控制，还必须把模拟量转换成数字量(A/D 转换)或者把数字量转换成模拟量(D/A 转换)。

(3) 通用外围设备

通用外围设备，主要是为了扩大主机的功能而设置的。它们用来显示、打印、存储及传送数据。这些设备主要有显示终端、磁盘、键盘、鼠标、打印机等。

(4) 监测仪表及执行器

在计算机监控系统中，为了收集和监测各种参数，广泛采用了各种检测探头及仪表，它们的主要功能是把被监测参数的非电量转变成电量，并通过变送器，转换成统一的标准信号（一般是标准电平信号，但目前不排除标准电流信号）再送入计算机。因此，监测仪表精度的高低直接影响计算机监控系统的精度。

另外，计算机监控系统为了控制生产过程，还需有相应的执行器。常用的执行机构有电动、液动和气动等控制形式。

(5) 操作台

操作台是人机对话的联系纽带，是通用外围设备的集合。通过操作台上的各种设备，人们可以向计算机输入程序，修改控制程序，显示、输出被测参数以及发出各种操作指令等。

计算机不能只有硬件没有软件，软件是指能完成各功能的计算机程序的总和，如操作、监控、管理、控制、计算和自诊断等。因此，软件是计算机系统的神经中枢，整个系统的动作都是在软件指挥下进行协调工作的。就功能来分，软件一般分为系统软件、应用软件及数据库。

所谓系统软件是指由计算机设计者提供的，专门用来使用和管理计算机本身的程序。系统软件包括操作系统（用以计算机监控管理的管理程序、磁盘操作系统程序等）、诊断系统（如调试程序、诊断程序）、开发系统（如程序设计语言、服务程序、数据管理系统程序等）和信息处理系统（如网络通信）等。

所谓应用软件是面向用户本身，为用户提供方便输入、输出，实现用户与计算机自己的交流的程序。对于计算机监控系统，应用软件主要包括过程检测程序、过程控制计算程序和公共服务程序（如基本运算程序、函数原型程序等）。

所谓数据库及数据库管理系统，就是如何建立存放数据，并提供查询、显示、调用和修改等数据操作。

8.3　数字化计算机监控系统类型

数字化计算机监控系统的类型，带有典型计算机技术发展的特征。在20世纪50年代数字计算机出现之初，有远见的控制工程师便从其运算速度快、具有实现各种数学运算和逻辑判断的能力，意识到计算机在控制领域具有极大的发展潜力和应用前景，并进行了积极探索和开发应用。这个过程经历了20世纪60年代的单机控制，70年代美国霍尼韦尔公司（Honeywell Inc）和日本横河电机株式会社推出集散控制系统（Distributed Control System，DCS，早期称为分布式控制系统）TDC-2000和CENTEM，到90年代，用户和DCS生产厂家对系统的开放性和兼容性提出了更高要求，普遍希望构成系统的模块化、规范化，通信协议完全开放，促进各厂家配套产品和备件相互兼容，以达到降低系统设计建设投资和运行维护费用。因此，开始发展基于控制系统网络化和现场仪表数字化、智能化的现场总线（Fieldbus）的技术研究，以满足以上市场需求。由此可见，数字化计算机监控系统的类型，随技术发展阶段，基本可以分为直接数字控制系统、集散控制系统和现场总线技术控制系统。

8.3.1　直接数字控制系统

直接数字控制系统简称DDC（Direct Digital Control）系统，就是用一台工业计算机配以适当的I/O接口设备，从输入通道获取生产过程的信息，按照预先规定的控制算法计算出控制量，并通过输出通道直接作用于执行器，实现对整个生产过程的控制。简单地说，只是用一台计算机对多个被控参数进行巡回检测控制，称为直接数字控制(DDC)系统。

图8-2-1所示的计算机监控系统基本组成就是以DDC系统为例，从中也可以看出DDC系统组成方框原理图。由于计算机运算速度快，通过分时处理，一台计算机可以对多个回路进行控制。一个DDC系统可实现多个(甚至几十或更多)回路PID调节及其他辅助控制。DDC系统能满足不同生产过程的控制要求，当系统控制要求发生变化时，可通过重新编制程序来适应控制要求的改变，而不用进行大量硬件结构改动。

DDC系统的优点是比较经济，一台微机或高性能PLC控制器可代替多个模拟调节器。其优点还有灵活性大，可靠性高。因为计算机计算能力强，可用以复杂控制规律，如串级控制、前馈控制，自动选择控制以及大滞后控制等。但这种集中控制模式，一旦主机瘫痪，则整个控制系统就全部失控。DDC系统编程灵活，能够方便地对PID规律进行各种改进，实现多种形式的PID算法，如带死区的PID、各种变形和改进PID等。

但随着可编程控制器PLC集成度和性能的提高，PLC计算性能虽然不如微型机，但在现场监控并不需要高性能的计算能力，DDC系统逐步采用PLC代替微型机来实现现场控制。

8.3.2 集散控制系统

集散控制系统品种繁多，但其基本组成部分是相同的。一个典型DCS组成如图8-3-1所示，由分散执行控制功能的现场控制站(Field Control Station)和进行集中监视、操作的操作站(Operator Station)以及高速通信总线组成，基本结构如图8-3-2所示。

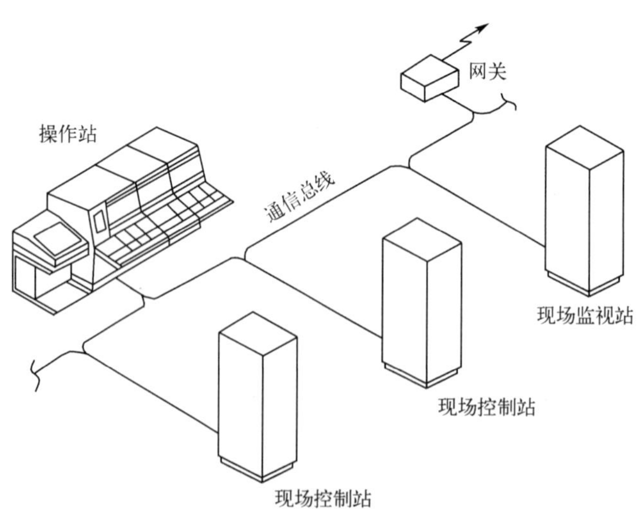

图8-3-1 集散控制系统的组成示意图

DCS现场控制站是一种多回路控制器，它接受现场送来的检测信号，按指定的控制算法，对信号进行输入处理、控制运算、输出处理后，向执行器发出控制指令。现场控制站从这

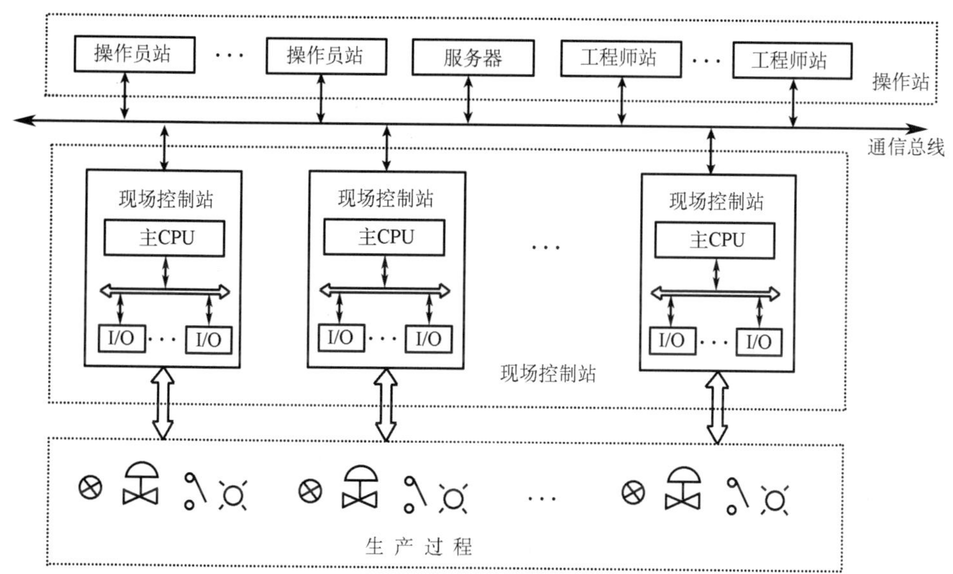

图 8-3-2 集散控制系统的基本结构示意图

点看相当于DDC系统，但又不同于DDC系统，一般在现场控制站内不设操作显示等人机接口设备，显示和操作功能交给上层的操作站去完成。根据危险分散的设计原则，现场控制站内一个微处理器控制8～40个回路，它具有自己的程序存储器和数据库，能脱离操作站，独立对生产过程进行控制。像核电厂这种大规模生产过程，可用多个现场控制站一起工作。这样，当某个站发生故障时，只影响其所控制的一部分回路，而不影响其他控制站，不至于影响全局。

在DCS的结构体系一般由操作站（包括服务器、工程师站、操作员站、数据库及必要的输入输出外围设备）、通信网络、现场控制站等组成。操作站位于控制站的上层，它通过通信网络与现场控制站交换信息。

操作站提供高分辨率显示终端和其他用以操作监视的输入输出终端设备，以方便操作员使用，并迅速而准确地实现对现场生产过程的直接操作。同时，操作站还提供系统生成和维护功能。但为了避免发生混乱，一般给系统生成和维护功能赋予高级的管理密码，只有系统工程师可以进入，而一般运行操作人员不能进入。大型DCS用户软件的修改和维护工作量大，一般设置专门的工程师站，以便与日常的操作功能在物理上分开，提高系统安全性。

DCS中的通信网络也是系统重要的组成部分。为保证通信的可靠性，DCS常采用多主站的令牌方式。在系统内，各操作站和控制站的地位是相同的，没有固定的主站与从站划分。避免一个固定主站故障引起整个系统通信瘫痪的危险。另外，集散控制系统一般还采用双总线冗余通信网络结构，以提高通信的可靠性。而且通过网关，可以与其他网络（包括控制网络或信息管理网络）进行通信，以方便不同安全级别的集散控制系统隔离，或组成更大的综合控制与信息管理系统。

集散控制系统的现场控制站，一般分散就近安置在生产现场，实现对生产过程数据采集与实时控制。同时，将相关信息上传到操作站，并接受操作站下传的控制指令。这种方式，可以大量节省电缆数量及其布置量，并提高系统可靠性，降低维护成本。如图 8-3-3 现场控制站的插件箱，控制站一般具有冗余(也可不冗余)的 CPU 模块、电源模块和通信模块及 I/O模块。控制站的功能框图如图 8-3-4 所示，与单回路控制仪表相比，除反馈控制功能、运算功能、报警功能和通信功能更加强大之外，最主要还是控制逻辑和计算能力大大加强。

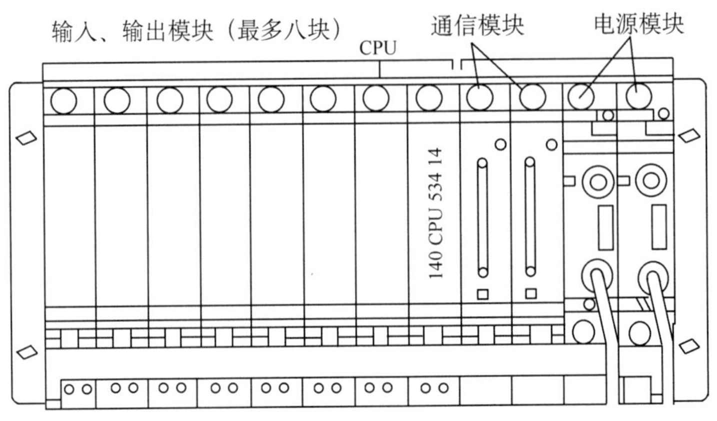

图 8-3-3　现场控制站的插件箱示意图

DCS操作站功能，主要有四大功能：

1）以系统生成、维护为主的工程师站的工程开发功能；

2）以监视、运行、记录为主的操作功能；

3）以现场控制站和上位机交换信息为主的通信功能；

4）运行数据文件的存储、管理功能。

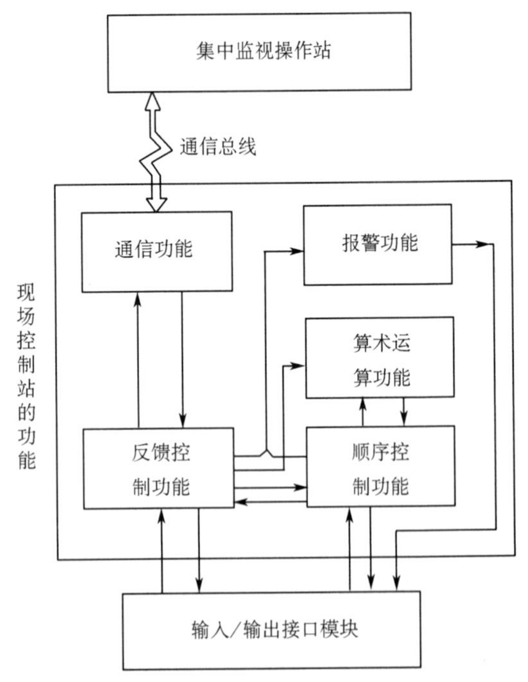

图 8-3-4　现场控制站功能框图

DCS 通过分布在现场的控制站实现对生产过程的控制，通过操作站进行集中监视和操作管理，达到实时监视了解生产过程运行状况，实现对其全面监控与管理的目标。而这只有通过类似人体神经网络的通信网络连接现场各控制站和操作站才能实现目标。DCS 通信网络在空间上发布在生产过程一定区域内，构成一个局域网络，但有别于办公室局域网络，它要求实时响应，能适应恶劣生产现场环境，具有开放性等，对网络可靠性要求高。DCS 的网络形式主要有主从和同等两种基本网络形式。主从网络具有整体控制网络通信的优点，但由于主从通信网络形式的通信全部依赖于主站，可靠性相对较差，一旦主站损坏，则整个通信网络就瘫痪。而同等网络形式正好与主从形式相反，各站都有通信网络控制权，占用时间长和冲突管理复杂，但某个站损坏并影响整个网络正常通信。

但不管采用何种形式，通信网络的拓扑结构如图 8-3-5 所示。这在相关通信网络书籍基本都有介绍，在此不再介绍。

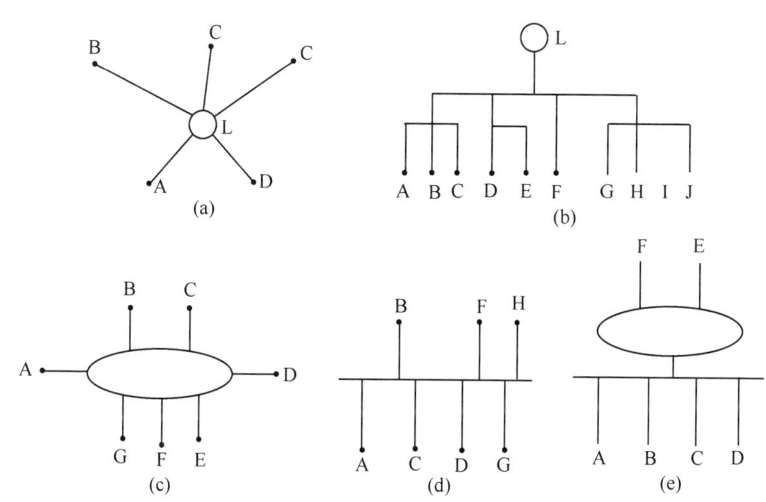

图 8-3-5　通信网络的几种拓扑结构

(a) 星形结构；(b) 树形结构；(c) 环形结构；(d) 总线形结构；(e) 复合网络结构

8.3.3　现场总线控制系统

所谓总线就是连接智能测量与控制设备的全数字式、双向传输、具有多节点分支结构的通信链路。以现场总线为基础的全数字控制系统成为 21 世纪自动化控制系统的主流。目前世界发达国家的自动化仪表公司都以巨大的人力和财力投入，全方位地进行技术研究和实际应用。并从 20 世纪 80 年代开始，逐步形成了几种有影响的现场总线技术标准，它们大都以国际标准化组织 ISO 的开放系统互联模型 OSI/RM 作为基本框架，并根据其应用需要增加某些规定后形成标准。这些现场总线技术标准主要有基金会现场总线 FF，过程现场总线 Profibus，HART 现场总线，World FIP 现场总线，控制器局域网总线 CAN 和 LonWorks 总线。当前，把采用现场总线技术构成的控制系统称为现场总线控制系统（Fieldbus Control System，FCS）。FCS 由现场监控设备和总线系统的传输介质（双绞线、光纤、同轴电缆等）组成。现场监控设备，如变送器、执行器等，都挂在现场总线上，如图 8-3-6 所示。现场总线具有系统开放性、互操作性、现场设备智能化与功能自治性和系统结构高度分散性等技术特点。这使用户可以选择不同厂商所提供的设备来集成系统而不会出现兼容问题。

由于现场总线的优越性和计算机网络通信技术的发展，以至于 DCS 的通信网络系统也逐步向现场总线开放性发展，并引入现场总线进入 DCS 体系结构，如图 8-3-7 所示。

但现场总线出发点只是用以连接智能监控设备，在一条总线上往往只能挂几个智能仪表或几个控制回路，但控制回路较多、回路间关联较大时，系统在几条低速总线段之间传递

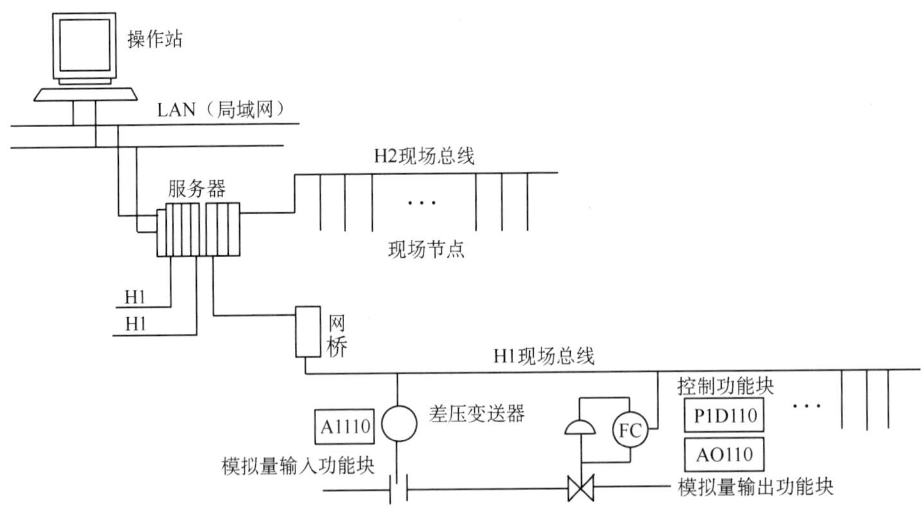

图 8-3-6 现场总线控制系统示意图

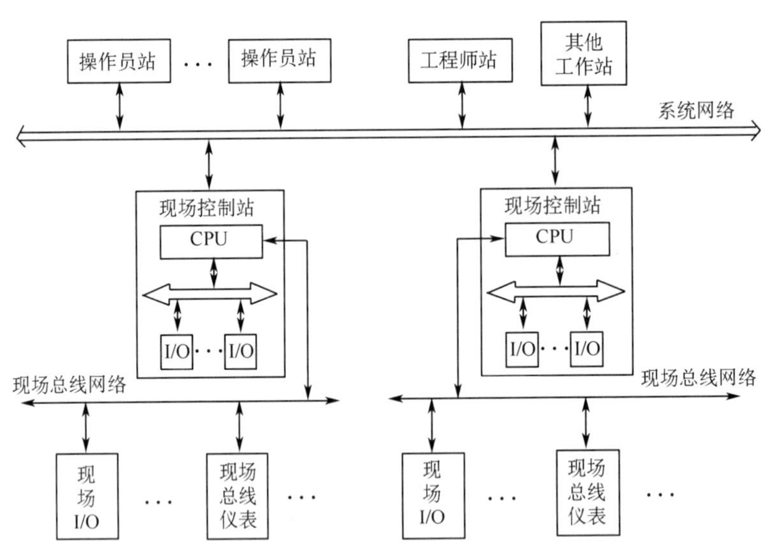

图 8-3-7 引入现场总线技术的 DCS 体系结构示意图

信息，势必影响系统通信进而影响系统实时控制。也就是说，现场总线不适合大规模的控制对象。另外 DCS 又不具有开放。在这种情况下，将各个现场总线段和 DCS 通过以太网集成在一起，就出现了由现场总线（下层现场设备级）、DCS（中层系统级）和以太网（上层管理级）构成的混合式控制网络，如图 8-3-8 所示。

8.3.4 PLC、DCS、FCS 的特点

（1）PLC 的特点

可编程控制器 PLC 是以微处理器为基础，综合了计算机、电气控制、自动控制以及通信

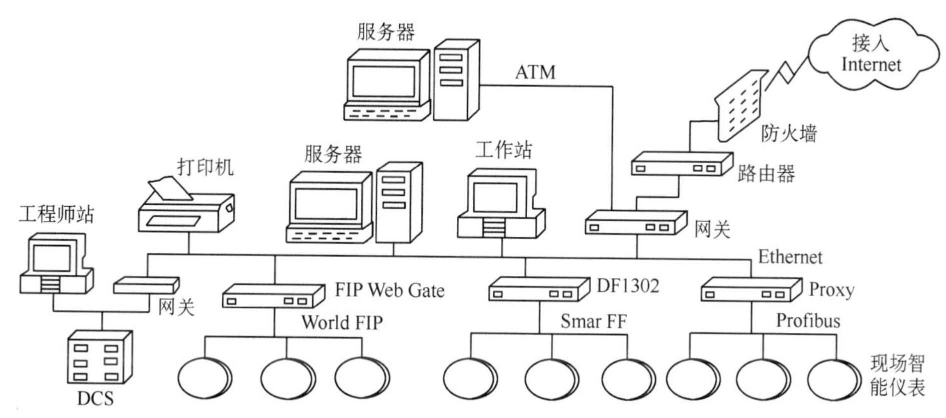

图 8-3-8 混合控制物理结构图

技术而发展起来的一种新型、通用的自动控制装置。它具有结构简单、编程方便、性能优越、灵活通用、使用方便、可靠性高、抗干扰能力强等一系列优点，在工业生产过程自动控制领域得到广泛的应用。随着集成度的提高，PLC 性能已经可比一台高性能微型计算机，已经可构成 PLC 网络实现复杂自动控制。

(2) DCS 的特点

DCS 是在模拟量回路控制较多的行业中广泛使用的，尽量将控制所造成的危险性分散，而将管理和显示功能集中到操作站，集 4C(Communication、Computer、Control、CRT)技术于一身的大型计算机监控系统。它通过网络通信连接操作站与现场仪控装置，实现对现场仪控的控制。DCS 网络通信拓扑结构和设备一般因厂家不同，而有所差别，难以兼容，不具有开放性、互操作性。也就是说，DCS 是封闭式系统，各公司产品基本不兼容。

(3) FCS 的特点

FCS 是 20 世纪 80 年代后期发展起来的一种基于现场设备之间进行通信的新型总线系统，它综合了数字通信、计算机、自动控制、网络和智能仪表等多种技术手段，从根本上突破了传统的“点对点”式的模拟信号或数字/模拟信号控制的局限性，构成一种全分散、全数字化、智能、双向、互连、多变量、多节点的通信与控制系统。现场总线则是连接分散在各个工业现场的智能设备和自动化系统的数字式、双向传输、多分支结构的通信网络。现场智能设备，现场总线与控制室中的控制器和监视器一起构成 FCS。

FCS 把传统 DCS 的控制功能进一步下放到现场智能仪表，由现场智能仪表完成数据采集、数据处理、控制运算和数据输出等功能。另外，FCS 还可以通过网关和企业的上级管理网络相连，以便管理者掌握第一手资料，为决策提供依据。

现场总线具有开放性、互操作性、系统结构的高度分散性、灵活的网络拓扑结构、现场设备的高度智能化、对环境的高度适应性等诸多突出特点。因 FCS 是开放式系统，用户可以选择不同厂商、不同品牌的各种设备连入现场总线，达到最佳的系统集成。只是对现场总线的研究，在目前尚未能形成一个完善的统一标准，但其高性能价格比将吸引众多工业控制用户采用。

8.3.5 高速网络特点

不管是 PLC、DCS 还是 FCS，在当前对数字化监控技术标准化、开放性、互操作性的市场强烈需求情况下，这三种控制方式并不是互相排斥，没有交集，而是互相融合应用。但其基础就是需要统一通信接口方式和通信协议，使其能彼此相互通信交换信息，才能实现信息共享，各自完成相应的监控任务。所以，简要介绍当前高速网络技术特点。

(1) 高速以太网技术

介质访问模式为 CSMA/CD(即载波侦听)、多路访问、冲突检测的广播模式或 DEMAND PRIORITY POLLING(即优先登记模式)，网速一般为 100 Mb/s，网络节点数量为 40～60 以内。

(2) FDDI 技术

双环结构，一个环正向传输一个环逆向传输，互为热备用。介质访问模式为 CSMA/CD 广播模式或 DEMAND PRIORITY POLLING，网速一般为 100 Mb/s 或更高，网络节点数量为 1000 点。

(3) 交换网络技术

每个通道独占带宽，传输速度高。非常适合于大容量通信网络。但它仍是一种星型结构，控制机能过于集中，从可靠性角度讲并不一定适合于工业控制。网速可达数千 MBPS，网络节点无限，价格昂贵。

(4) ATM(异步传输模式)

ATM 技术特点如下：

1) 信元交换独占带宽；

2) 面向连接；

3) 多种传输速度；

4) 同时兼有路由和转发功能；

5) 广义网和局域网协议统一；

6) 但许多应用系统都是 TCP/IP 协议，利用 ATM 技术时要进行协议转换；

7) ATM 造价昂贵，无法实现 ATM 到桌面计算机仅作为主干网技术使用。另外，ATM 技术理解和掌握有一定难度。

(5) 千兆以太网

速度高，频带宽，适用于大型、密集型应用(如网络分布式计算，视频点播，桌面视频会议等多媒体应用)。

8.3.6 核电厂数字化监控系统一般要求

核电厂数字化计算机监控系统的功能除了需替代常规监控系统完成监控功能外，一般还需考虑或突出完成以下功能：

1) 充分考虑人因工程，提供更人性化的人机接口，防止人因误操作；

2) 监测核电厂各工艺系统和设备的运行参数和状态，并通过显示终端给运行人员；

3) 给出核电厂运行状态等各种参数的记录，生成各种日志和报表，利用打印机和光刻录机将运行信息进行记录和永久保存；

4）显示和记录报警信息，以便执行或辅助执行正确的操作；

5）显示信号的状态和数值以便执行或辅助执行正确的操作；

6）通过计算，对数据进行必要处理，并给出核电厂相关重要的运行信息及有关设备运行的数据；

7）采用曲线图等方式的显示或记录方法以指示出历史状态、变化趋势、反应堆状况以及全厂综合状况或配置；

8）当核电厂发生故障时，记录事故前后相关物理参数数值和状态变量的变化情况，以供事故后分析，也就是说，一般必须具有事故追忆功能；

9）对核电厂状态进行监督，提供联锁功能及防止操纵员的误操作；

10）提供彩色组态图监控画面，可自动或根据操纵员的指令控制各工艺系统的运行；

11）对具有安全监控功能的安全级监控系统，一般需通过网关进行必要的有效隔离，以确保安全系统的可靠性不受非安全级系统的影响；

12）给操纵员提供必要的提示和支持，如计算机化操作规程支持系统；

13）提供与上层和其他系统的通信能力。

核电厂数字化计算机监控系统，比常规电厂的监控系统多一个安全分级要求不同，一般需根据监控系统的安全分级进行有效隔离，隔离包括实体隔离和功能隔离。实体隔离主要依靠空间有形设施（如墙体，机柜等）的隔离和设备分离等，功能隔离则从系统功能设计完全分开或通过隔离器件隔离。所以，在计算机数字化监控系统，一般要求安全级的监控系统，如反应堆保护系统，不仅仅系统内部通道需要相对隔离，而且整个安全监控系统需独立成一个安全级计算机数字化监控系统，与非安全级监控系统分开，然后通过网关与上层操作站进行必要的信息交换。但不管安全如何，其系统通过通信网络结构集成方案，大体相似。

8.4 核电厂数字化监控应用

8.4.1 核电厂数字化 I&C 系统发展过程

由于核电厂的高安全性，设计较保守，一般需采用成熟的技术，而不会采用刚刚出现的新技术，所以数字化监控系统在核电厂的应用起步远远晚于常规工业的应用。但数字化是核电厂仪表控制系统的发展趋势，核电厂计算机监控系统通过数字化技术，将过程检测系统、电气传动控制系统和计算机信息系统有机地结合在一起，提高了数据的可靠性和有效性，提高了运行的安全性。与常规的 I&C 系统相比，采用计算机监控系统，节省了大量的电缆和显示仪表，减少了常规仪表和电气控制操作在控制室的布置量，节省了投资，并且减轻了主控室布置的压力，大大提高了主控室人机接口友好程度，改善了人机界面，更能在计算机高速计算和逻辑判断能力下，建立诸如先进智能报警系统、操纵员支持系统、专家系统等先进运行专家支持系统，为运行人员提供“专家”支持，降低了运行人员的劳动强度。

所以，核电厂也是无法抗拒先进技术的应用，数字化监控技术在核电厂也是随着计算机数字化技术逐步推广应用，其应用一般可以分为以下几个阶段。

（1）计算机数字采集检测系统

这主要在 20 世纪末，由于计算机监控技术还未大规模应用，价格高，而且集成度低，计算机零部件还较多，没有在核电厂使用的先列，也没有满足核电厂要求抗震和老化性能 1E 安全要求。但计算机计算能力强，对有着大量数据需要处理、显示的核电厂也是急需的技术，所以，早期核电厂只是利用计算机数据采集和计算处理技术，用以信息数据采集、处理和输出显示，如大亚湾一期核电厂的集中数据处理系统(KIT)。

(2) 单设备或简单系统 DDC 控制

由于计算机技术的发展和成熟的推广应用，也随着计算机数字采集检测系统的成熟运行经验，核电厂在 20 世纪末前后，开始在一些非安全级的设备或系统，逐步采用计算机监控技术，但由于被控对象相对独立，一般采用 DDC 系统。

(3) 集散控制系统的局部应用

高可靠性、速度快、系统模块化、价格低和设计、开发、维护方便的特点，所以，这种计算机数字化控制技术更加成熟可靠，并在 DDC 应用经验基础上，核电厂在本世纪初在新设计的非安全监控系统开始大量采用，尤其是常规岛监控系统，基本采用 DCS 监控系统。

(4) 现场总线技术和全数字化计算机控制系统的全面应用

随着 DCS 成熟应用及其网络监控技术的发展，目前新建核电厂，基本上都采用全数字化现场总线技术的 DCS 控制系统。

计算机监控系统采用冗余热备设计，满足单一故障准则，使系统具有高可靠性，同时对安全重要参数的显示和核级传动控制保留了常规仪表和控制操作手段，可充分保证了核电厂的安全运行。计算机监控系统可以在主控制室对所有远距离电动控制进行软操作和控制，提高了效率和运行的灵活性。

计算机技术的飞速发展，使得现阶段核电厂数字化 I&C 系统已经从信息采集检测系统进入 DCS 阶段，并且随着网络通信技术的高速发展，产生了全数字化计算机控制系统概念，它将成熟的常规电厂集散控制系统融入现场总线控制系统(FCS)及可编程序控制器(PLC)，全面应用在常规岛、BOP、核岛部分的全过程控制，构成核电厂全新数字化仪表控制系统。

8.4.2 核电厂数字化 I&C 系统应用实例

目前，应用比较典型的全数字化计算机控制系统主要有：日本的日立等公司开发的 Nucamm-90 系统、法国法玛通公司的 N4 控制系统、ABB 公司的 Nuplex80^{+} 系统、美国西屋公司的 Eagle21＋WDPFⅡ系统，以及我国田湾核电厂所采用的德国西门子公司的 Teleperm XP＋XS 系统等。

现以最新引进的 AP1000 为例，简要说明核电厂数字化 I&C 系统的组成特点。AP1000 核电厂 I&C 系统由全数字的网络结构的 DCS 系统构成的，其总体结构如图 8-4-1 所示。

AP1000 核电厂 I&C 网络结构分为上、下两层结构，由网络把除了第 6 子系统的多样化驱动系统之外的所有 I&C 系统连接成一个整体。上层网络为系统级控制网络，承担人机接口通信和各监控子系统间的通信功能，其连接的系统设备主要执行数据显示和处理功能。下层网络为子系统级的现场控制网络，承担子系统内通信和与上层网络信息交换通信，其连接的系统设备主要执行电厂的监测、控制和保护功能。如图 8-4-1 所示，整个系统包括 8 个部分，按子系统编号简要描述如下。

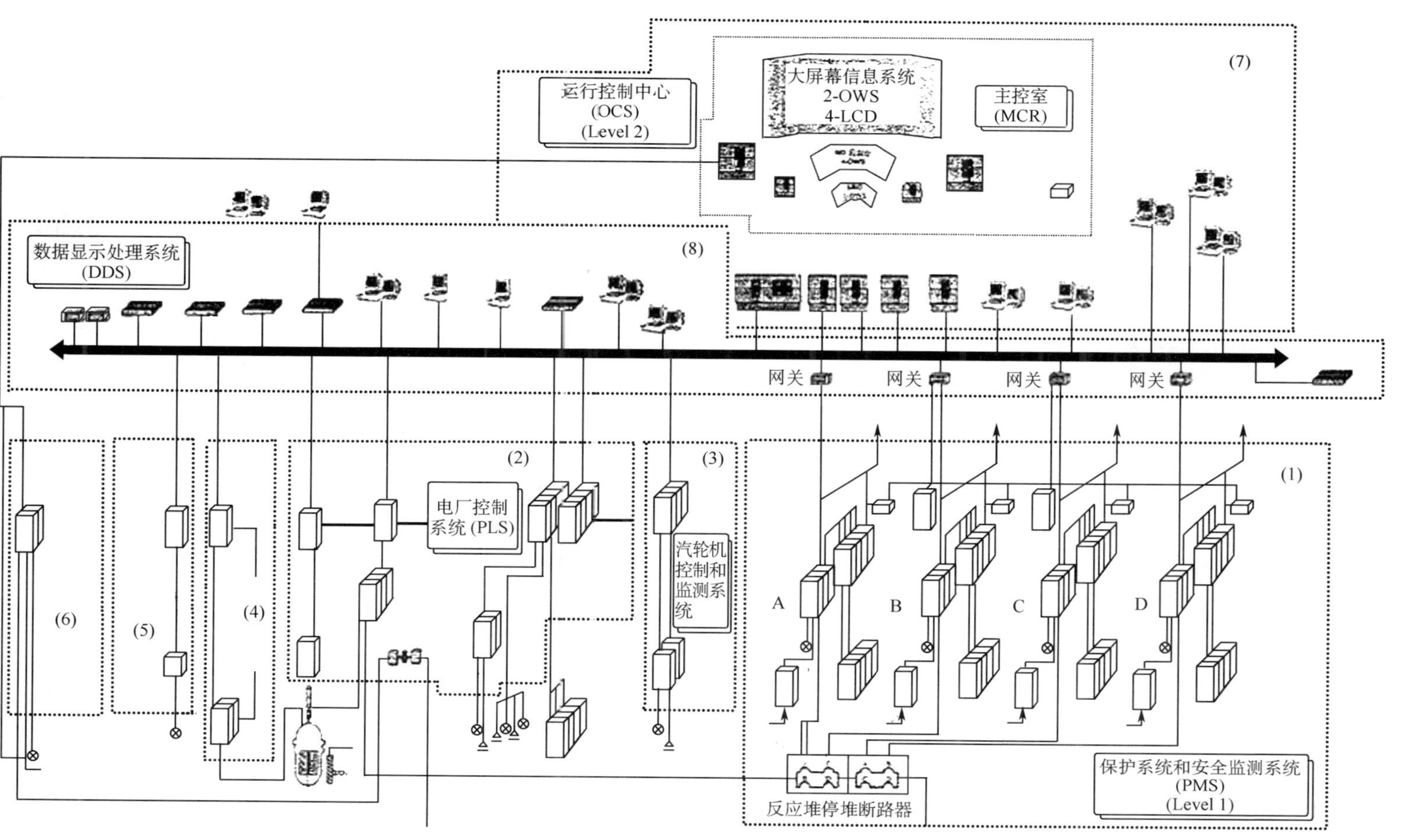

图8-4-1　AP1000仪表控制系统的总体结构

(1) 安全监测和保护系统(Protection and Safety Monitoring System,PMS)

PMS 的功能是监测核电厂偏离正常运行工况,并触发相应的安全功能,执行电厂的紧急停堆功能、专设安全设施(ESF)触发功能和 1E 级数据处理功能。1E 级数据处理功能主要是监测并记录事故过程中和事故后核电厂的相关参数,以分析、判断和处理事故的后果。PMS 中设置四个冗余序列按“四取二”控制逻辑来执行安全功能。

(2) 电厂控制系统(Plant Control System,PLS)

PLS 的功能是在控制室实现对核电厂从冷停堆到满功率的运行控制。另外,PLS 从 PMS 接收某些信号作为输入,以降低了误停堆/机概率和电厂的造价和维护要求。

(3) 汽轮机控制和监测系统(Turbine Operation System,TOS)

TOS 是常规岛的计算机监控系统,其功能是按电厂运行工况要求监测汽轮机运行中的各种参数,并控制汽轮机的运行,一旦监测出发现异常发生,则触发汽轮机脱扣,保护汽轮机的安全。

(4) 堆芯仪表系统(Incore Instrumentation System,IIS)

IIS 用以监测堆芯功率分布和温度分布信息,用以标定堆外中子探测器的灵敏度和优化堆芯运行,并提供事故后堆芯欠冷度的信息。

(5) 特殊监测系统(Special Monitoring System,SMS)

SMS 提供对核电厂关键设备的诊断和监督功能,并提供信息以供运行参考和决策,但不执行任何安全功能,它由专有子系统构成,如反应堆部件松动监测系统。

(6) 多样化驱动系统(Diverse Actuation System,DAS)

DAS 是非安全级系统,是反应堆保护系统的多样化后备,当反应堆保护系统发生故障时,多样化驱动系统提供了独立于保护系统的保护。它通过降低严重事故的发生概率来保证 AP1000 的安全性。这些严重事故不太可能是由于保护系统和控制系统的假设的瞬变和共模故障同时发生而引起的(即这种可能性是极小的),可一旦这种概率很小的共模故障出现了,多样化驱动系统就能够提供多样化保护。

(7) 运行控制中心系统(Operation and Control Center System,OCC)

运行控制中心系统包括控制室、技术支持中心、远程停堆操作站、应急操作设施、就地控制站和与这些中心相关的工作站。它通过人-机接口实现对电厂的有效和安全控制。AP1000 人机接口资源包括:

1) 墙挂盘信息系统(Wall Panel Information System):给操纵员提供电厂信息,但不能进行控制;

2) 报警系统(Alarm System):与其他人机接口资源一起,为运行控制中心的操纵员提供电厂报警信息,以达到“通知”操纵员、提醒操纵员“观察异常”和让操纵员进行“状态确认”的目的;

3) 核电厂信息系统(Plant Information System):是数据显示处理系统(非 1E 级)的一部分,采用彩色图像显示单元来显示过程数据显示电厂过程信息;

4) 计算机化规程系统(Computerized Procedure System):是一个操纵员规程支持软件系统,帮助操纵员执行电厂规程;

5) 软操控制/专用控制(Soft Control/Dedicated Control):使操纵员在正常和事故条件下都能维持电厂的安全;

6）经过鉴定的数据处理系统（Qualified Data Processing System，QDPS）：用以显示电厂安全的1E级系统的参数，这些信息还通过核电厂信息系统传到远方停堆站。

（8）数据显示和处理系统（Data Display and Processing System，DDS）

DDS主要是为核电厂的正常或异常运行提供非安全相关的报警和显示，用于核电厂数据分析、日志存储和检索，为操纵员提供运行支持。

复习思考题

1. 数字化监控系统有何特点？

2. 简要说明D/A转换基本原理，常用转换采用什么电路转换。

3. 简要说明A/D转换基本原理。

4. 说明数据采样基本原理，采样频率过高或过低会有什么影响？

5. 简要说明数字化监控系统基本组成。

6. 数字化监控系统类型有哪些？各有何特点？其发展趋势是什么？

7. 核电厂数字化监控系统基本要求是什么？举例说明核电厂计算机监控系统基本组成及其功能分配。

附录一　压力单位换算表

压力单位换算表

压力单位	帕 (Pa)	工程大气压 (kgf/cm^2)	标准大气压 (atm)	毫米水柱 (mmH_2O)[1]	毫米汞柱 (mmHg)[2]	毫　巴 (mbar)	磅力/英寸^2[3] (psi)
帕(Pa)	1	1.0197×10^{-5}	9.86923×10^{-6}	1.0197×10^{-1}	7.50062×10^{-3}	1.0×10^{-2}	1.45037×10^{-4}
工程大气压(kgf/cm^2)	9.80662×10^{4}	1	9.67838×10^{-1}	1.0×10^{4}	7.35557×10^{2}	19.80663×10^{2}	1.42233×10^{1}
标准大气压(atm)	1.01325×10^{5}	1.033 323	1	1.3323×10^{4}	7.60×10^{2}	1.01325×10^{3}	1.46959×10^{1}
毫米水柱(mmH_2O)	9.806 62	1.0×10^{-4}	9.67838×10^{-5}	1	7.35557×10^{-2}	9.80663×10^{-2}	1.42233×10^{-3}
毫米汞柱(mmHg)	1.33322×10^{2}	1.35951×10^{-3}	1.31579×10^{-3}	1.35951×10^{1}	1	1.333 22	1.93367×10^{-2}
毫巴(mbar)	1.0×10^{3}	1.01972×10^{-3}	9.86923×10^{-4}	1.019716×10^{1}	7.50062×10^{-1}	1	1.45037×10^{-2}
磅力/英寸^2(psi)	6.89478×10^{2}	7.03074×10^{-2}	6.80462×10^{-2}	7.03074×10^{2}	5.17151×10^{1}	6.89478×10^{1}	1

注：1) mmH_2O 单位是在温度为 4 ℃时的值，重力加速度规定为 9.806 65 m/s^2；

2) mmHg 单位是在温度为 0 ℃时的值，重力加速度规定为 9.806 65 m/s^2；

3) 磅力/英寸^2(1 bf/in^2)单位可缩写为 psi。

附录二　热电阻分度特性对照

附表 2-1　热电阻分度特性对照表

温　度/℃	Cu50 电阻值/Ω	Cu53 电阻值/Ω	Cu100 电阻值/Ω
−50	39.24	41.74	78.49
−40	41.40	43.99	82.80
−30	43.55	46.24	87.10
−20	45.70	48.50	91.40
−10	47.85	50.75	95.70
0	50.00	53.00	100.00
10	52.14	55.25	104.28
20	54.28	57.50	108.56
30	56.42	59.75	112.84
40	58.56	62.01	117.12
50	60.70	64.26	121.40
60	62.84	66.52	125.68
70	64.98	68.77	129.96
80	67.12	71.02	134.24
90	69.26	73.27	138.52
100	71.40	75.52	142.80
110	73.54	77.78	147.08
120	75.68	80.03	151.36
130	77.83	82.28	155.66
140	79.98	84.54	159.96
150	82.13	86.79	

附表 2-2　热电阻分度特性对照表

Pt100		BA_1		BA_2	
温　度/℃	阻　值/Ω	温　度/℃	阻　值/Ω	温　度/℃	阻　值/Ω
−200	18.49	−200	7.95	−200	17.28
−190	22.8	−190	9.96	−190	21.65
−180	27.08	−180	11.95	−180	25.98
−170	31.32	−170	13.93	−170	30.29
−160	35.53	−160	15.9	−160	34.56
−150	39.71	−150	17.85	−150	38.8
−140	43.87	−140	19.79	−140	43.02

续表

Pt100		BA_1		BA_2	
温　度/℃	阻　值/Ω	温　度/℃	阻　值/Ω	温　度/℃	阻　值/Ω
−130	48	−130	21.72	−130	47.21
−120	52.11	−120	23.63	−120	51.38
−110	56.19	−110	25.54	−110	55.52
−100	60.25	−100	27.44	−100	59.65
−90	64.3	−90	29.33	−90	63.75
−80	68.33	−80	31.21	−80	67.84
−70	72.33	−70	33.08	−70	71.91
−60	76.33	−60	34.94	−60	75.96
−50	80.31	−50	36.8	−50	80
−40	84.27	−40	38.65	−40	84.03
−30	88.22	−30	40.5	−30	88.03
−20	92.16	−20	42.34	−20	92.04
−10	96.09	−10	44.17	−10	96.03
0	100	0	46	0	100
10	103.9	10	47.82	10	103.96
20	107.79	20	49.64	20	107.91
30	111.67	30	51.45	30	111.85
40	115.54	40	53.26	40	115.78
50	119.4	50	55.06	50	119.7
60	123.24	60	56.86	60	123.6
70	127.07	70	58.65	70	127.49
80	130.89	80	60.43	80	131.37
90	134.7	90	62.21	90	135.24
100	138.5	100	63.99	100	139.1
110	142.29	110	65.76	110	142.1
120	146.06	120	67.52	120	146.78
130	149.82	130	69.28	130	150.6
140	153.58	140	71.03	140	154.41
150	157.31	150	72.78	150	158.21
160	161.04	160	74.52	160	162
170	164.76	170	76.26	170	165.78
180	168.46	180	77.99	180	169.54
190	172.16	190	79.71	190	173.29
200	175.84	200	81.43	200	177.03
210	179.51	210	83.15	210	180.76

续表

Pt100		BA_1		BA_2	
温　度/℃	阻　值/Ω	温　度/℃	阻　值/Ω	温　度/℃	阻　值/Ω
220	183.17	220	84.86	220	184.48
230	186.32	230	86.56	230	188.18
240	190.45	240	88.26	240	191.88
250	194.07	250	89.96	250	195.56
260	197.69	260	91.64	260	199.23
270	201.29	270	93.33	270	202.89
280	204.88	280	95	280	206.53
290	208.45	290	96.68	290	210.17
300	212.02	300	98.34	300	213.79
310	215.57	310	100.01	310	217.4
320	219.12	320	101.66	320	221
330	222.65	330	103.31	330	224.56
340	226.17	340	104.96	340	228.07
350	229.67	350	107.6	350	231.6
360	233.17	360	108.23	360	235.29
370	236.65	370	109.86	370	238.83
380	240.13	380	111.48	380	242.36
390	243.59	390	113.1	390	245.88
400	247.04	400	114.72	400	249.38
410	250.48	410	116.32	410	252.88
420	253.9	420	117.93	420	256.36
430	257.32	430	119.52	430	259.83
440	260.72	440	121.11	440	263.29
450	264.11	450	122.7	450	266.74
460	267.49	460	124.28	460	270.18
470	270.36	470	125.86	470	273.43
480	274.22	480	127.43	480	277.01
490	277.56	490	128.99	490	280.41
500	280.9	500	130.55	500	283.8
510	284.22	510	132.1	510	287.18
520	287.53	520	133.65	520	290.55
530	290.83	530	135.2	530	293.91
540	294.11	540	135.73	540	297.25
550	297.39	550	138.27	550	300.58
560	300.65	560	139.79	560	303.9
570	303.91	570	141.31	570	307.21
580	307.15	580	142.83	580	310.5
590	310.38	590	144.34	590	313.79
600	313.59	600	145.85	600	317.06

附录三　热电偶分度表

附表 3-1　铂铑 10-铂热电偶(S 型)分度表(ITS-90)　　(参考端温度为 0 ℃)

温度/℃	0	10	20	30	40	50	60	70	80	90
	热电动势/mV									
0	0	0.055	0.113	0.173	0.235	0.299	0.365	0.432	0.502	0.573
100	0.645	0.719	0.795	0.872	0.95	1.029	1.109	1.19	1.273	1.356
200	1.44	1.525	1.611	1.698	1.785	1.873	1.962	2.051	2.141	2.232
300	2.323	2.414	2.506	2.599	2.692	2.786	2.88	2.974	3.069	3.164
400	3.26	3.356	3.452	3.549	3.645	3.743	3.84	3.938	4.036	4.135
500	4.234	4.333	4.432	4.532	4.632	4.732	4.832	4.933	5.034	5.136
600	5.237	5.339	5.442	5.544	5.648	5.751	5.855	5.96	6.065	6.169
700	6.274	6.38	6.486	6.592	6.699	6.805	6.913	7.02	7.128	7.236
800	7.345	7.454	7.563	7.672	7.782	7.892	8.003	8.114	8.255	8.336
900	8.448	8.56	8.673	8.786	8.899	9.012	9.126	9.24	9.355	9.47
1 000	9.585	9.7	9.816	9.932	10.048	10.165	10.282	10.4	10.517	10.635
1 100	10.754	10.872	10.991	11.11	11.229	11.348	11.467	11.587	11.707	11.827
1 200	11.947	12.067	12.188	12.308	12.429	12.55	12.671	12.792	12.912	13.034
1 300	13.155	13.397	13.397	13.519	13.64	13.761	13.883	14.004	14.125	14.247
1 400	14.368	14.61	14.61	14.731	14.852	14.973	15.094	15.215	15.336	15.456
1 500	15.576	15.697	15.817	15.937	16.057	16.176	16.296	16.415	16.534	16.653
1 600	16.771	16.89	17.008	17.125	17.243	17.36	17.477	17.594	17.711	17.826
1 700	17.942	18.056	18.17	18.282	18.394	18.504	18.612	—	—	—

附表 3-2　S 型热电偶参考端非 0 ℃时的校正表(修正值加上所查的热电势)

温　度/℃	0	10	20	30	40	50
E/mV	0.000	0.055	0.113	0.173	0.235	0.299

附表 3-3　镍铬-镍硅热电偶(K 型)分度表　　(参考端温度为 0 ℃)

温度/℃	0	10	20	30	40	50	60	70	80	90
	热电动势/mV									
0	0	0.397	0.798	1.203	1.611	2.022	2.436	2.85	3.266	3.681
100	4.095	4.508	4.919	5.327	5.733	6.137	6.539	6.939	7.338	7.737
200	8.137	8.537	8.938	9.341	9.745	10.151	10.56	10.969	11.381	11.793
300	12.207	12.623	13.039	13.456	13.874	14.292	14.712	15.132	15.552	15.974
400	16.395	16.818	17.241	17.664	18.088	18.513	18.938	19.363	19.788	20.214

续表

温　度/℃	0	10	20	30	40	50	60	70	80	90
	热电动势/mV									
500	20.64	21.066	21.493	21.919	22.346	22.772	23.198	23.624	24.05	24.476
600	24.902	25.327	25.751	26.176	26.599	27.022	27.445	27.867	28.288	28.709
700	29.128	29.547	29.965	30.383	30.799	31.214	31.214	32.042	32.455	32.866
800	33.277	33.686	34.095	34.502	34.909	35.314	35.718	36.121	36.524	36.925
900	37.325	37.724	38.122	38.915	38.915	39.31	39.703	40.096	40.488	40.879
1 000	41.269	41.657	42.045	42.432	42.817	43.202	43.585	43.968	44.349	44.729
1 100	45.108	45.486	45.863	46.238	46.612	46.985	47.356	47.726	48.095	48.462
1 200	48.828	49.192	49.555	49.916	50.276	50.633	50.99	51.344	51.697	52.049
1 300	52.398	52.747	53.093	53.439	53.782	54.125	54.466	54.807	—	—

附表 3-4　K 型热电偶参考端非 0 ℃时的校正表(修正值加上所查的热电势)

温　度/℃	0	10	20	30	40	50
E/mV	0.000	0.397	0.798	1.203	1.612	2.203

附表 3-5　铂铑 30-铂铑 6 热电偶(B 型)分度表　　(参考端温度为 0 ℃)

温　度/℃	0	10	20	30	40	50	60	70	80	90
	热电动势/mV									
0	0	−0.002	−0.003	0.002	0	0.002	0.006	0.11	0.017	0.025
100	0.033	0.043	0.053	0.065	0.078	0.092	0.107	0.123	0.14	0.159
200	0.178	0.199	0.22	0.243	0.266	0.291	0.317	0.344	0.372	0.401
300	0.431	0.462	0.494	0.527	0.516	0.596	0.632	0.669	0.707	0.746
400	0.786	0.827	0.87	0.913	0.957	1.002	1.048	1.095	1.143	1.192
500	1.241	1.292	1.344	1.397	1.45	1.505	1.56	1.617	1.674	1.732
600	1.791	1.851	1.912	1.974	2.036	2.1	2.164	2.23	2.296	2.363
700	2.43	2.499	2.569	2.639	2.71	2.782	2.855	2.928	3.003	3.078
800	3.154	3.231	3.308	3.387	3.466	3.546	2.626	3.708	3.79	3.873
900	3.957	4.041	4.126	4.212	4.298	4.386	4.474	4.562	4.652	4.742
1 000	4.833	4.924	5.016	5.109	5.202	5.2997	5.391	5.487	5.583	5.68
1 100	5.777	5.875	5.973	6.073	6.172	6.273	6.374	6.475	6.577	6.68
1 200	6.783	6.887	6.991	7.096	7.202	7.038	7.414	7.521	7.628	7.736
1 300	7.845	7.953	8.063	8.172	8.283	8,393	8.504	8.616	8.727	8.839
1 400	8.952	9.065	9.178	9.291	9.405	9.519	9.634	9.748	9.863	9.979
1 500	10.094	10.21	10.325	10.441	10.588	10.674	10.79	10.907	11.024	11.141
1 600	11.257	11.374	11.491	11.608	11.725	11.842	11.959	12.076	12.193	12.31
1 700	12.426	12.543	12.659	12.776	12.892	13.008	13.124	13.239	13.354	13.47
1 800	13.585	13.699	13.814	—	—	—	—	—	—	—

附表 3-6 B 型热电偶参考端非 0 ℃时的校正表(修正值加上所查的热电势)

温 度/℃	0	10	20	30	40	50
E/mV	0.000	−0.002	−0.003	−0.002	−0.000	0.002

附表 3-7 镍铬-铜镍(康铜)热电偶(E 型)分度表 (参考端温度为 0 ℃)

温 度/℃	0	10	20	30	40	50	60	70	80	90
	热电动势/mV									
0	0	0.591	1.192	1.801	2.419	3.047	3.683	4.329	4.983	5.646
100	6.317	6.996	7.683	8.377	9.078	9.787	10.501	11.222	11.949	12.681
200	13.419	14.161	14.909	15.661	16.417	17.178	17.942	18.71	19.481	20.256
300	21.033	21.814	22.597	23.383	24.171	24.961	25.754	26.549	27.345	28.143
400	28.943	29.744	30.546	31.35	32.155	32.96	33.767	34.574	35.382	36.19
500	36.999	37.808	38.617	39.426	40.236	41.045	41.853	42.662	43.47	44.278
600	45.085	45.891	46.697	47.502	48.306	49.109	49.911	50.713	51.513	52.312
700	53.11	53.907	54.703	55.498	56.291	57.083	57.873	58.663	59.451	60.237
800	61.022	61.806	62.588	63.368	64.147	64.924	65.7	66.473	67.245	68.015
900	68.783	69.549	70.313	71.075	71.835	72.593	73.35	74.104	74.857	75.608
1 000	76.358	—	—	—	—	—	—	—	—	—

附表 3-8 E 型热电偶参考端非 0 ℃时的校正表(修正值加上所查的热电势)

温 度/℃	0	10	20	30	40	50
E/mV	0.000	0.591	1.192	1.801	2.420	3.048

附表 3-9 铁-铜镍(康铜)热电偶(J 型)分度表 (参考端温度为 0 ℃)

温 度/℃	0	10	20	30	40	50	60	70	80	90
	热电动势/mV									
0	0	0.507	1.019	1.536	2.058	2.585	3.115	3.649	4.186	4.725
100	5.268	5.812	6.359	6.907	7.457	8.008	8.56	9.113	9667	10.222
200	10.777	11.332	11.887	12.442	12.998	13.553	14.108	14.663	15.217	15.771
300	16.325	16.879	17.432	17.984	18.537	19.089	19.64	20.192	20.743	21.295
400	21.846	22.397	22.949	23.501	24.054	24.607	25.161	25.716	26.272	26.829
500	27.388	27.949	28.511	29.075	29.642	30.21	30.782	31.356	31.933	32.513
600	33.096	33.683	34.273	34.867	35.464	36.066	36.671	37.28	37.893	38.51
700	39.13	39.754	40.382	41.013	41.647	42.288	42.922	43.563	44.207	44.852
800	45.498	46.144	46.79	47.434	48.076	48.716	49.354	49.989	50.621	51.249
900	51.875	52.496	53.115	53.729	54.341	54.948	55.553	56.155	56.753	57.349
1 000	57.942	58.533	59.121	59.708	60.293	60.876	61.459	62.039	62.619	63.199
1 100	63.777	64.355	64.933	65.51	66.087	66.664	67.24	67.815	68.39	68.964
1 200	69.536	—	—	—	—	—	—	—	—	—

附表 3-10　J 型热电偶参考端非 0 ℃时的校正表(修正值加上所查的热电势)

温　度/℃	0	10	20	30	40	50
E/mV	0.000	0.507	1.019	1.537	2.059	2.585

附表 3-11　铜-铜镍(康铜)热电偶(T 型)分度表　　(参考端温度为 0 ℃)

温　度/℃	0	10	20	30	40	50	60	70	80	90
	热电动势/mV									
−200	−5.603	—	—	—	—	—	—	—	—	—
−100	−3.378	−3.378	−3.923	−4.177	−4.419	−4.648	−4.865	−5.069	−5.261	−5.439
0	0	0.383	−0.757	−1.121	−1.475	−1.819	−2.152	−2.475	−2.788	−3.089
0	0	0.391	0.789	1.196	1.611	2.035	2.467	2.98	3.357	3.813
100	4.277	4.749	5.227	5.712	6.204	6.702	7.207	7.718	8.235	8.757
200	9.268	9.82	10.36	10.905	11.456	12.011	12.572	13.137	13.707	14.281
300	14.86	15.443	16.03	16.621	17.217	17.816	18.42	19.027	19.638	20.252
400	20.869	—	—	—	—	—	—	—	—	—

附表 3-12　T 型热电偶参考端非 0 ℃时的校正表(修正值加上所查的热电势)

温　度/℃	0	10	20	30	40	50
E/mV	0.000	0.391	0.790	1.196	1.162	2.036

附录四 逻辑代数基本定律和规则

逻辑代数中通常用拉丁字母 A、B、C、…表示变量，取值只能是 0 和 1，而且 0 和 1 不表示具体数量的大小，只表示两种不同的逻辑状态，所以这种变量被称为逻辑变量。逻辑代数中基本运算只有“与”、“或”、“非”三种。在数学上，逻辑代数 L 是一个封闭的代数系统，它由一个变量集 K，常量 0 和 1，以及“与(符号 · 或 & 或省略)”、“或(符号+)”、“非(符号字头加一)”三种基本运算构成，记为：

$L=\{K,+,\cdot,-,0,1\}$。

(1) 逻辑代数公理

1) 交换律：$A+B=B+A, AB=BA$；

2) 结合律：$(A+B)+C=A+(B+C), (AB)C=A(BC)$；

3) 分配律：$A+(BC)=(A+B)(A+C), A(B+C)=AB+AC$；

4) 0—1 律：$A+0=A, A\cdot 1=A, A+1=1, A\cdot 0=0$；

5) 互补律：$A+\overline{A}=1, A\cdot\overline{A}=0$。

(2) 逻辑代数定律

1) 重叠定理：$A+A=A, AA=A$；

2) 吸收定理 1：$A=AB=A, A(A+B)=A$；

3) 吸收定理 2：$A+\overline{A}B=A+B, A(\overline{A}+B)=AB$；

4) 吸收定理 3：$AB+\overline{A}B=A, (A+B)(A+\overline{B})=A$；

5) 复原定理(非非律)：$\overline{\overline{A}}=A$；

6) 多余项定理：$AB+\overline{A}C+BC=AB+BC, (A+B)(\overline{A}+C)(B+C)=(A+B)(\overline{A}+C)$；

7) 反演定理(摩根定理)：$\overline{A+B}=\overline{A}\cdot\overline{B}, \overline{AB}=\overline{A+B}$，摩根定律是一个十分重要的定理，它证明了变量进行“与”和“或”运算时的互补效应，在进行逻辑函数简化以及逻辑变化时非常有用。

(3) 逻辑代数规则

逻辑代数有三条重要规则，分别为代入规则、反演规则和对偶规则。它们与基本公理、基本定理构成完整的逻辑代数系统。

1) 代入规则：任何一个含有变量 X_i 的等式，如果将所有出现 X_i 的变量都代之以统一逻辑函数 h，等式仍然成立。即已知：$f(X_0, X_1, \cdots, X_i, \cdots, X_n) = g(X_0, X_1, \cdots, X_i, \cdots, X_n)$，如果用一个任意逻辑函数 h 替换等式两边的 X_i，则等式仍然成立，即：

$f(X_0, X_1, \cdots, h, \cdots, X_n) = g(X_0, X_1, \cdots, h, \cdots, X_n)$。

2) 反演规则：原函数求反函数的过程称为反演。求任何函数的反函数时，可将该函数的所有变量和常量(0 和 1) 取反，并将运算符“+”变为“·”、“·”变为“+”，即可得反函数，即：

如有函数：

$$f(X_0, X_1, \cdots, X_n, 0, 1, +, \cdot)$$

则有：

$$\overline{f}(X_0, X_1, \cdots, X_n, 0, 1, +, \cdot) = f(\overline{X_0}, \overline{X_1}, \cdots, \overline{X_n}, 1, 0, \cdot, +)$$

反演规则又称香农定理(Shannon Theorem)。这一规则实际上是反演定理以及代入规则的推广结果。

3）对偶规则：对偶函数的定义是：将逻辑函数表达式 f 中所有的“+”变为“·”、“·”变为“+”，“0”变为“1”、“1”变为“0”，而逻辑变量保持不变，则所得的新函数称为原函数的对偶函数，记为 f'。

对偶规则是指如果两个逻辑函数表达式相等时，那么它们的对偶式也相等。

求一个函数的对偶函数 f' 和求其反函数 $\overline{f}$ 的区别在于：求 f' 时逻辑变量不变，而求 $\overline{f}$ 时，则其变量也要取反，所以一般 $f' \neq \overline{f}$。

当然，在特殊情况下，f' 和 $\overline{f}$ 也能相等，如 $f = A\overline{B} + \overline{A}B$，$f' = \overline{f} = (A+\overline{B})(\overline{A}+B)$。此时，称函数 f 为自对偶函数。

参 考 文 献

[1] 王再英,刘淮霞,陈毅静. 过程控制系统与仪表. 北京:机械工业出版社,2007.
[2] 丁炜. 过程控制仪表及装置. 北京:电子工业出版社,2007.
[3] 夏虹,曹欣荣,董惠. 核工程检查仪表. 哈尔滨:哈尔滨工程大学出版社,2002.
[4] 张秀斌. 热工测量原理及其现代技术. 上海:上海交通大学出版社,1995.
[5] 叶明超. 自动控制原理与系统. 北京:北京理工大学出版社,2008.
[6] 周渭,于建国,刘海霞. 测试与计量技术基础. 西安:西安电子科技大学出版社,2004.
[7] 吴晓燕,张双选. 自动控制理论. 西安:西安电子科技大学出版社,2008.
[8] 李高斗. 自动控制及仪表,武汉:武汉理工大学出版社,2000.
[9] 张汝波,徐东. 计算机控制原理与系统. 哈尔滨:哈尔滨工程大学出版社,2002.
[10] 核安全导则. 核电厂安全有关仪表和控制系统. HAD102/14.
[11] 核安全法规. 核电厂保护系统及有关设施. HAD102/10.
[12] 刘宝琴. 数字电路与系统. 北京:清华大学出版社,1993.
[13] 潘新民. 微型计算机控制技术. 北京:人民邮电出版社,1998.
[14] 朱继洲. 压水堆核电厂的运行. 北京:原子能出版社,2000.

中文索引

（本索引按汉语拼音排序，每个词条后面的数字是它在本书中首次出现的页码）